CDI (Hrsg.)

CADdy
Grundkurs

Aus dem Programm Konstruktion

AutoSketch-Zeichenkurs
von H.-G. Harnisch und V. Küch

AutoCAD-Grundkurs
von H.-G. Harnisch, J. Kretzschmer und Th. Wesseloh

AutoCAD-Aufbaukurs
von H.-G. Harnisch und J. Neuberger

CADdy Grundkurs
herausgegeben von CDI Deutsche Private Akademie für Wirtschaft GmbH

CAD mit ACAD-BAU
von G. Reinemann

CAD mit AutoCAD
von E. Hering und U. Fallscheer

Praxisgerechtes Konstruieren mit AutoCAD
von K. Kollars, R. Bartonik und M. Kollars

Architectura et Machina
Computer Aided Architectural Design und Virtuelle Architektur
von G. Schmitt

CDI (Hrsg.)

CADdy Grundkurs

Lehr- und Arbeitsbuch

Mit 138 Abbildungen

Unter Mitarbeit von Ute Haß und Bert Mietelski

Herausgeber:
CDI, Deutsche Private Akademie für Wirtschaft GmbH, München

Autoren:
Ute Haß und Bert Mietelski, CADsys GmbH, Chemnitz

Der Verlag Vieweg ist ein Unternehmen der Bertelsmann Fachinformation GmbH.

Gedruckt auf säurefreiem Papier

ISBN-13: 978-3-528-04992-8 e-ISBN-13: 978-3-322-83040-1
DOI: 10.1007/ 978-3-322-83040-1

Vorwort

Der Herausgeber dieses Buchs, die CDI GmbH in München, besitzt eine über 25jährige Erfahrung in der Entwicklung und Gestaltung berufsbezogener und qualitativ hochwertiger Aus- und Weiterbildungsprogramme. Während dieser Zeit wurden nach einem modularen und klar strukturierten Konzept ca. 500 Unterrichtshandbücher für die berufliche Qualifizierung in allen arbeitsmarktrelevanten Bereichen geschaffen, mit deren Hilfe sich bundesweit bis heute über 80.000 Teilnehmer erfolgreich neue berufliche Perspektiven eröffneten.

Der Schwerpunkt der CDI-Philosophie liegt auf der konsequenten Betonung des Praxisbezugs, der Vermittlung von Kenntnissen und Fertigkeiten, die der Arbeitsplatz aktuell erfordert.

Diese Erfahrungen und Konzepte, die CDI besonders im Bereich der EDV langjährig erprobte, liegen auch diesem Buch zugrunde.

Es gibt Antworten auf die in der beruflichen Praxis meistgestellten Fragen und richtet sich an erfahrene wie auch an weniger spezialisierte Anwender. Deshalb vermittelt es sowohl grundlegendes Überblickswissen wie auch in besonderem Maße gebrauchsfertige Lösungen für Standardsituationen. Klar strukturierte Informationseinheiten und der konsequent nach thematischen Einheiten aufgebaute Inhalt garantieren einen schnellen Zugriff auf die gesuchte Problemstellung und deren Lösung – in Form von Fakten und vor allem von ausführlichen Verfahrensbeschreibungen.

Praxisfälle, die Bestandteil der Kapitel sind, garantieren für berufsbezogene Inhalte. Sie schildern themenbezogen realitätsnahe Problemszenarien und Fragestellungen und führen den Leser handlungsorientiert und Schritt für Schritt zu erprobten Lösungsstrategien.

Über die Autoren:

Die Autoren, Ute Haß und Bert Mietelski, sind seit vielen Jahren für die CADsys GmbH in Chemnitz im Ausbildungsbereich tätig. Seit 1991 führt diese Firma im Auftrag des Sächsischen Wirtschaftsministeriums, der IHK Südwestsachsen, der CDI GmbH in München und des Bundesinstituts für Berufsbildung (BIBB) bundesweit Intensivkurse im CAD- und PC-Bereich durch.

Inhaltsverzeichnis

1 Grundlagen der Arbeit mit CADdy

Das computerunterstützte Konstruieren – CAD (Computer Aided Design) – hat bereits große technische Reife erlangt. CAD-Anlagen werden in vielen Bereichen eingesetzt, vom Architektur- und Bauwesen über die Vermessungstechnik, den Maschinenbau bis hin zur Elektrotechnik und Elektronik.

Immer mehr Konstrukteure oder Zeichner werden deshalb künftig ihr Zeichenbrett mit einem CAD-Arbeitsplatz vertauschen. Dies bringt eine Reihe von Veränderungen mit sich. Die für den Anwender wesentlichste ist mit Sicherheit der Wegfall vertrauter Arbeitsgeräte, die durch den Rechner mit verschiedenen Bildschirmen sowie eine Vielzahl weiterer Geräte und Software ersetzt werden.

In diesem Buch wird eines der meistverwendeten CAD-Systeme in der PC-Welt vorgestellt. Um Ihnen als Leser die Arbeit mit dem vorliegenden Buch zu vereinfachen, widmet sich jedes Kapitel einem thematischen Schwerpunkt, der durch ergänzende Übungen vertieft wird. Die nötigen Grundlagen für die Arbeit mit CADdy werden durch eine Kombination von Sachinformation zum System und verfahrensorientierter Beschreibung vermittelt. Dabei wird durch Gegenüberstellungen von grafischen Darstellungen und zugehörigem Befehlsdialog die Anwendung typischer CADdy-Funktionen und Konstruktionsstrategien veranschaulicht. Spezielle Kenntnisse in der Datenverarbeitung sind hierfür nicht erforderlich. Grundlegende Kenntnisse der PC-Technik und des Betriebssystems MS-DOS (insbesondere, was den Umgang mit Verzeichnissen und Dateien betrifft) sind jedoch von Vorteil.

Um einen möglichst raschen und dem individuellen Wissensstand entsprechenden Zugang zu den einzelnen Themen zu gewährleisten, soll im folgenden ein Überblick über die Hauptthemen dieses Buches gegeben werden.

Kapitel 1
Programmeinrichtung, -installation und benutzerorientierte Anpassung des CAD-Systems CADdy.

Kapitel 2
Erzeugen von einfachen Zeichnungen mit Hilfe von Grundfunktionen und Speichern der Daten.

Kapitel 3
Arbeitserleichterungen durch Verwendung von Hilfsmitteln wie Symbolerstellung und Hilfskonstruktionen.

Kapitel 4
Ändern vorhandener Zeichnungen und Einzelelemente.

Kapitel 5
Bemaßen und Beschriften fertiger Zeichnungen.

Kapitel 6
Gestaltungsmöglichkeiten der Zeichnung.

Kapitel 7
Organisation der CAD-Datenmengen und Ausgabe von Zeichnungen.

Kapitel 8
Erzeugen von Wellen und rotationssymetrischen Teilen.

Kapitel 9
Erstellung von Zusammenbauzeichnungen mit dazugehörigen Stücklisten.

Im Anhang erhalten Sie anhand einer Zusammenstellung von Tabellen einen Überblick über den Aufbau verschiedener CADdy-Strukturen, Tips zur Systemeinstellung und -konfiguration sowie eine Zusammenfassung der wesentlichen Neuerungen der CADdy-Version 10.0.

1.1 Arbeitstechniken mit einem CAD-System

Im Vergleich zur konventionellen Methode der Zeichnungserstellung am Reißbrett bietet der Einsatz eines CAD-Systems wesentliche Vorteile, da ein Computer alle Daten einer Konstruktion während der gesamten Bearbeitung verfügbar hält.

Veränderungen an bestehenden Zeichnungen können jederzeit vorgenommen werden, ohne daß die Konstruktion jeweils neu erstellt werden müßte. Manipulationen bzw. Korrekturen einzelner Elemente oder der gesamten Zeichnung sind auf diesem Wege problemlos und rasch möglich.

Aufgrund der gespeicherten Daten stehen innerhalb einer Konstruktion verschiedene Möglichkeiten der Berechnung zur Verfügung wie z.B.

- Längenberechnung,
- Winkelberechnung,
- Flächen- und Konturberechnungen usw.

Routinearbeiten wie Bemaßen von Zeichnungen, Beschriften, Schraffieren oder Füllen von Flächen können einfach, schnell und sauber vorgenommen werden, wodurch eine gleichbleibend hohe Qualität der ausgegebenen Zeichnungen gewährleistet ist.

Die Möglichkeit, Konstruktionen auf externen Datenträgern zu speichern und zu archivieren sowie der Einsatz branchenspezifischer Bibliotheken sind eine Vereinfachung bei der weiteren Bearbeitung von Komplettzeichnungen bzw. Teilezeichnungen. Außerdem lassen sich Fertigungsunterlagen (wie z.B. Stücklisten) automatisch erstellen.

1.1.1 Rastertechnik

Ein Punktraster wird auf dem Bildschirm durch Punkte dargestellt und kann, wenn es nicht benötigt wird, ausgeschaltet werden. Rasterpunkte gehören nicht zur Konstruktion. Das Arbeiten mit Rastertechnik ähnelt dem Zeichnen auf kariertem Papier – mit dem Unterschied, daß der Anwender die Abstände der Rasterpunkte auf der Zeichnung beliebig festlegen und ändern kann. Ein Punktraster ist besonders bei der Arbeit mit dem Cursor (Fadenkreuz) von Vorteil. Die erzeugten Punkte, Linien, Kreismittelpunkte etc. werden dabei immer auf Rasterpunkte gelegt. Somit wird ein Konstruieren mit definierter Rasterweite möglich. Die für Maschinenbaukonstruktionen erforderlichen Genauigkeiten können jedoch mit dieser Arbeitsweise kaum erreicht werden. Deshalb ist es für das Erstellen von Ausführungszeichnungen empfehlenswert, die jeweiligen Positionen der Zeichnungselemente mit Hilfe der Koordinateneingabe im konstruktiven Bereich zu definieren.

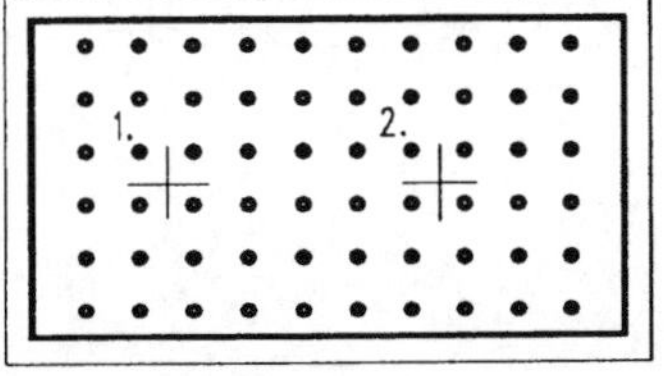

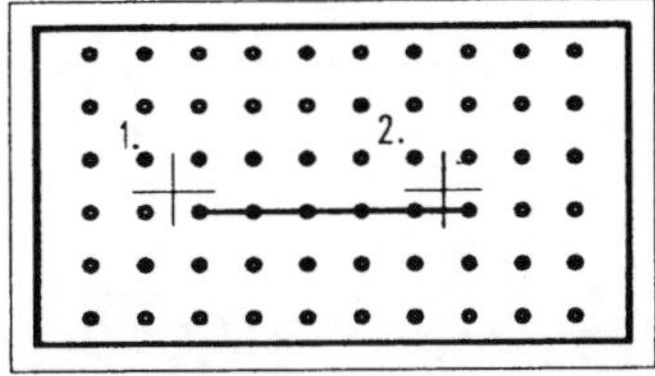

Bild 1-1 Rastertechnik

1.1.2 Folientechnik

Eine technische Konstruktion enthält in der Regel verschiedenartige Informationen. Dies sind z.B. der Konstruktionsgegenstand, die Bemaßung, Texte, besondere Darstellungsformen wie Schnitte, Schraffuren, Füllungen und vieles andere mehr. Diese Informationen können der Übersichtlichkeit wegen in einem CAD-System unterschiedlichen Folien, auch Layer genannt, zugeordnet werden. Diese als Folientechnik bezeichnete Vorgehensweise ermöglicht es, Konstruktionen sinnvoll zu gliedern und in die genannten Informationsgruppen einzuteilen.

CADdy-Folien sind mit den Folien eines Overhead-Projektors vergleichbar; sie können sichtbar oder unsichtbar gemacht, gelöscht oder gesondert bearbeitet werden. Die Aufteilung von Mobiliar, Sanitär- und Elektroinstallationen, Mauern, Bemaßung usw. auf getrennte Folien, um wahlweise eine gemeinsame oder getrennte Bearbeitung dieser Elemente zu ermöglichen, ist beispielsweise im Bereich der Architektur eine überaus verbreitete Anwendung dieser Technik.

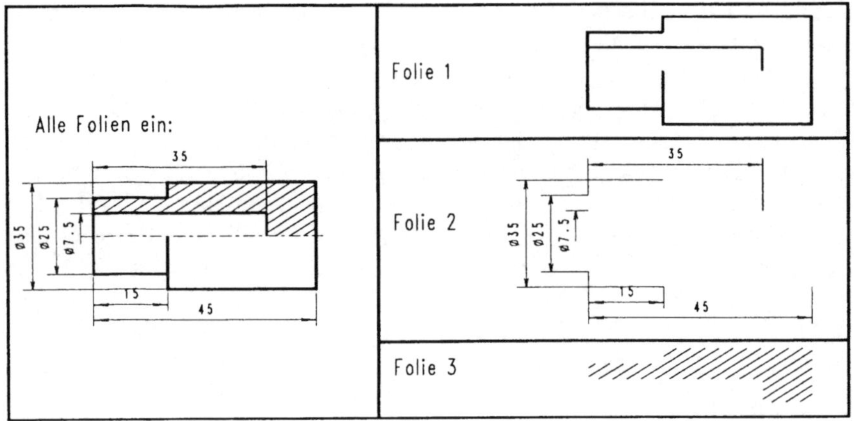

Bild 1-2 Folientechnik

1.1.3 Symboltechnik

Häufig gebrauchte Zeichnungsteile müssen mit einem CAD-Programm nur einmal gezeichnet und abgespeichert werden und können danach beliebig oft in eine neue Zeichnung geladen und weiterbearbeitet werden. Dies bedeutet eine wesentliche Zeit- und Speicherplatzersparnis. Zeichnungsteile, die auf diese Weise erstellt und als separate Datei gespeichert wurden, werden als Symbol bezeichnet. Sinnvollerweise faßt man Symbole branchenbezogen zusammen und speichert sie an einem gemeinsamen Ort (z.B. einem Verzeichnis eines Datenträgers). Eine solche Sammlung von Symbolen wird Symbolbibliothek genannt. CADdy bietet zu jedem Branchenmodul vorgefertigte Symbolbibliotheken, die durch benutzerdefinierte Symbole erweitert werden können. Die Symboltechnik wird beispielsweise für Symbole in der mechanischen Konstruktion (z.B. für Schweiß- und Bearbeitungszeichen) oder für genormte Elemente in der Elektrotechnik (z.B. bei Schaltplänen) verwendet.

1.1.4 Makro- und Variantentechnik

Bei Teilzeichnungen, die sich dadurch auszeichnen, daß sie zwar die gleiche Form / Struktur haben, aber jeweils unterschiedliche Abmessungen (wie z.B. Schrauben eines bestimmten Typs), ist die Anwendung der Symboltechnik wenig hilfreich. Es müßte eine Unmenge verschiedener Zeichnungen angefertigt und abgespeichert werden. Diese Teilzeichnungen besitzen eine ähnliche Geometrie und können daher mit Hilfe der sog. Variantenkonstruktion angefertigt werden. In CAD-Systemen erstellt ein Programmgenerator gemäß der Benutzerführung ein Variantenprogramm, das die komplette Geometrie enthält und in dem an der Stelle fester Maße Platzhalter für variable Eingaben (Variablen) stehen. Wird eine solches Variantenprogramm aufgerufen, wird der Benutzer während der automatischen Konstruktion der Teilzeichnung (Laufzeit) aufgefordert, die entsprechenden aktuellen Maße festzulegen. Bei einem erneuten Aufruf können zur gleichen Konstruktion andere Werte eingegeben werden.

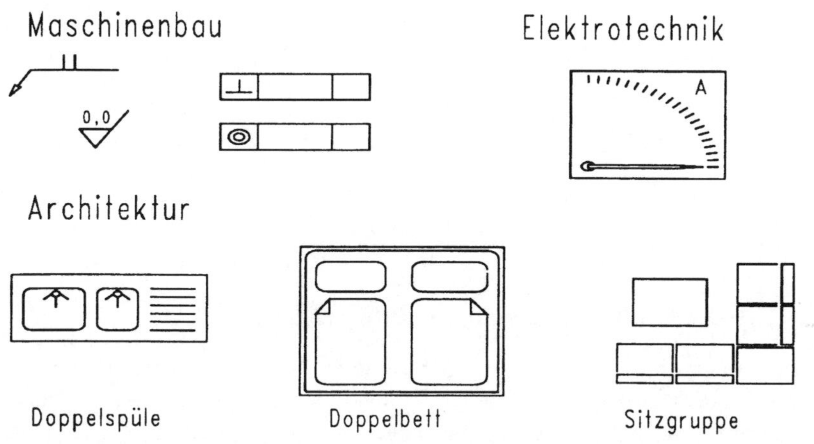

Bild 1-3 Symboltechnik

Sehr häufig wird die Variantentechnik bei den sog. Normteilen genutzt. Normteile sind in einschlägigen DIN-Norm-Blättern definierte Bauteile wie Bohrungen, Schrauben und Schraubverbindungen, Muttern, Stifte usw., die jeweils die gleiche Geometrie besitzen, sich aber in ihren Abmessungen unterscheiden. Für CADdy ist eine Normteilebibliothek mit den wichtigsten Normteilen als Zusatzmodul verfügbar.

Sich häufig wiederholende Arbeitsvorgänge beim Konstruieren mit CAD-Systemen zeichnen sich oft dadurch aus, daß immer wiederkehrende Befehlsfolgen eingegeben werden müssen. Diese Befehlsfolgen können automatisiert werden und durch Aufruf über Tastatur verfügbar gemacht werden. Dieses Verfahren wird als Makrotechnik bezeichnet. Sie findet auch in Standardsoftware wie Textverarbeitung und Tabellenkalkulation Anwendung. Beispielhaft sei hier der Einsatz der Makrotechnik als Arbeitserleichterung beim Löschen oder Ausblenden von Hilfsfolien genannt.

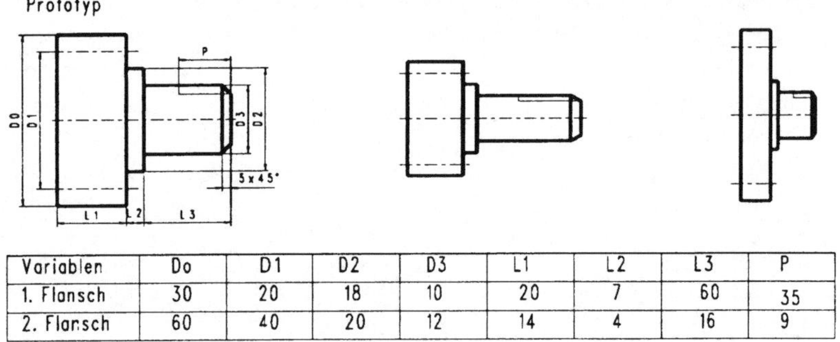

Variablen	Do	D1	D2	D3	L1	L2	L3	P
1. Flansch	30	20	18	10	20	7	60	35
2. Flansch	60	40	20	12	14	4	16	9

Bild 1-4 Variantentechnik

1.1.5 Leistungsmerkmale und Programmstruktur von CADdy

Die CAD-Software CADdy der Firma ZIEGLER-Informatics GmbH, Mönchengladbach, ist ein modular aufgebautes, flexibel erweiterbares und dialogorientiertes CAD-System für Personalcomputer. Es hat sich in kleinen, mittleren und großen Betrieben gleichermaßen bewährt und ist mit ca. 35.000 Installationen weltweit eines der verbreitetsten PC-CAD-Systeme.

Als branchenorientierte CAD-Software bietet CADdy Problemlösungsstrategien an, die exakt auf die Anforderungen der verschiedenen Anwendungsbereiche zugeschnitten sind. Alle Branchenmodule und Applikationen haben die gleiche Benutzeroberfläche und eine identische Datenstruktur.

Die Basis bildet das CADdy-Grundpaket, das bereits alle CAD-Funktionen für professionelles Zeichnen und Konstruieren bereitstellt. Auf dieser gemeinsamen Grundlage bauen die branchenspezifischen Module auf. Universell einsetzbare Programmbausteine (Beispiele: Zeichnungsverwaltung CADdy ZV, Informationssystem CADdy INFO, Programmierschnittstelle CADdy PLUS) und eine Vielzahl von Symbolbibliotheken ergänzen das Systemkonzept.

Um für die speziellen Anforderungen unterschiedlicher Industriezweige gerüstet zu sein, bietet CADdy unterschiedliche Branchenmodule an, die sich je nach den Bedürfnissen des Anwenders zu einem individuellen und leistungsfähigen Softwarepaket kombinieren lassen.

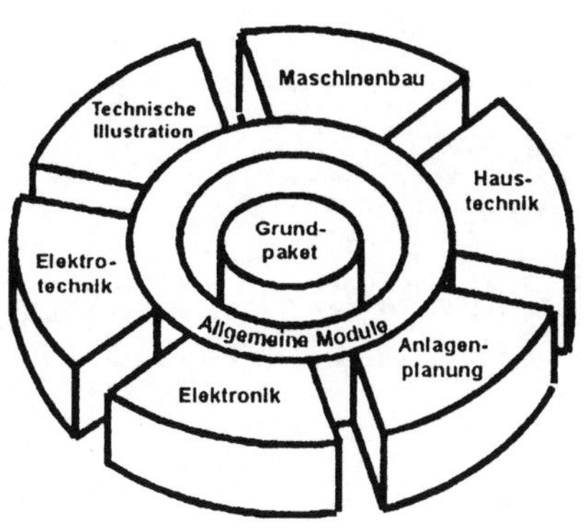

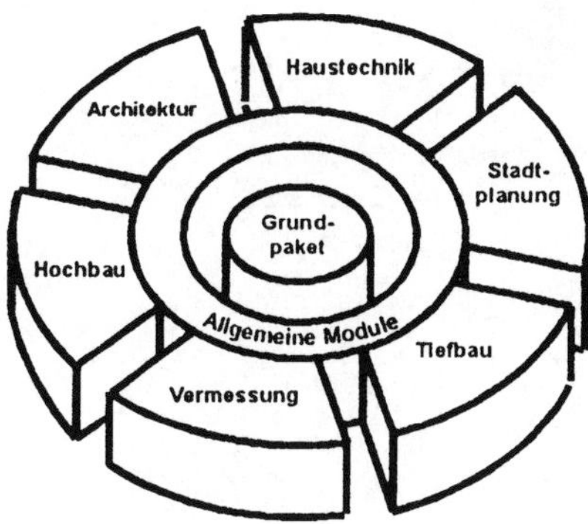

Bild 1-5 CADdy-Branchenmodule

CADdy ist ein dialogorientiertes Programm, d.h., zwischen Anwender und Rechner findet ein wechselseitiger, schrittweiser Austausch von Informationen statt, der vom Rechner gesteuert wird. Eine besondere Form des Dialogs ist dabei die Menütechnik. Im Unterschied zum Batchbetrieb verringert sie mögliche Fehler beim Zusammenstellen von Befehlsfolgen, indem der Anwender Funktionen aus Menütabellen auswählt und CADdy den nächsten Eingabeschritt anzeigt.

1.2 Konfiguration einer CAD-Arbeitsstation

Voraussetzung für einen optimalen Einsatz von CADdy ist eine geeignete Hardwareausstattung. Diese soll im folgenden näher beschrieben werden, um Ihnen Hinweise für die Optimierung bereits vorhandener Geräte wie auch für sichere Kaufentscheidungen bei der Neuanschaffung von CAD-Systemen zu geben.

Als Konfiguration eines PC-Systems bezeichnet man dessen einzelne Komponenten sowie deren relevante technischen Daten. Die Konfiguration eines CAD-Arbeitsplatzes unterscheidet sich von der anderer Computeranwendungen vor allem durch die erforderlichen speziellen Ein- und Ausgabegeräte.

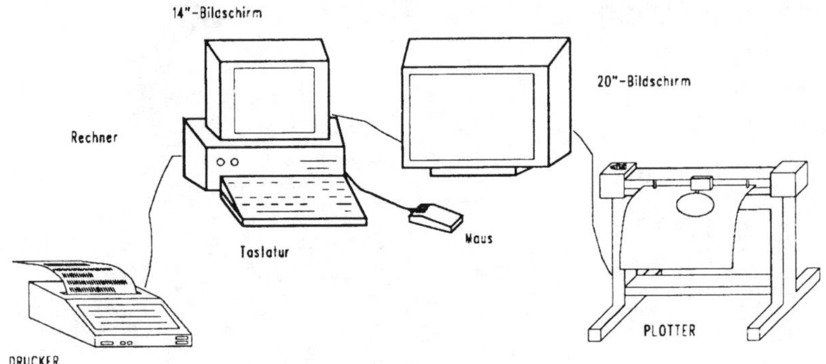

Bild 1-6 Darstellung eines kompletten CAD-Arbeitsplatzes

1.2.1 Eingabegeräte

Im CAD werden die Koordinaten eines Punktes in digitale Informationen umgewandelt und von den Eingabegeräten an den Rechner weitergeleitet. Die in CAD gebräuchlichen Eingabegeräte sind Tastatur, Maus, Digitizer und Scanner. Eingabegeräte dienen darüber hinaus der Befehlseingabe, der Eingabe von alphanumerischen Werten sowie dem Positionieren und Identifizieren von Zeichnungselementen.

Mit der Tastatur können alle Wert- und Texteingaben sowie die Funktionsauswahl vorgenommen werden. Zum Identifizieren und Positionieren kombiniert man die Tastatur mit einem weiteren der nachfolgend aufgezählten Eingabegeräte.

Die Bewegungen einer Microsoft-kompatiblen Maus an der seriellen Schnittstelle (COM1) werden von einer Gummikugel auf Sensoren übertragen, die dem Programm Richtung und Entfernung des zurückgelegten Weges mitteilen. Anstelle der Maus kann im CAD-Bereich auch ein Digitizer an der seriellen Schnittstelle (COM1) angeschlossen und für die Befehlseingabe genutzt werden.

1.2.2 Ausgabegeräte

Ausgabegeräte geben die gespeicherten Text- und Zeichnungsdaten wieder. Als Ausgabegerät können Plotter an die parallele (LPT1) oder serielle Schnittstelle (COM1 oder COM2) angeschlossen werden. Die gleiche Möglichkeit besteht für Drucker. Die mitgelieferten Treiber benutzen als Grundeinstellung die serielle Schnittstelle COM2 oder die parallele Schnittstelle LPT1 zur Datenausgabe.

CADdy arbeitet mit Plottern und Druckern der unterschiedlichsten Hersteller. Die Betriebsmöglichkeiten hängen lediglich von den verfügbaren Schnittstellen und Treibern ab.

Plotter sind rechnergesteuerte Zeichengeräte. Sie dienen der Ausgabe grafischer Daten auf Papier oder Folie.

Drucker geben vorzugsweise gespeicherte Textinformationen wieder wie z.B. Stücklisten. Zur Ausgabe grafischer Daten ist ein an das CAD-Programm angepaßter grafikfähiger Drucker nötig.

1.2.3 Softwareschutz

Zum Lieferumfang von CADdy gehört ein Software-Schutzadapter (Dongle), der an die parallele Schnittstelle LPT1 des Rechners angeschlossen wird. Der Adapter als Bestandteil des Programms hat dieselbe Seriennummer wie die Software. Er beeinflußt die Druckausgaben nicht. Einige Ausgabegeräte, die an den Software-Schutzadapter angeschlossen werden, müssen jedoch eingeschaltet sein, um einen reibungslosen Programmaufruf von CADdy sicherzustellen.

1.2.4 Installation und Speicheroptimierung von CADdy

Die Installation der CADdy-Programme wird durch Aufruf einer speziellen Datei, der CADDYINS.EXE, auf der Installationsdiskette gestartet. Ein Menü führt Sie Schritt für Schritt durch die Installation von CADdy auf Ihrer Festplatte. Hier können Sie bestimmte Einstellungen vornehmen, um CADdy an Ihre Hardware anzupassen. Sämtliche dieser Optionen sind im mitgelieferten CADdy-Benutzerhandbuch umfassend beschrieben.

Beim CADdy-Start werden alle Treiber für den Monitor oder den eingesetzten Digitizer von einer separaten Datei namens CADDY.BAT aufgerufen und aktiviert und dabei standardmäßig in den Hauptspeicher Ihres Rechners geladen. Um die Speicherkonfiguration von Computern, die über eine Speichererweiterung und hohen Speicherbereich verfügen, zu optimieren, können Sie die Datei CADDY.BAT im CADdy-Pfad mit Hilfe eines beliebigen Editors verändern. Zu diesem Zweck modifizieren Sie alle Zeilen, die die Treiber AD_CADDY, DD_CADDY und GD_CADDY (sie rufen den Analog-, den Digitizer- und Grafiktreiber auf) enthalten, wie folgt ab:

- LH C:\CADDY\GD_CADDY
- LH C:\CADDY\DD_CADDY
- LH C:\CADDY\AD_CADDY

Diese Kommandos laden die Treiber in den hohen Speicherbereich und schaffen zusätzliche Reserven im Hauptspeicher, was die Arbeitsgeschwindigkeit Ihrer CAD-Station erhöht. Weitere Möglichkeiten zur Speicheroptimierung und zur Installation spezieller Hardware sind im CADdy-Handbuch im Abschnitt „Installation und technische Informationen“ beschrieben.

1.3 Hinweise zur Benutzung von CADdy

CADdy ist ein dialogorientiertes Programm. Man spricht hier auch von einem Mensch-Maschine-Dialog bzw. von einer Mensch-Maschine-Kommunikation. Der Anwender steuert das Programm durch das Aktivieren von Funktionen und die Eingabe von Informationen und Daten in den verschiedenen Menüs. CADdy erfragt dann zur genaueren Bestimmung der eingegebenen Daten weitere Informationen. Der Informationsfluß kann dabei aus einem alphanumerischen Dialog (z.B. Zahlen, Texte) oder einem grafischen Dialog (z.B. Eingabe von Koordinaten auf der Zeichenfläche) bestehen.

Um aus dieser von CADdy angebotenen Dialogführung den bestmöglichen Nutzen zu ziehen, benötigt der Anwender zu jedem Zeitpunkt präzise Vorstellungen von seiner geplanten Vorgehensweise und muß den gesamten Bildschirm ständig im Blickfeld behalten.

1.3.1 Starten und Beenden von CADdy

Bei der Installation von CADdy werden vom Installationsprogramm verschiedene Verzeichnisse vorgeschlagen. Akzeptieren Sie diese Verzeichnisnamen, hat das Hauptverzeichnis von CADdy die Bezeichnung C:\CADDY. Von diesem Verzeichnis aus wird das Programm gestartet. Wechseln Sie dazu in das Hauptverzeichnis von CADdy. Mit der Eingabe CADDY, die Sie mit der Return-Taste abschließen, wird das Grundpaket GP von CADdy aufgerufen. Soll mit dem Starten des Programms ein installiertes Branchenmodul wie z.B. 2D-Konstruktion geladen werden, ist dazu die Eingabe CADDY K notwendig.

Haben Sie CADdy in einem anderen als dem vorgeschlagenen Verzeichnis oder auf einem anderen Laufwerk installiert, wechseln Sie zuerst mit den DOS-üblichen Befehlen zu diesem Verzeichnis bzw. Laufwerk und starten Sie CADdy von dieser Stelle aus. Bei einem automatischen Start von CADdy mit dem Einschalten des Rechners (z.B. bei einer Netzwerkinstallation) sind diese Schritte natürlich nicht erforderlich.

Beim Starten von CADdy werden verschiedene Programmteile eingelesen. Dieser Vorgang kann zum Teil am Bildschirm verfolgt werden. Zusammen mit dem Grundpaket bzw. einem Branchenmodul wird auch eine Datei geladen, die das Aussehen der Bildschirminhalte gestaltet sowie verschiedene vordefinierte Einstellungen aktiviert. Diese sogenannte Definitionsdatei beinhaltet Voreinstellungen bezüglich der gewünschten Bildmaße, der zu verwendenden Schriftart und -größe, der aktuellen Verzeichnisse für Bilder, Symbole usw., der verwendeten Treiber für Plotter u.v.a.m. Definitionsdateien sind an der Extension DEF zu erkennen. So wird beispielsweise mit dem Aufruf von CADdy und dem Branchenmodul Konstruktion die Definitionsdatei K.DEF eingelesen. Die darin festgelegten Einstellungen stehen zur Verfügung. Diese Voreinstellungen können vom Anwender jederzeit geändert werden. Wie Sie selbst Definitionsdateien mit den von Ihnen gewünschten Voreinstellungen festlegen und speichern können, ist in Abschnitt 1.5 detailliert beschrieben.

Jede Software kann und sollte auf dem dafür vorgesehen Weg verlassen werden. Den Rechner einfach auszuschalten, um das Programm zu verlassen, ist nicht professionell. Zudem hat diese Beendigung eines laufenden Programms negative Begleiterscheinungen. Sie riskieren damit zum einen Datenverluste in Ihrer Konstruktionsarbeit, da der aktuelle Stand Ihrer Zeichnung auch von der automatischen Sicherungsfunktion nicht mehr gespeichert werden kann. Zum anderen können sogenannte temporäre Dateien, die CADdy während der Sitzung angelegt hat und die nicht mehr benötigt werden, vom Programm nicht mehr gelöscht werden. Im Laufe der Zeit sammelt sich so eine Unzahl Dateien an, die Speicherplatz auf Ihrer Festplatte belegen.

Das Verlassen von CADdy ist denkbar einfach. Unabhängig, in welchem Menü oder in welcher Maske Sie sich gerade befinden, betätigen Sie so lange die ENDE-Funktion bzw. drücken so lange die rechte Maustaste, bis Sie in der rechten Menüspalte die Alternativen [ENDE ???] und [WEITER] erreicht haben. Wählen Sie den zuerst genannten Menüpunkt, um CADdy zu verlassen.

In den nachfolgenden Abschnitten werden Ihnen weitere Handhabungshinweise zu CADdy gegeben. Zum besseren Verständnis der Erklärungen ist es sinnvoll, CADdy zu starten und die einzelnen Punkte am Bildschirm nachzuvollziehen. Wechseln Sie dazu in das Hauptverzeichnis, starten Sie CADdy mit dem Befehl CADDY, und bestätigen Sie dies mit der Return-Taste.

1.3.2 Der Grafikmodus

Mehrere Programme im CAD-Bereich bieten die Möglichkeit, wahlweise mit einem oder zwei Bildschirmen zu arbeiten. Zweibildschirmvarianten sind vorteilhaft, wenn die Zeichenfläche beim Umschalten in den Text-(Alfa-)modus sichtbar bleiben soll. Meist dient dabei ein kleinerer (14 Zoll) Monochrom-Monitor der Anzeige von Text- und Parametermasken, während auf einem größeren (20 Zoll) Color-Monitor die Zeichenfläche mit Menü- und Befehlsanzeigen dargestellt wird.

Steht nur ein Bildschirm zur Verfügung, so wechselt CADdy ständig zwischen den beiden Arbeitsmodi, d.h., es erfolgt eine Umschaltung zwischen Grafik- und Alfabildschirm.

Nach dem Aufruf von CADdy zeigt der Grafikbildschirm folgendes Bild:

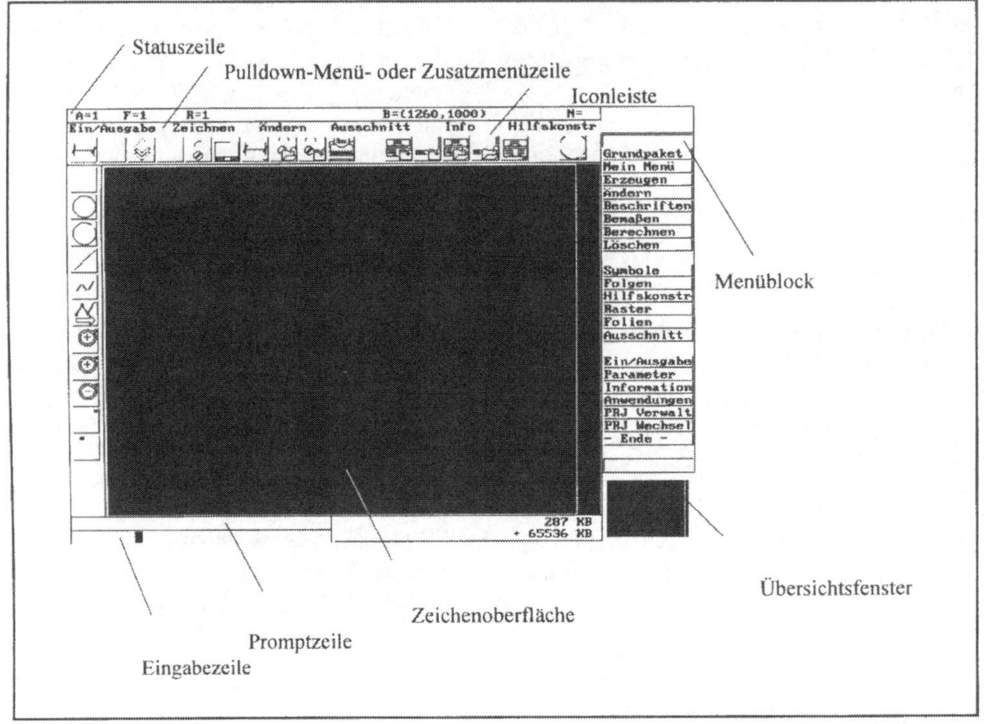

Bild 1-7 Grafikbildschirm

Im Menüblock befindet sich eine Tabelle (Menü) mit den Namen der momentan auswählbaren Funktionen.

Die Zeichenoberfläche dient zur Darstellung von Zeichnungen. Sie ermöglicht die optische Kontrolle beim Erzeugen bzw. Ändern der Zeichnungselemente. Die Zeichenfläche ist in Quadranten unterteilt, wobei sich der Koordinatenursprung immer in der linken unteren Bildschirmecke befindet.

Die Eingabezeile dient je nach der zuvor aktivierten Funktion zur Eingabe von numerischen Werten (Koordinaten zur Punktbestimmung, Winkel, Längen), Textzeilen oder Dateinamen.

In der Promptzeile wird beim Erzeugen und Ändern von Geometrieelementen der nächste durchzuführende Arbeitsschritt angezeigt.

Die Einträge in der Statuszeile geben Informationen über aktuelle, die Arbeit betreffende Statuswerte:

- A = aktuelle Arbeitsfolie mit Name/Nr.
- F = Vergrößerungsfaktor des momentan dargestellten Bildausschnitts
- R = Werte eines als Zeichenhilfe aktivierten Rasters
- B = aktuell eingestellte Bildmaße
- D = Name des aktuellen Arbeitsverzeichnisses
- N = Name des zuletzt gespeicherten bzw. eingelesenen Bildes

Mit der Pulldown-Menü- oder Zusatzmenü-Zeile können Sie den Zugriff auf häufig genutzte Funktionen am Bildschirm beschleunigen. Ob diese Möglichkeit zur Verfügung steht, legen Sie während des Installationsvorgangs fest. Welche Funktionen im einzelnen als Pulldown-Menü angezeigt werden sollen, können Sie mit Hilfe der Funktion [ANWENDUNG] [HILFSPROGRAMM] [PULLDOWN ERZ.] (vgl 1.6.2) bestimmen.

In der Iconleiste wählen Sie CADdy-Funktionen durch Anklicken von Icons aus. Die Anzahl dieser Leisten wird ebenfalls im Installationsprogramm festgelegt. Die Auswahl der hier verfügbaren Funktionen läßt sich über die Menüfolge [ANWENDUNGEN] [HILFSPROGRAMM] [ICON.DEF] (vgl. Kapitel 1.6.3) steuern.

In der Übersicht in der rechten unteren Bildschirmecke wird das verkleinerte Gesamtbild bzw. der gewählte Bildausschnitt angezeigt. Wenn diese Darstellung mit den Displaylist-Funktionen gezoomt wird, so zeigt die Übersicht das Gesamtbild mit weiß gekennzeichnetem Bildausschnitt.

1.3.3 Der Alfamodus

Die folgende Menüauswahl soll Ihnen ein typisches Beispiel für den Bildschirm im Alfamodus zeigen. Unter Alfamodus wird ein Bildschirminhalt verstanden, der nur aus alphanumerischen Zeichen (A,B,c,d,1,2,!,? usw.) besteht. Wird aus dem CADdy-Hauptmenü das Menü [PARAMETER] gewählt, erscheint auf dem Bildschirm eine Textmaske. Die weitere Auswahl eines Untermenüs ergibt folgendes Aussehen des Bildschirms:

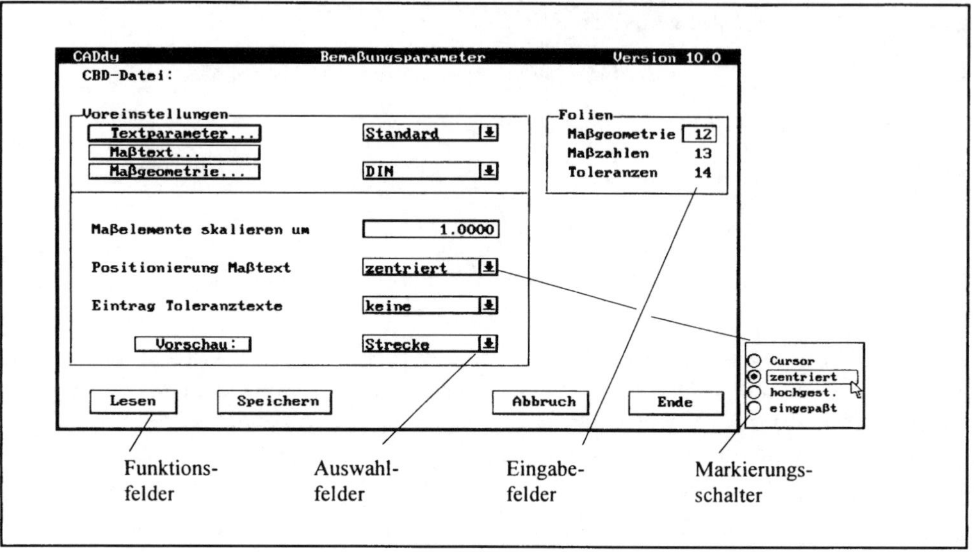

Bild 1-8 Alfabildschirm

Der Alfamodus zeigt immer Textmasken. Sie dienen ausschließlich der Anzeige, Eingabe, Änderung, Auswahl und Manipulation von numerischen Werten, Texten, Menüfunktionen und Dateien. Grafische Konstruktionen können in diesem Modus nicht bearbeitet werden.

Eingabefelder dienen der Eingabe von Zahlen und Texten, je nach der Beschreibung, die sich vor dem Feld befindet. Bereits eingegebene Werte können im Einfügemodus geändert werden; das Zeichen unter dem Cursor kann mit der Entf-Taste gelöscht werden.

Funktionsfelder wie z.B. LESEN, SPEICHERN, ABBRUCH, ENDE starten bestimmte Aktionen, die in der Regel leicht aus der Feldbezeichnung zu erschließen sind. Sind dem Feldnamen drei Punkte angefügt (z.B. BESCHRIFTUNGSPARAMETER ..., SCHRIFTSÄTZE ...), weist dies darauf hin, daß eine weitere Maske zur Eingabe von Parametern angeboten wird.

Einstellungen werden mit Ein-/Aus-Schaltern aktiviert bzw. deaktiviert; ein Kreuz symbolisiert dabei, daß die beschriebene Einstellung aktiv ist. Um zwischen mehreren möglichen Voreinstellungen zu wählen, stehen in den Auswahlfeldern Popup-Masken zur Verfügung, die durch Anklicken des Pfeils im Feld geöffnet werden.
Als Beispiel dafür kann im Menü [PARAMETER] [GRUNDEINSTELLUNGEN] der Punkt [AUSSCHNITT DEFINIEREN] angesehen werden.

Innerhalb der Popup-Masken befinden sich sog. Markierungsschalter, mit deren Hilfe zwischen mehreren Einstellungen ausgewählt werden kann. Mehrere Beispiele hierfür sind in dem Menü [PARAMETER] [ZEICHENPARAMETER] zu finden.

Verschiedene Masken beinhalten eine Liste von Daten (Auswahlliste), aus der der Anwender den zu modifizierenden Punkt auswählen und den nächsten Bearbeitungsschritt vornehmen kann. Überschreitet jedoch die Anzahl der aktuellen Dateneinträge in einer Maske die Fenstergröße, wird nur ein Teil der Daten angezeigt. Durch die am rechten Fensterrand nutzbare Bildlaufleiste kann die gesamte Auswahlliste im Fensterbereich verschoben werden. Ein typisches Beispiel für eine Auswahlliste ist in dem Menü [ANWENDUNGEN] [HILFSPROG.] [HOTKEYS] zu finden.

1.3.4 Umgang mit der Maus

Die Maus ist ein gebräuchliches Eingabegerät im CAD-Bereich. Sie wird in der Regel zur Steuerung von CADdy eingesetzt.

Die folgenden Erläuterungen beziehen sich auf eine 3-Tasten-Maus. Sollte Ihnen nur eine Maus mit zwei Tasten zur Verfügung stehen, so kann die Funktion der mittleren Taste durch gleichzeitiges Drücken der Tasten [STRG] + [L] auf der Tastatur simuliert werden.

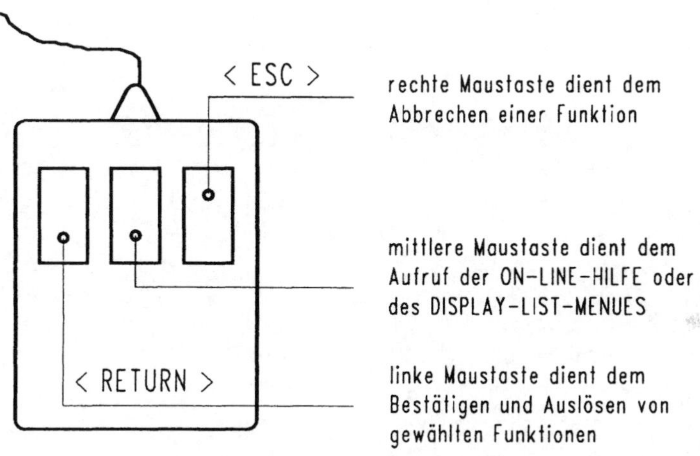

Bild 1-9 Funktionen der Maus

Die linke Maustaste hat die gleiche Funktion wie die Eingabe von [ENTER] (bzw. RETURN, ↵) auf der Tastatur. Mit ihr werden alle Eingaben bestätigt und das Programm veranlaßt, die Befehle des Anwenders auszuführen. Ein Druck auf die rechte Maustaste hat die gleiche Wirkung wie das Drücken der ESCAPE-Taste [ESC] auf der Tastatur. Damit werden alle unerwünschten Funktionen abgebrochen. Ein Druck auf die mittlere Maustaste aktiviert das Displaylist-Menü, dessen Funktionen im Abschnitt 1.3.7 erläutert werden.

1.3.5 Hinweise zur Menüführung

Vor der Aktivierung einer Menüfunktion muß diese ausgewählt werden; die entsprechende Menüzeile wird dadurch invers dargestellt. Die Inversdarstellung einer Menüfunktion wird auch als Menübalken bezeichnet. Um eine gewünschte Zeile bzw. Funktion auszuwählen, stehen die in Tabelle 1 aufgeführten Möglichkeiten zur Verfügung. Die Tastenfunktionen sind nur dann verfügbar, wenn zuvor der Mauszeiger innerhalb des Menüs positioniert worden ist.

Zu jedem invers dargestellten Menüpunkt können Sie sich sowohl im Grafik- als auch im Alfamodus Hilfsinformationen auf dem Bildschirm anzeigen lassen. Betätigen Sie dazu die Tastenkombination [SHIFT] [⇑] + [F1]. Umfaßt die Information mehr als nur eine Bildschirmseite, so wird mit den Pfeiltasten weitergeblättert. Mit der [ESC]-Taste beenden Sie die Anzeige des Hilfstextes.

Eingabegerät	**Mögliche Eingabevarianten**
Maus	Vorwärts- bzw. Rückwärtsbewegung
Tastatur	Pfeiltasten [↑↓] bewirken die Auswahl der nächsthöheren bzw. nächsttieferen Zeile. Die Tasten [**POS1**] (HOME) bzw. [**ENDE**] (END) bewirken einen Sprung in die erste bzw. letzte Menüzeile. Die Leertaste wählt die nächsttiefere Zeile aus. Die Eingabe eines Buchstabens bewirkt einen Sprung nach unten auf den ersten Befehl, der mit diesem Buchstaben beginnt.

Nach Anwahl der gewünschten Menüfunktion kann diese durch Drücken der linken Maustaste oder mit der Enter-Taste [↵] auf der Tastatur aktiviert werden. Abhängig von der Funktion reagiert CADdy mit einer der folgenden Alternativen:

- Es wird ein Untermenü angeboten, in dem Sie weitere Menüfunktion auswählen und aktivieren können. Dies erfolgt in gleicher Weise wie im Hauptmenü. Ein Untermenü kann durch Aktivieren der Zeile [-ENDE-] mit der linken Maustaste, durch Klick auf die rechte Maustaste oder durch Betätigen der [ESC]-Taste auf der Tastatur verlassen werden. Wird bei der Alternative [ENDE???] [WEITER] die Zeile [ENDE???] aktiviert, so wird die Arbeit mit CADdy sofort beendet, ohne daß ein evtl. erreichtes Konstruktionsergebnis automatisch gesichert würde. Per Voreinstellung kann dieses versehentliche Löschen verhindert werden. Hinweise dazu finden Sie im Abschnitt 2.2.2. Nach Aktivieren der Zeile [WEITER] gelangen Sie erneut in das Hauptmenü.

- Der Cursor erscheint als Fadenkreuz auf der Zeichenfläche. Je nach gewählter Funktion können Sie entweder mit dem großen Fadenkreuz einen Punkt positionieren oder mit dem kleinen Fadenkreuz mit Suchquadrat ein Element identifizieren, indem Sie die linke Maustaste drücken.

  In der Promptzeile unterhalb des Zeichenfeldes wird der jeweils notwendige Arbeitsschritt angezeigt. Durch Drücken der rechten Maustaste wird die Funktion beendet.

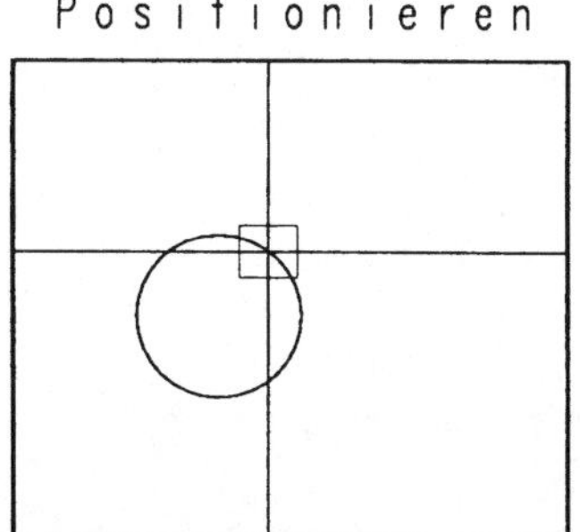

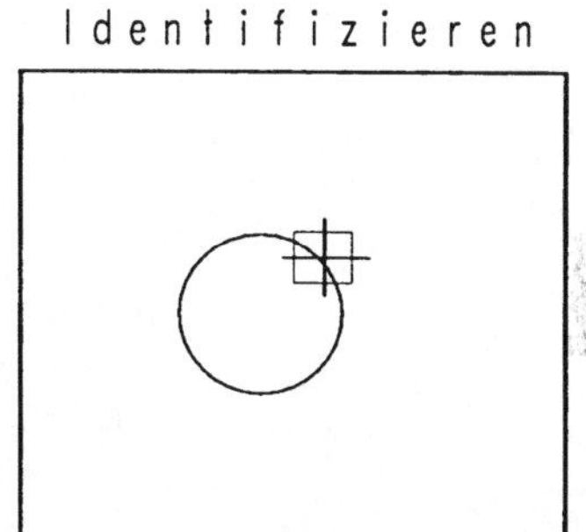

Bild 1-10 Fadenkreuz

- Je nach gewählter Funktion wird eine Tastatureingabe erforderlich. CADdy teilt Ihnen dieses in der Eingabezeile in beispielsweise folgender Form mit:

  Abstand > ____________

  Text- oder Zahleneingaben müssen bei der Tastatureingabe stets mit der Enter-Taste oder der linken Maustaste abgeschlossen werden. Soll keine Eingabe erfolgen, so beenden Sie die Funktion durch Drücken der ESC- oder der rechten Maustaste.

- Es erscheint eine Maske mit mehreren Feldern, in denen Daten eingegeben oder ausgewählt werden können. Die Wahl und Aktivierung eines solchen Feldes kann wie auf Menüebene mit der Maus oder mit der Tastatur erfolgen. Abhängig von der Art des Feldes stehen die in folgender Tabelle aufgeführten Möglichkeiten, um Werte festzulegen, zur Verfügung.

Feldart	Eingabevariante
Zahlenwerte und Texte	Eingabe über die Tastatur Abschließen mit Enter bzw. linker Maustaste Abbruch erfolgt über ESC bzw. rechte Maustaste
Popup-Menü	Auswahl und Aktivieren über Maus oder Tastatur
Ja/Nein-Schalter	Umschalten erfolgt durch Betätigen der linken Maustaste, wenn sich der Mauszeiger auf dem Schalter befindet.

Tabelle 2 Eingabefelder in Masken

Alle in eine Maske eingetragenen Werte werden wirksam, wenn diese nach Aktivieren des Feldes [ENDE] verlassen wird. Wollen Sie jedoch die geänderten Voreinstellungen verwerfen, dann verlassen Sie die Maske, indem Sie das Feld [ABBRUCH] aktivieren.

1.3.6 Nutzung der Funktionstasten

Häufig benötigte CADdy-Funktionen können mit den Funktionstasten [F1] bis [F10] oder deren Kombination mit der SHIFT- [⇑], der [STRG]- oder der [ALT]-Taste direkt von jedem beliebigen Menü aus aufgerufen werden. Über die voreingestellte Belegung der ersten zehn Funktionstasten und ihre Kombination mit der SHIFT-Taste gibt die folgende Liste Auskunft.

F1	Schalter BILD NEU
F2	Funktion [FOLIEN][DEFINIERE ARBEITSFOLIE]
F3	Funktion [AUSSCHNITT][ORIGINAL]
F4	Funktion [AUSSCHNITT][ZOOMEN]
F5	Funktion [LÖSCHEN][BELiebiges ELEMENT]
F6	Funktion [LÖSCHEN][ZURÜCK]
F7	Schalter [RASTER]EIN/AUS
F8	Funktion [ÄNDERN][DYNamisch VERSCHieben]
F9	Menüaufruf [PARAMETER]
F10	Menüaufruf [MEIN MENÜ]
⇑ **F1**	Aufruf der ON-LINE-HILFE

⇑	F2	Menüaufruf [FOLIEN]
⇑	F3	Funktion [AUSSCHNITT][VERSCHIEBEN]
⇑	F4	Funktion [AUSSCHNITT][FAKTOR]
⇑	F5	Menüaufruf [LÖSCHEN]
⇑	F6	Funktion [EIN/AUSGABE][DOS-BEFEHLE]
⇑	F7	Menüaufruf [RASTER]
⇑	F8	Menüaufruf [HILFSKONSTRuktionen]
⇑	F9	Funktion [INFORMATION][BELiebiges ELEMENT]
⇑	F10	Funktion [SYMBOLE][AUFRUF NAME]

Die Eingabe von [ALT]+[H] zeigt diese Übersicht am Bildschirm an. Die Belegung der Funktionstasten in Kombination mit der [STRG]- und der [ALT]-Taste ist im Gegensatz zu obiger Aufstellung benutzerspezifisch; deshalb müssen diese Tastenkombinationen zuvor vom Anwender mit Funktionen belegt werden. Die dazu erforderliche Vorgehensweise wird im Kapitel 1.6.4 erläutert.

1.3.7 Das Displaylist-Menü

Die komfortable und effiziente Arbeit mit CAD-Programmen hängt u.a. entscheidend davon ab, wie leicht und schnell die wichtigsten Funktionen zur Verfügung stehen. Gerade beim Prozeß des Konstruierens ist es notwendig, schnell und flexibel Funktionen zu nutzen, die dem Anwender einen Überblick über den aktuellen Stand der Zeichnung erlauben, Konstruktionsdetails groß am Bildschirm anzeigen, innerhalb einer Zeichnung jeden beliebigen Punkt zügig erreichbar machen, den Zugriff auf bestimmte Zeichnungselemente flexibel erlauben, das komfortable Arbeiten mit zwei Fenstern ermöglichen usw. CADdy bietet dazu ein Menü, das Displaylist-Menü, das solche anpassungsfähigen Funktionen enthält.

Das Displaylist-Menü wird mit der Tastenkombination [STRG]+[L] oder der mittleren Maustaste aufgerufen. Die in diesem Menü verfügbaren Befehle ermöglichen dem Anwender ein schnelles Zoomen der Zeichnung, ein Verschieben kompletter Ausschnitte sowie das Arbeiten mit zwei Fenstern. Dabei bleibt in der Regel das gesamte Bild im Übersichtsfenster am rechten unteren Bildschirmrand sichtbar. Haben Sie jedoch vor dem Aufruf des Displaylist-Menüs einen Bildschirmausschnitt [F4] gewählt, so ist dieser im Übersichtsfenster sichtbar. Am Bildschirm ist in jedem Fall der mittels Displaylist-Menü gewählte Ausschnitt sichtbar.

Das Display-Menü ermöglicht es, das am Bildschirm angezeigte Bild zu vergrößern bzw. zu verkleinern; es wird jeweils ein Ausschnitt des Bildes erzeugt. Mit dem Menüschalter [GRÖßER] bzw. [KLEINER] in der Überschrift [AUSSCHNITT] wird das angezeigte Bild jeweils um den Faktor zwei vergrößert bzw. verkleinert. Bezugspunkt ist dabei immer die Bildschirmmitte. In dem Übersichtsfenster am rechten unteren Bildschirmrand wird die Ausschnittveränderung als farbig unterlegtes Quadrat in der Gesamtdarstellung gekennzeichnet.

Ein individueller Ausschnitt aus dem Bild kann mit dem Menüpunkt [AUSSCHNITT] in der gleichnamigen Überschrift erreicht werden. Mit dem Cursor wird der gewünschte Ausschnitt markiert und nach dem Betätigen der linken Maustaste dargestellt. Im Übersichtsfenster wird der Ausschnitt wieder kenntlich gemacht.

Eine weitere Ausschnitt-Funktion erlaubt es, Ausschnitte dynamisch am Bildschirm zu erzeugen. Mit der Funktion [DYNAMISCH] hat der Anwender die Möglichkeit, durch Mausbewegungen jeden beliebigen Ausschnitt des Bildes in die Bildschirmmitte zu positionieren. Die Bewegungen lassen sich in dem Übersichtfenster kontrollieren. Ein Klick auf die rechte Maustaste verändert den Vergrößerungsfaktor um den Wert 0,5, mit der linken Maustaste wird der Ausschnitt fixiert.

Mit dem Menüschalter [ORIGINAL] können die Ausschnitte wieder rückgängig gemacht werden.

Unter der Überschrift [BLÄTTERN] kann zwischen den letzten zehn im Displaylist-Menü erzeugten Ausschnitten geblättert werden. Dazu dienen die Schalter [VORIGES] und [NÄCHSTES].

Um ausgewählte Elementegruppen anzuzeigen, dient die Funktion [BLÄTTERN] [ELEMENTE]. Nach ihrer Aktivierung werden nur Elemente einer Elementegruppe angezeigt (siehe auch nachfolgende Tabelle). Durch Eingabe des entsprechenden Buchstabens auf der Tastatur oder durch Mausklick erscheint die nächste Elementegruppe. Wenn alle Elemente auf diese Weise angezeigt wurden, beendet CADdy diese Funktion automatisch.

Tastatur	Elementgruppe	Tastatur	Elementgruppe
A	A-Symbole	L	Strecken
C	Bemaßungstexte	M	gefülltes Parall.
D	Texte	m	gefülltes Dreieck
d	Kurztexte bis 15 Zeilen	N	Füllblock
K	Kreise	O	Punkte
k	Ellipsen		

Tabelle 3 Im Display-Menü anwählbare Zeichenelemente

Mit den Funktionen des Menüpunkts [VERSCHIEBEN] kann einmal durch Mausbewegungen ein Ausschnitt im Übersichtsfenster positioniert und dann fixiert werden werden

[AUSSCHNITT] oder mit [CURSOR] ein Punkt am Bildschirm bestimmt werden, der dann in die Bildschirmmitte gerückt wird.

Mit [ESC] oder der rechten Maustaste kann das Displaylist-Menü wieder verlassen werden.

Die Arbeit mit verschiedenen Ausschnitten und Fenstern in CADdy wird in einem separaten Kapitel näher erläutert.

1.3.8 Ausführen von Befehlsfolgen

Für ein effizientes Arbeiten mit CADdy ist es unerläßlich, sich über die Eingabereihenfolge der benötigten Befehle Klarheit zu verschaffen. Stellen Sie sich zuvor deshalb immer folgende Fragen:

- Was soll gemacht werden?
- Welches Element soll bearbeitet werden?
- Womit soll das Element bearbeitet werden?
- Wodurch soll die Funktion ausgeführt werden?

Abbildung 1-11 verdeutlicht nochmals schematisch die Vorgehensweise bei der Arbeit mit CADdy. Achten Sie besonders darauf, während der Ausführung der Befehle den gesamten Bildschirm im Auge zu behalten: Die Kommentare, die CADdy in der Promptzeile gibt, geben wichtige Hinweise auf die weitere Vorgehensweise.

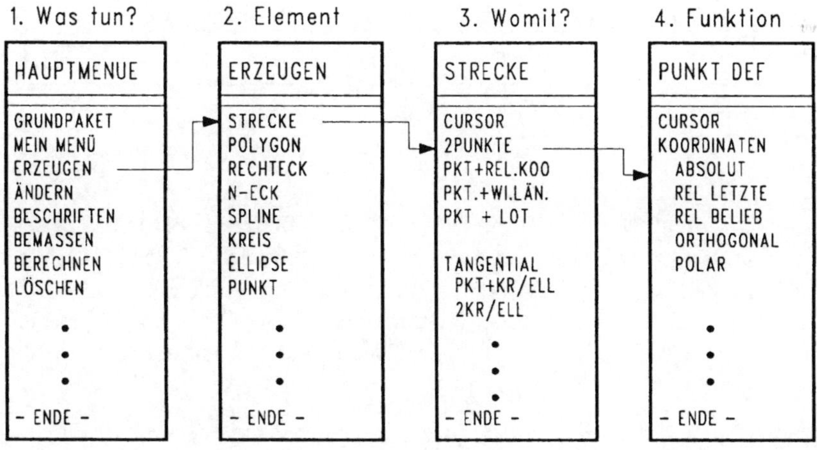

Bild 1-11 Befehlsfolgen

1.3.9 Anwendung von DOS-Befehlen in CADdy

In CADdy können Sie auf einige Betriebssystembefehle zugreifen, ohne das Programm zwischenzeitlich zu verlassen. Dazu gehören vorrangig Verzeichnis- und Dateibefehle. Zu diesem Zweck muß die Funktion [DOS-FENSTER] im Menü [EIN/AUSGABE] gewählt werden. Es wird ein Fenster auf dem alphanumerischen Bildschirm geöffnet, in dem alle Unterverzeichnisse und Dateien des aktuellen Verzeichnisses anzeigt werden. Verzeichnispfad und Laufwerksangabe können in diesem Fenster beliebig geändert werden.

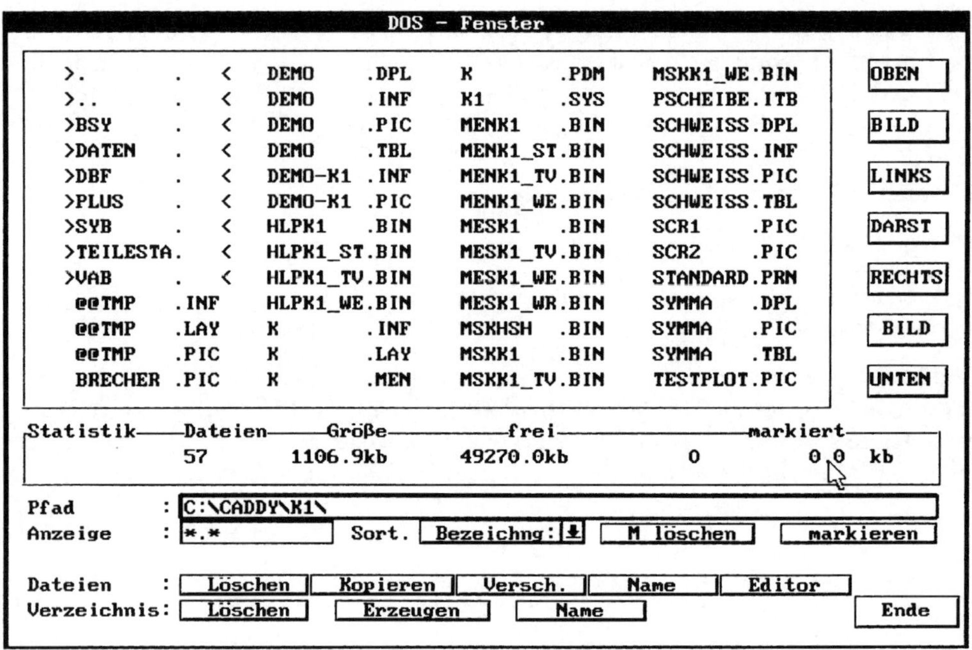

Bild 1-12 DOS-Fenster

Enthält ein Verzeichnis mehr Dateien, als in dieser Maske angezeigt werden können, dann erlauben die in der rechten Spalte der Maske befindlichen Felder [OBEN], [LINKS], [RECHTS], [BILD] und [UNTEN] ein Blättern in den Verzeichniseinträgen. Der Schalter [DARST] wechselt zwischen der Anzeige der bloßen Dateinamen und der Anzeige von Dateinamen einschließlich Dateigröße, Datum und Uhrzeit der letzten Bearbeitung.

Um das aktuell angezeigte Verzeichnis zu wechseln, doppelklicken Sie mit der linken Maustaste auf den entsprechenden Verzeichnisnamen. Ein anderes Laufwerk aktivieren Sie, indem Sie den gewünschten Laufwerksbuchstaben inklusive Doppelpunkt in dem Feld [PFAD] eintragen. Anzahl und Größe der Dateien, die sich im angezeigten Verzeichnis befinden, die freie Plattenkapazität sowie Anzahl und Größe eventuell markierter Dateien werden dabei jeweils in dem Feld [STATISTIK] angezeigt.

Die Anzeige der Dateien oder Dateigruppen in diesem Fenster kann mit Hilfe der unter DOS üblichen Platzhalterzeichen („*“ und „?“) im Feld [Anzeige] ausgewählt und eingeschränkt werden. Darüber hinaus können Dateien mit Hilfe der unter dem Feld [SORT] verfügbaren Optionen nach beliebigen Kriterien sortiert angezeigt werden. Ein Mausklick auf die Felder [MARKIEREN] bzw. [M LÖSCHEN] markiert alle Dateien des ausgewählten Verzeichnisses oder hebt bestehende Markierungen wieder auf. Einzelne Dateien und Verzeichnisse oder beliebige Gruppen von Dateien und Verzeichnissen werden durch einmaliges Anklicken mit der linken Maustaste zur weiteren Bearbeitung markiert bzw. demarkiert.

Zum Löschen [LÖSCHEN], Kopieren [KOPIEREN], Verschieben [VERSCH.] oder Ändern des Dateinamens [NAME] bzw. des Dateiinhalts [EDITOR] dienen die Befehle des Menüs [DATEIEN].
Im Menü [VERZEICHNIS] stehen die Funktionen [ERZEUGEN] und [LÖSCHEN] eines Verzeichnisses und die Änderung eines Verzeichnisnamens [NAME] zur Verfügung.

Das DOS-Fenster verlassen Sie, indem Sie die Schaltfläche [ENDE] mit der linken Maustaste aktivieren.

Um die in diesem Buch enthaltenen Beispiele nachvollziehen und speichern zu können, sollten Sie ein eigenes Verzeichnis TEST unterhalb des CADdy-Hauptverzeichnisses anlegen. Geben Sie dafür im Feld [PFAD] des DOS-Fensters den CADdy-Pfad C:\CADDY\ ein. Legen Sie danach ein neues Verzeichnis an, indem Sie den Schalter [ERZEUGEN] anwählen und den gewünschten Verzeichnisnamen TEST in der Eingabezeile eintragen.

1.4 Grundsätze der Projektorganisation mit CADdy

Um mit CADdy normgerechte Zeichnungen zu erstellen, die firmeninternen Anforderungen oder Kundenwünschen entsprechen, müssen zahlreiche Vorgaben wie Text- und Bemaßungskonstanten, Linienarten oder Stift-Folienzuordnungen eingehalten werden. Diese Konstanten wie auch eine Vielzahl weiterer Voreinstellungen können in CADdy auf eine der nachfolgend beschriebenen Arten festgelegt werden:

1. Durch automatisches Einlesen einer Definitionsdatei beim Start von CADdy. Sie bewirkt ihrerseits das Einlesen einer Informationsdatei.

2. Durch gezieltes Auswählen und Einlesen von Informationsdateien.

3. Durch Einträge oder Änderungen in speziellen Bildschirmfeldern (Masken) während der Arbeit mit CADdy.

4. Mit Hilfe der CADdy-eigenen Projektverwaltung, die verschiedene Zeichnungen mit unterschiedlichen Einstellungen zu einem Projekt zusammenfaßt.

1.4.1 Benutzerdefinierte Voreinstellungen

Die CADdy-Benutzeroberfläche kann mit Hilfe des Programms SETCADDY.EXE, das sich im Verzeichnis \CADDY\ befindet, an Ihre individuellen Bedürfnisse angepaßt werden. Mit seiner Hilfe können Farben und Menügrößen des CADdy-Bildschirms verändert sowie Einstellungen des Digitizers Ihren persönlichen Gewohnheiten angepaßt werden. Dieses Programm wird von der DOS-Ebene aus gestartet. Vor seiner Ausführung müssen jedoch alle CADdy-Treiber, die sich im Verzeichnis \CADDY\ befinden, aktiviert sein. Dies erreichen Sie, wenn Sie nach dem Wechsel in dieses Verzeichnis folgende Befehlszeilen eingeben:

- AD_CADDY [↵]
- DD_CADDY [↵]
- GD_CADDY [↵]

Um CADdy an Ihre persönlichen Bedürfnisse anzupassen, stehen Ihnen in diesem Programm zwei Hauptkategorien zur Verfügung: Durch Veränderung des Digitizertreibers können Sie Geschwindigkeit und Empfindlichkeit, mit denen Ihr Digitizer auf Mausbewegungen reagiert, steuern; mit dem Grafiktreiber können Sie Bildschirmorganisation und -darstellung Ihren Wünschen anpassen. Einzelheiten über die zahlreichen möglichen Anpassungsoptionen entnehmen Sie bitte Ihrem CADdy-Benutzerhandbuch.

Alle Veränderungen von Voreinstellungen, die Sie mit Hilfe dieses Programms vornehmen, werden in der Datei CADDY.CNF gespeichert. Erneute Änderungen können Sie entweder durch eine Modifikation dieser Einträge oder durch einen erneuten Aufruf des Programms SETCADDY vornehmen.

1.4.2 Verzeichnisstruktur und Dateiverwaltung

Das Installationsprogramm von CADdy richtet während der Installationsphase verschiedene Verzeichnisse auf dem vom Anwender gewünschten Datenträger ein. In die Verzeichnisse werden die CADdy-Dateien nach inhaltlichen Kriterien gespeichert. Im CADdy-Hauptverzeichnis sind alle wichtigen Programmdateien, Treiber verschiedener Art (Plotter, Bildschirm etc.), Masken usw. untergebracht. Die Unterverzeichnisse des Hauptverzeichnisses sind nach Aufgaben und Branchen unterteilt. Es finden sich Verzeichnisse für die Daten aktueller Bilder [ARB], Symbole [SYB] und [BSY], für Branchenmodule wie Konstruktion [K1], Technische Illustration [TI], Programmiermodul [PLUS], Konverter [IGS] usw. Für jedes weitere installierte Branchenmodul werden Verzeichnisse angelegt und die entsprechenden Dateien kopiert.

Zusätzlich können im Hauptverzeichnis auch benutzerdefinierte Verzeichnisse für Bilder, Symbole und Varianten angelegt werden. Dies ist sogar sinnvoll, um verschiedene Projekte zu unterscheiden oder jedem Anwender ein eigenes Verzeichnis zuzuordnen.

Die in der Installation angelegten CADdy-Verzeichnisse können vom Anwender nicht beeinflußt werden. Die gesamte Verzeichnisstruktur ist für das korrekte Funktionieren von CADdy notwendige Voraussetzung und darf keinesfalls verändert werden. CADdy muß jederzeit wissen, in welchen Verzeichnissen gerade benötigte Dateien gespeichert sind. Diese Informationen liefern die Definitionsdateien. Da in jedem Branchenmodul andere Programmdateien benötigt werden, ist es erforderlich, daß für jedes Branchenmodul eine eigene Definitionsdatei existiert, die beim Start des Moduls eingelesen wird. Jeder Wechsel einer Branche führt daher zum Einlesen der zugehörigen Definitionsdatei. Diese Dateien liegen als ASCII-Datei vor und können mit jedem Editor verändert werden. Da eine Modifizierung dieser Dateien sehr gute Kenntnisse in CADdy voraussetzt, empfiehlt es sich nur erfahrenen Anwendern, dies zu tun.

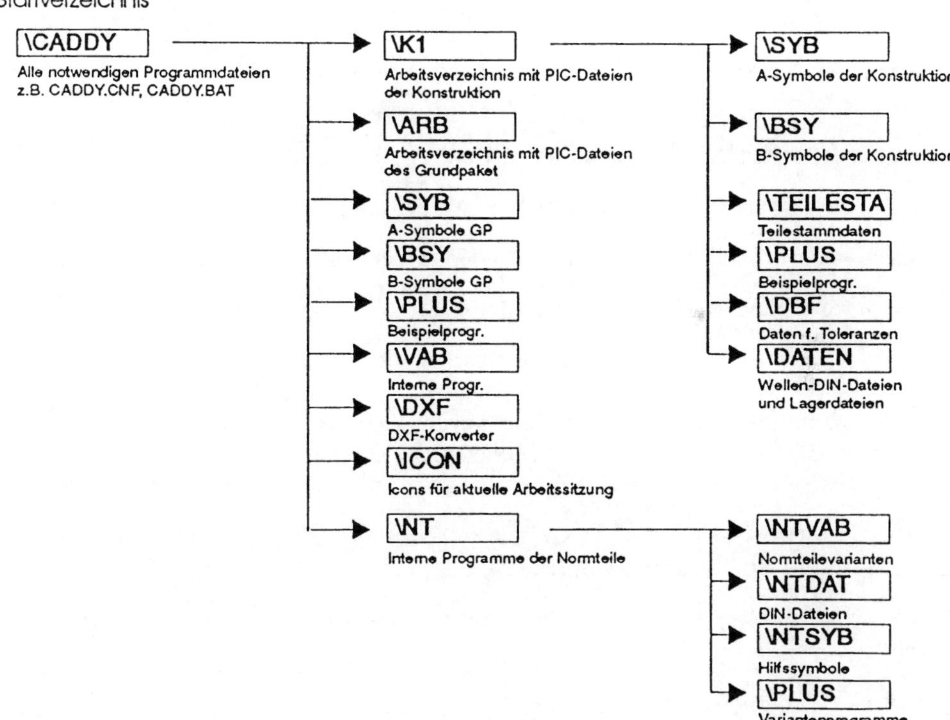

Bild 1-13 Verzeichnis- und Dateistruktur unter CADdy

1.4.3 Voreinstellungen mit der CADdy-Projektverwaltung

Die Projektverwaltung von CADdy gestattet es, beliebige Zeichnungen oder Daten zu einem gemeinsamen Projekt zusammenzufassen. Einmal getroffene Voreinstellungen und Daten stehen auf diese Weise allen Zeichnungen gleichermaßen zur Verfügung und müssen nicht für jede Einzelzeichnung separat definiert werden. Sogar Zeichnungen aus unterschiedlichen CADdy-Modulen können so als gemeinsames Projekt verwaltet werden. Ein Wechsel zwischen existierenden Projekten ist jederzeit möglich.

1.5 Parameterdefinition

Jedes CAD-Programm benötigt vor oder während des Zeichnens bestimmte Einstellungen, auch Parameter genannt. Parameter sind veränderliche Größen, die in folgende Gruppen eingeteilt werden:

Darstellungsbezogene Parameter steuern die Darstellung der Zeichnung auf dem Bildschirm; sie beziehen sich auf Darstellungsmaßstab, Darstellungsgenauigkeit, Dezimalstellenanzeige, Fensterdefinition usw.

Handhabungsbezogene Parameter betreffen die Arbeitsweise des Anwenders. Sie legen fest,

- in welcher Maßeinheit gezeichnet werden soll,
- ob und mit welcher Rastergröße gearbeitet werden soll,
- welche Hilfsanzeigen ein- oder ausgeblendet werden sollen,
- welche Kontrollabfragen das System automatisch fordert,
- welche Maßnahmen zur Datensicherung angewandt werden.

Elementbezogene Parameter definieren die Attribute von Elementen wie beispielsweise die Linienart, die Linienbreite, Farbe, Maßbegrenzungssymbol und -Größe sowie Schriftgrößen.

1.5.1 Globale Parametereinstellungen

Für jedes CADdy-Programmodul existiert – wie bereits erwähnt – eine eigene Definitionsdatei:

- G.DEF Grundpaket
- K.DEF Paket K1 Konstruktion
- A.DEF Paket A1 Architektur

usw.

Diese Definitionsdateien können mit Hilfe der Maske [PARAMETER DEF-DATEI] im Menü [PARAMETER] geändert und, falls erforderlich, unter einem neuen Namen gespeichert werden. Die Voreinstellungen, die sie enthalten, betreffen unter anderem

- die Bildmaße;
- die Standard- und/oder benutzerspezifischen Verzeichnisse, in denen CADdy nach dem Start des Branchenpakets oder nach dem Einlesen der DEF-Datei Bilder, Symbole und dergleichen sucht;
- die Namen von Dateien, in denen Informationen über benutzerspezifische Tastaturbelegungen und über das MEIN-Menü niedergelegt sind (mit diesen Einstellungen wird Ihnen das Anlegen einer individuellen Menüstruktur ermöglicht);
- die zu verwendende Plotter-, Druckertreiber sowie die Digitizer-Symboltabelle;
- die Standard- oder benutzerspezifischen Dateien für Icons und Pulldown-Menüs
- und den Namen der Informationsdatei, die beim Start von CADdy oder beim Öffnen der DEF-Datei eingelesen werden soll.

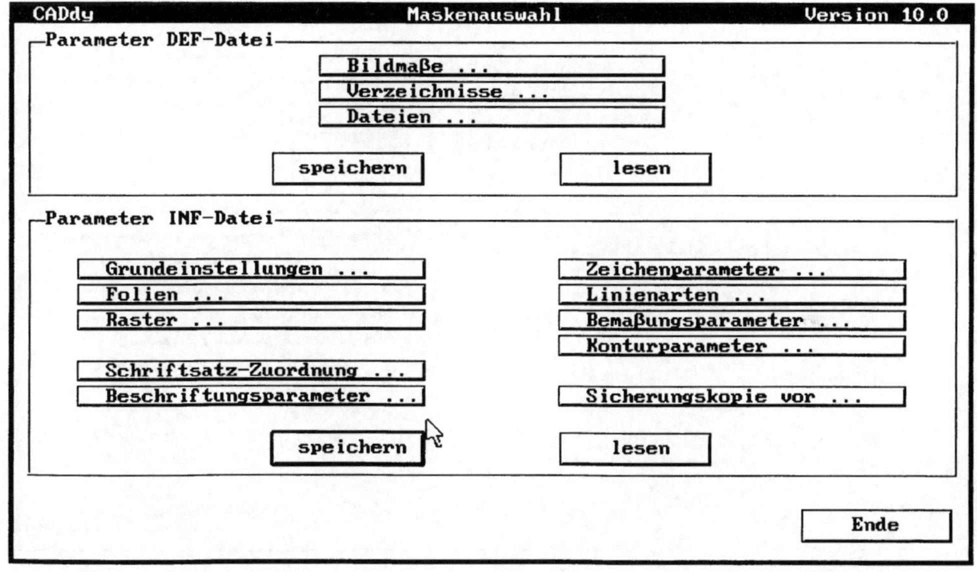

Bild 1-14 Maskenauswahl unter [PARAMETER]

Die folgende Vorgehensweise zeigt Ihnen einen Weg, wie Sie die CADdy-Oberfläche und verschiedene Zeichnungsparameter an Ihre persönlichen Bedürfnisse anpassen können. Sie erstellen sich eine eigene Definitionsdatei mit der Bezeichnung TEST.DEF. Rufen Sie zu diesem Zweck durch Anklicken der Schaltfläche [PARAMETER] mit der linken Maustaste die Maske zum Editieren der DEF-Datei auf.

In der Maske [PARAMETER DEF-DATEI] befindet sich der Schalter [VERZEICHNISSE]. Wählen Sie diesen durch Klick mit der linken Maustaste an. In der Liste, die nun auf dem Bildschirm erscheint, finden Sie die Verzeichnisse, in denen die Bilder, Symbole, Berechnungsergebnisse, Formeln usw. abgelegt werden. Tragen Sie unter dem Punkt BILDER (*.PIC)....... das Verzeichnis C:\CADDY\TEST\ ein, und bestätigen Sie diese Eingabe mit der ENTER-Taste. Auf diese Weise finden Sie Ihre Testergebnisse jederzeit in dem angegebenen Verzeichnis wieder. Wenn Sie (wie im Falle von Netzwerkinstallationen) nicht über die erforderlichen Berechtigungen verfügen, um diese Einstellungen zu verändern, können Sie alternativ alle als Übungsdateien erstellten Zeichnungen durch entsprechende Namensvergabe gruppieren, indem Sie beispielsweise alle Dateinamen mit der gleichen Buchstabenkombination (beispielsweise T_*.PIC) beginnen lassen. Dieses Vorgehen ermöglicht Ihnen gleichfalls das leichte Wiederauffinden Ihrer Dateien.

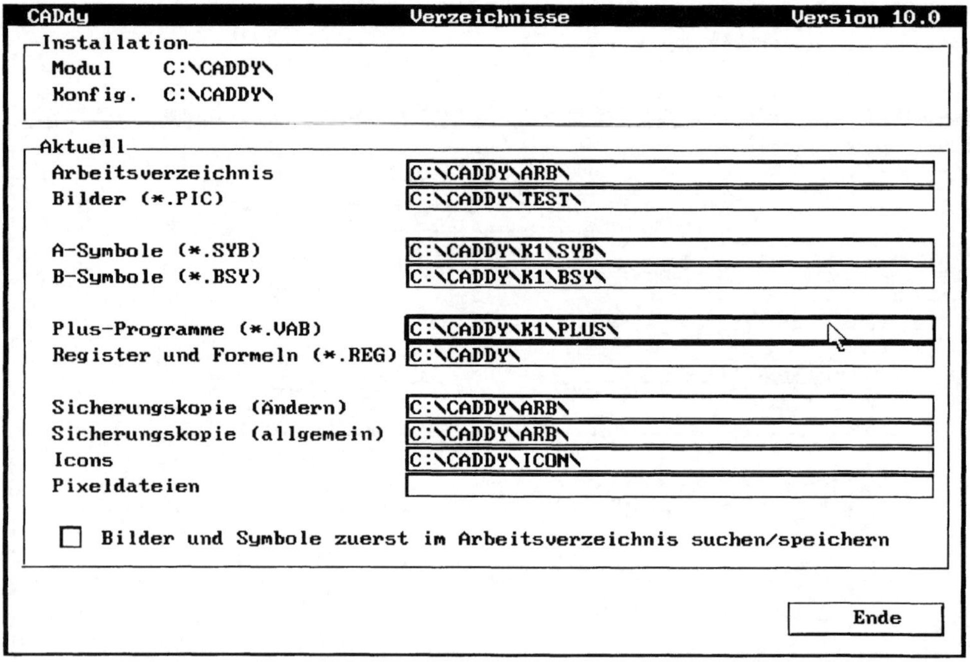

```
CADdy                      Verzeichnisse                    Version 10.0
Installation
  Modul      C:\CADDY\
  Konfig.    C:\CADDY\

Aktuell
  Arbeitsverzeichnis                 C:\CADDY\ARB\
  Bilder (*.PIC)                     C:\CADDY\TEST\

  A-Symbole (*.SYB)                  C:\CADDY\K1\SYB\
  B-Symbole (*.BSY)                  C:\CADDY\K1\BSY\

  Plus-Programme (*.VAB)             C:\CADDY\K1\PLUS\
  Register und Formeln (*.REG)       C:\CADDY\

  Sicherungskopie (Ändern)           C:\CADDY\ARB\
  Sicherungskopie (allgemein)        C:\CADDY\ARB\
  Icons                              C:\CADDY\ICON\
  Pixeldateien

  [ ] Bilder und Symbole zuerst im Arbeitsverzeichnis suchen/speichern

                                                              Ende
```

Bild 1-15 Parametermaske Verzeichnisse

Verlassen Sie, nachdem Sie das Verzeichnis für die Ablage von Zeichnungen verändert haben, diese Maske durch Klick mit der linken Maustaste auf das Feld [ENDE].

Wählen Sie nun die Schaltfläche [BILDMAßE]. In dieser Maskenauswahl können Sie die Bildgröße nach Ihren Wünschen durch einfaches Editieren der ersten Zeile unter [BILDMAßE] verändern. Tragen Sie hier die für die weiteren Beispiele im Buch verwendeten Maße im DIN A3-Format (X=420, Y=297) ein. Nachdem Sie diese Einstellung vorgenommen haben, kehren Sie über [ENDE] wieder in die Maskenauswahl zurück.

Mit der nächsten Einstellung soll sichergestellt werden, daß der mit [SICHERN] aus dem Menü [ERZEUGEN] gespeicherte aktuelle Stand der Zeichnung in das Verzeichnis gelangt, das für die Übungsbeispiele angelegt wurde. Die mit der Funktion [SICHERN] gespeicherten Daten werden in eine Datei SCR*.PIC kopiert. Anstelle des „*" stehen verschiedene Versionsnummern (nähere Erläuterungen siehe Kapitel 2.3.3).

Öffnen Sie in der Maske [PARAMETER DEF-DATEI] den Punkt [VERZEICHNISSE] und tragen Sie in der Zeile [SICHERUNGSKOPIE (ALLGEMEIN)] den Pfad [C:\CADDY\TEST\] ein. Verlassen Sie die Maske mit [ENDE].

Voreinstellungen, die während der aktuellen Arbeitssitzung verändert wurden, bleiben grundsätzlich nur dann wirksam, wenn Sie die geänderten Masken durch Anklicken von [ENDE] und Bestätigung mit der linken Maustaste ordnungsgemäß verlassen.

Beachten Sie dabei, daß es für jedes CADdy-Branchenmodul eine separate Definitionsdatei gibt. Wünschen Sie also im Konstruktionsmodul die gleichen Einstellungen wie im Grundpaket, so müssen Sie auch beide DEF-Dateien ändern oder eine neutrale DEF-Datei erstellen, die dann jedoch bei jedem Branchenwechsel neu eingelesen werden muß.

Um veränderte Einstellungen auch nach dem Verlassen von CADdy beizubehalten, ist es ratsam, die geänderte Definitionsdatei zu sichern, ehe Sie mit Ihrer weiteren Arbeit fortfahren. Wählen Sie in dem Maskenfeld [PARAMETER DEF-DATEI] den Schalter [SPEICHERN] an. Das Programm schlägt Ihnen vor, die Änderungen unter dem Namen der momentan geladenen DEF-Datei zu speichern. Überschreiben Sie diesen Vorschlag mit dem Namen C:\ CADDY\TEST\TEST.DEF. In diesem Falle bleiben für Ihre Standardeinstellung die in der Datei G.DEF getroffenen Voreinstellungen erhalten. Die kursspezifische Definitionsdatei muß nun vor jeder CADdy-Arbeitssitzung wie folgt eingelesen werden: Wählen Sie das Menü [PARAMETER], und hier im Untermenü [LESEN] den Abschnitt DEF-DATEI. In dem folgenden Fenster erscheint die aktuell geladene Definitionsdatei (in der Regel G.DEF oder CADDY.DEF). Überschreiben Sie diese mit: C:\CADDY\TEST\TEST.DEF.

1.5.2 Projektbezogene Einstellungen

Außer der DEF-Datei existiert für jedes Programmodul eine eigene Informationsdatei mit der Extension INF. Sie enthält alle projektübergreifenden Voreinstellungen, die deshalb nicht in der Definitionsdatei festgelegt werden können. Die Parameter, die in dieser Informationsdatei festgelegt werden, steuern die

- Grundeinstellungen für das Konstruieren;
- Zeichenparameter für die Erzeugung von Zeichnungselementen;
- Bemaßungsparameter für Maßlinien und Maßtexte;

- Beschriftungsparameter für alle Texte, z.B. Schriftsätze;
- Konturparameter für die zu erzeugenden Konturen;
- Folieneinstellungen wie Folien-Linien- und Folien-Farb-Zuordnungen;
- Rasterparameter wie Rasterart und -größe;
- Definition anwenderspezifischer Linienarten;
- Sicherheitsvorkehrungen gegen Datenverlust.

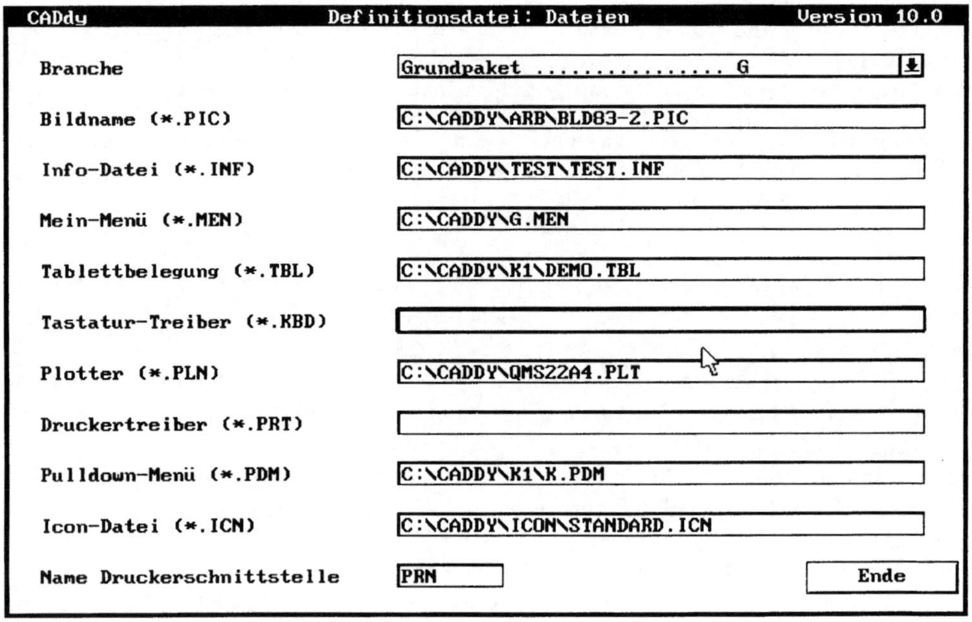

CADdy	Definitionsdatei: Dateien	Version 10.0
Branche	Grundpaket .... G	
Bildname (*.PIC)	C:\CADDY\ARB\BLD83-2.PIC	
Info-Datei (*.INF)	C:\CADDY\TEST\TEST.INF	
Mein-Menü (*.MEN)	C:\CADDY\G.MEN	
Tablettbelegung (*.TBL)	C:\CADDY\K1\DEMO.TBL	
Tastatur-Treiber (*.KBD)		
Plotter (*.PLN)	C:\CADDY\QMS22A4.PLT	
Druckertreiber (*.PRT)		
Pulldown-Menü (*.PDM)	C:\CADDY\K1\K.PDM	
Icon-Datei (*.ICN)	C:\CADDY\ICON\STANDARD.ICN	
Name Druckerschnittstelle	PRN	Ende

Bild 1-16 Parametermaske Dateien

Nach Ändern und Speichern der in dieser Datei verwalteten Parameter können die neuen Voreinstellungen auf drei verschiedene Weisen aktiviert werden:

1. im Menü [PARAMETER] mit der Funktion [LESEN] in der Maske [PARAMETER INF-DATEI];
2. beim Einlesen eines Bildes. Die Informationsdatei muß dabei denselben Namen wie das Bild haben und sich im gleichen Verzeichnis befinden. Sie wird in diesem Falle automatisch eingelesen;
3. beim Start von CADdy. Hierzu muß der Name der Informationsdatei in der beim Programmstart geladenen Definitionsdatei eingetragen sein.

Alle Voreinstellungen können während der Arbeit geändert werden. Wählen Sie dazu im CADdy-Hauptmenü den Menüpunkt [PARAMETER]. Dieses Untermenü erreichen Sie auch mit der Funktionstaste [F9]. Sie gelangen daraufhin in das Untermenü [MASKENAUSWAHL]. Alle Änderungen werden zum überwiegenden Teil in Bildschirmmasken eingetragen, die nach Auswahl der verschiedenen Optionen dieses Untermenüs angeboten werden.

In den Masken für die verschiedenen Optionen dieses Untermenüs stehen einerseits Funktionen mit „Schalter"-Charakter (Ja/Nein-Umschaltung) zur Verfügung, andererseits solche, die die Eingabe numerischer Werte erfordern. Ebenso können Voreinstellungen für bestimmte Menüfunktionen getroffen werden. So können Sie z.B.

- wählen, ob eine Koordinaten-, Winkel- und/oder Längenanzeige eingeblendet werden soll;
- eine Farb-Folien-Zuordnung festlegen;
- wählen, ob per Voreinstellung mit dem Punkt-Definitionsmenü oder dem Cursor gezeichnet werden soll;
- wählen, ob Sie mit Rasterpunkten arbeiten wollen und
- bestimmen, daß vor bestimmten Änderungen während des Konstruktionsvorgangs automatisch Sicherungsdateien angelegt werden.

In der Maske [GRUNDEINSTELLUNGEN ...] sollten Sie den Schalter [SICHERN VOR ENDE] aktivieren. Damit wird beim Verlassen von CADdy das geladene oder aktuelle Bild samt dazugehörigen Parametereinstellungen unter dem Namen @@END.PIC im allgemeinen Sicherungsverzeichnis, das in der Definitionsdatei des jeweiligen Branchenmoduls (im Grundpaket: G.DEF) festgelegt wurde, gespeichert.

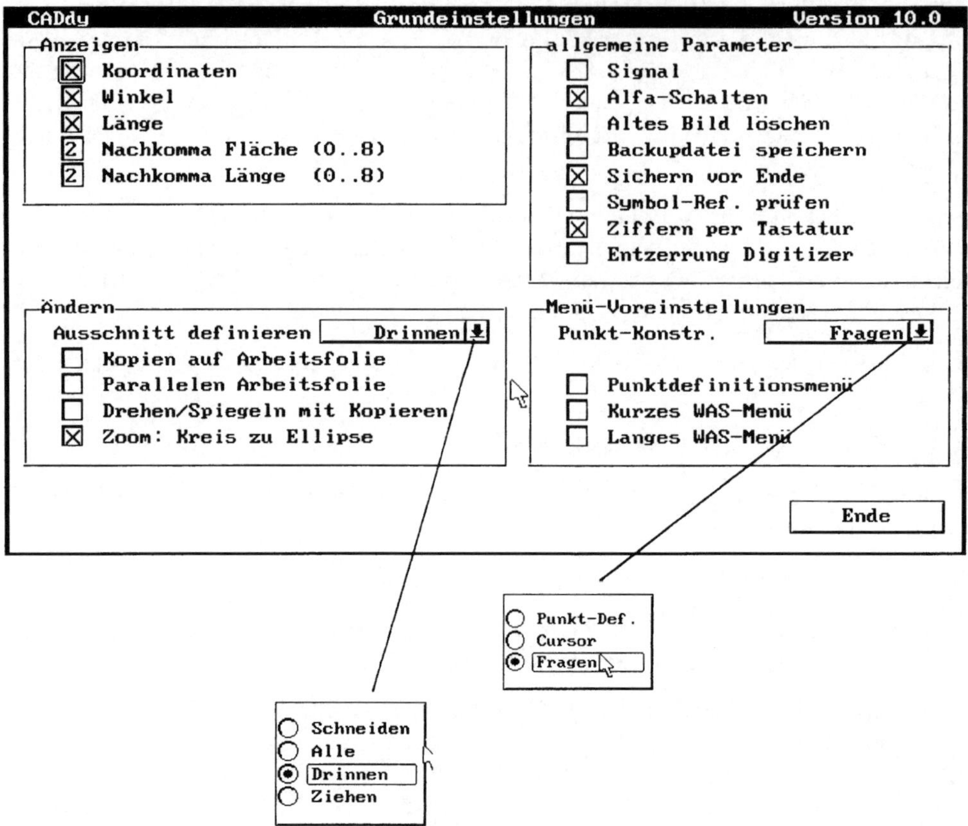

Bild 1-17 Parametermaske Grundeinstellungen

Die Sicherungskopie wird in dem Verzeichnis abgelegt, das in der Maske [PARAMETER DEF-DATEI] [VERZEICHNISSE] im Eingabefeld [SICHERUNGS-KOPIE (ALLGEMEIN)] angegeben ist. Damit bewahren Sie Ihr aktuelles Arbeitsergebnis auch im Falle einer eventuellen Fehlbedienung vor Datenverlusten.

Stellen Sie zudem unter den [MENÜVOREINSTELLUNGEN] sicher, daß im Bereich [PUNKT-KONSTR.] der Menüpunkt [FRAGEN] aktiviert ist. Diese Einstellung, die nach der Programminstallation standardmäßig vorhanden ist, ermöglicht es Ihnen, bei jeder Definition von Punkten zwischen der Arbeit mit dem Cursor oder der Tastatureingabe zu wählen. Durch einfaches Anklicken mit der linken Maustaste können Sie die Schalter von „ja“ auf „nein“ umstellen.

Die drei Schalter

- Punktdefinitionsmenü
- Kurzes [WAS?]-Menü
- Langes [WAS?]-Menü

unter den [MENÜEINSTELLUNGEN] sollten Sie deaktivieren. Sind diese Schalter aktiviert, wird Ihnen bei einer erneuten Wahl dieser Menüs die zuletzt benutzte Funktion wiederum angeboten. Bei deaktivierten Schaltern erhalten Sie immer die gesamten Menüs zur Auswahl.

In der Maske [GRUNDEINSTELLUNGEN] empfiehlt es sich, vor Beginn Ihrer Arbeiten mit CADdy eine weitere Einstellung festzulegen, nämlich die Umstellung der Option [AUSSCHNITT DEFINIEREN] auf die Alternative [DRINNEN]. Damit bestimmen Sie, daß nur die Elemente durch Ausschnittoperationen verändert oder gelöscht werden, die sich vollständig im Ausschnitt befinden.

Nachdem Sie diese Einstellungen überprüft haben, verlassen Sie die Maske [GRUNDEINSTELLUNGEN], indem Sie wie üblich das Schaltfeld [ENDE] anwählen. Weitere in der genannten Maske mögliche Einstellungen werden in dem entsprechenden Kontext erläutert.

Wählen Sie nun den Schalter [SPEICHERN] im Maskenfeld Parameter INF-Datei, und tragen Sie den Namen C:\CADDY\TEST\TEST.INF ein. Diese Datei muß nun noch in die bereits erstellte Definitionsdatei TEST.DEF im Feld [PARAMETER DEF-DATEI] [DATEIEN] aufgenommen werden. Öffnen Sie dazu diesen Menüpunkt, und tragen Sie in der Zeile [INFO-DATEI] im Eingabefeld den Dateinamen mit dem zugehörigen Pfad ein. Verlassen Sie den Menüpunkt, und speichern Sie die Definitionsdatei TEST.DEF.

Diese Vorbereitungen sind für Ihre weitere Arbeit mit diesem Buch sehr wichtig, da Sie hiermit alle für das Zeichnen notwendigen Einstellungen vorgenommen haben und später immer wieder auf diese zurückgreifen können. Da die so erstellte Definitionsdatei TEST.DEF beim CADdy-Start jedoch nicht automatisch aufgerufen wird, müssen Sie vor Beginn jeder neuen Arbeitssitzung diese Definitionsdatei durch Anwählen der Option [LESEN] im [PARAMETER]-Menü (Bereich Parameter DEF-Datei) einlesen. Damit aktivieren Sie gleichzeitig die in der Datei TEST.INF getroffenen Voreinstellungen.

1.5.3 Bildbezogene Parametereinstellungen

CADdy arbeitet grundsätzlich einheitenfrei und bietet Ihnen neben der Möglichkeit, Standardformate einzustellen, auch die Möglichkeit, die Bildmaße frei zu definieren. In den Branchenmodulen werden automatisch die branchenüblichen Maßeinheiten verwendet. So werden z.B. alle Eingaben beim Konstruieren (Maschinenbau und auch im Grundpaket) als Millimeter-Eingaben interpretiert und bemaßt.

Bei der Erstellung von Zeichnungen sollten Sie grundsätzlich alle Abmessungen als Originalmaße eingeben, d. h. im Maßstab 1:1. Die Größe des Zeichenbereichs, die Ihren

Originalmaßen entspricht, kann in Form eines Normblatts als Zeichnungsvorlage ausgewählt oder durch die Einstellung im Menü [PARAMETER] [BILDMAßE] festgelegt werden.

Um die Zeichnungselemente vollständig darzustellen, müssen die Bildmaße so gewählt werden, daß die Objekte der Zeichnung einschließlich Bemaßung, Texten und eventuell vorhandener Detaillierungen erfaßt werden. Die gewählten Maßangaben werden in der Statuszeile unter B=(X-Wert, Y-Wert) angezeigt.

Sollte sich während des Konstruierens herausstellen, daß der gewählte Zeichenbereich nicht den gewünschten Maßen entspricht, so kann dieser nachträglich ohne Schwierigkeiten angepaßt werden. Möchten Sie alle Zeichnungen auf Normblättern erstellen, erfordert dies ein umfangreiches, den geläufigsten Zeichenblattformaten entsprechendes Normblattinventar. Die Erstellung solcher Normblätter wird in Kapitel 7.3.2 beschrieben.

Bei der Ausgabe von Zeichnungen muß ebenfalls ein geeigneter Maßstab, abhängig von den aktuellen Bildmaßen und dem nutzbaren Plotbereich, festgelegt werden. Dies geschieht in einer Datei, die gleichzeitig mit der Informationsdatei unter dem gleichen Namen, jedoch mit der Extension .LAY, angelegt wird. In ihr sind die Bezeichnungen der Folien enthalten. Zugleich mit dem Einlesen dieser Informationsdatei werden auch die gewählten Folien-Voreinstellungen aktiviert. Farb-Folien-Zuordnungen für die Bildschirmdarstellung müssen deshalb innerhalb eines Projekts nur einmal getroffen werden.

Um Zeichnungen logisch und funktional zu strukturieren (z.B. nach Einzelteilen, Baugruppen, Gewerken) und zur übersichtlicheren Verwaltung einer Vielzahl von Zeichnungselementen können Elemente einzeln oder gruppenweise auf unterschiedlichen Folien abgelegt werden. Bei der Zeichnungserstellung dient diese Technik zum Trennen verschiedener Bildinhalte (wie beispielsweise Geometrieelemente, Bemaßung, Schraffur, Texte). Wie Overhead-Folien übereinander gelegt, ergeben die einzelnen Folien das Gesamtbild. Da innerhalb der Zeichnung auf jede einzeln zugegriffen werden kann, kann jede dieser Folien separat ein- und ausgeblendet werden.

CADdy stellt 512 Folien zur Verfügung, die aufsteigend, mit 1 beginnend, numeriert sind. Neben Folien, die für bestimmte Zeichnungselemente voreingestellt werden können (wie z.B. Mittellinien, Bohrungen, Schraffuren), sind die Foliennummern 500 bis 512 für feste, elementbezogene Belegungen (z.B. Hilfskonstruktionen) reserviert. Alle Folien können mit einer individuellen Bezeichnung (z.B. „MITTELLINIEN“) versehen werden, desgleichen mit Linienattributen (z.B. „Strichpunkt“), die generell für alle Zeichnungen einer Folie gelten.

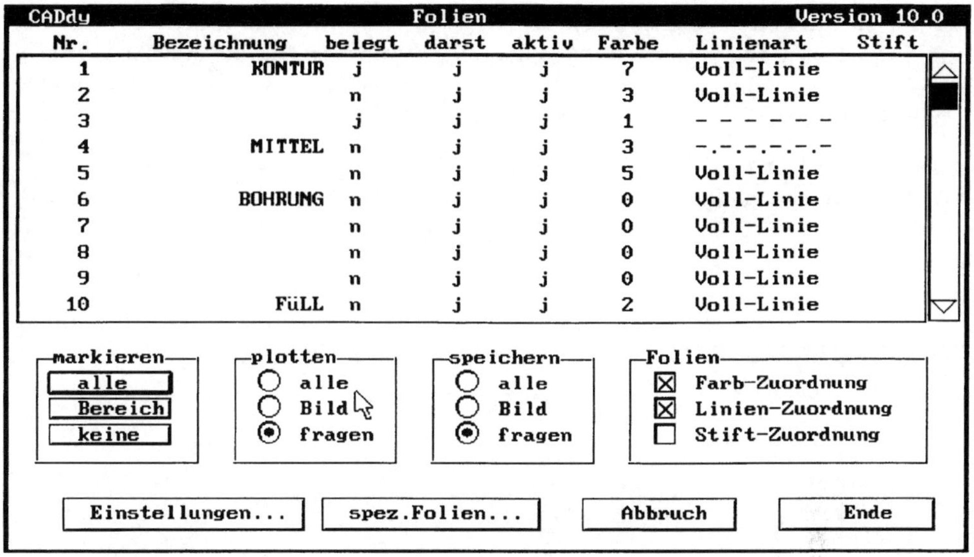

CADdy Folien Version 10.0

Nr.	Bezeichnung	belegt	darst	aktiv	Farbe	Linienart	Stift
1	KONTUR	j	j	j	7	Voll-Linie	
2		n	j	j	3	Voll-Linie	
3		j	j	j	1	- - - - - -	
4	MITTEL	n	j	j	3	-.-.-.-.-.-	
5		n	j	j	5	Voll-Linie	
6	BOHRUNG	n	j	j	0	Voll-Linie	
7		n	j	j	0	Voll-Linie	
8		n	j	j	0	Voll-Linie	
9		n	j	j	0	Voll-Linie	
10	FüLL	n	j	j	2	Voll-Linie	

markieren: alle, Bereich, keine

plotten: ○ alle, ○ Bild, ◉ fragen

speichern: ○ alle, ○ Bild, ◉ fragen

Folien: ☒ Farb-Zuordnung, ☒ Linien-Zuordnung, ☐ Stift-Zuordnung

Einstellungen... | spez.Folien... | Abbruch | Ende

Bild 1-18 Folienmaske

Unterschiedliche Farben der Zeichnungselemente auf den einzelnen Folien erleichtern es, die Zeichnung auch optisch gut zu unterscheiden und zu kontrollieren. Linienbreiten und -farben beim Plotten werden dadurch nicht beeinflußt; für diese ist ausschließlich die Plotterstift-Folien-Zuordnung verantwortlich.

Einstellungen für bestimmte Folien werden geändert, indem Sie die Auswahlmaske [PARAMETER] [FOLIEN] öffnen und anschließend die Funktion [EINSTELLUNGEN] wählen.

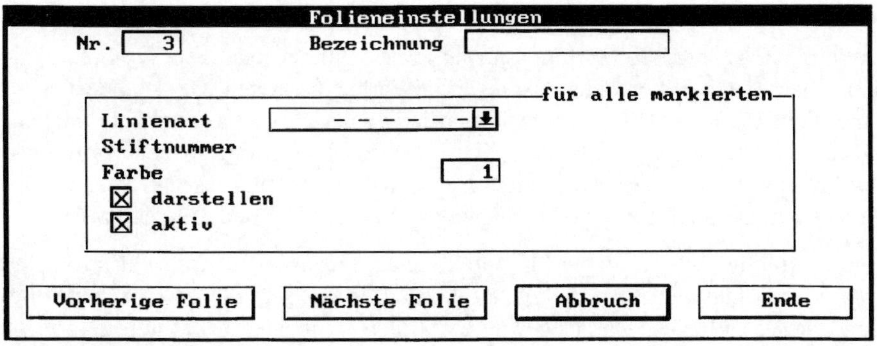

Folieneinstellungen

Nr. 3 Bezeichnung

für alle markierten

Linienart - - - - - -

Stiftnummer

Farbe 1

☒ darstellen

☒ aktiv

Vorherige Folie | Nächste Folie | Abbruch | Ende

Bild 1-19 Folieneinstellungen

Häufig genutzte Folien können in der Folienmaske in [SPEZ.FOLIEN...] angezeigt und verändert werden. Die Maske für diese speziellen Folien enthält die Angaben zu acht Folien. Die Folien für Maßzahlen und Toleranzen werden nur angezeigt, können aber nicht geändert werden.

In der Zeile [ENDPUNKT ANTIPPEN BIS] kann angegeben werden, bis zu welcher Folie Zeichenelemente bei Änderungen berücksichtigt werden sollen. Damit können z.B. Hilfslinien, die auf Folie 512 gelegt wurden, für Bearbeitungsschritte ausgeblendet werden.

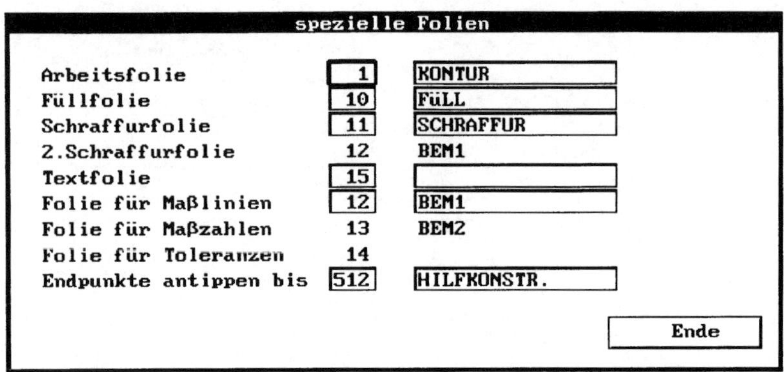

Bild 1-20 Spezielle Folien

Um die getroffenen Einstellungen am Bildschirm wirksam werden zu lassen, müssen die beiden Schalter in der Maske [FOLIEN] unter der Rubrik „Folien“: (Farbzuordnung und Linienzuordnung) aktiviert sein. In den Rubriken „Plotten“ und „Speichern“ sollte der Schalter [FRAGEN] ebenfalls aktiv sein; somit können Sie bei jeder Zeichnung vor dem Speichern oder Plotten direkt entscheiden, welche Folien berücksichtigt werden. Sie bekommen dazu das Folien-Menü zur Auswahl der gewünschten Folien angeboten.

Folien sind in der CADdy-Voreinstellung nur an ihrer Nummer kenntlich. Deshalb sollten Sie häufig benötigten Folien eigene Namen und Farben zuordnen. Da das Fenster im Folien-Menü nicht alle in CADdy verfügbaren Folien gleichzeitig anzeigen kann, können Sie anhand der Bildlaufleiste jeweils 10 Folien mit ihren Einstellungen gleichzeitig anzeigen. Der Schieberegler in der Bildlaufleiste, der sich bei gedrückter linker Maustaste ziehen läßt, erleichtert dabei das schnelle Auffinden einer der 512 verfügbaren Folien.

Sie ändern die aktuellen Einstellungen für eine Folie ab, indem Sie im Bildschirm für die Folienauswahl den Mauszeiger auf die Zeile bewegen, in der sich die gewünschte Folie befindet, und diese anklicken. Die ausgewählten Zeilen erscheinen dabei hell unterlegt. Ein erneutes Klicken macht die Markierung wieder rückgängig. Wählen Sie eine beliebige, in unserem Beispiel die Folie Nummer 1, aus, und markieren Sie diese durch Einmalklick mit der linken Maustaste für die weitere Bearbeitung. Ein Klick auf den Schalter [EINSTELLUNGEN] gibt Ihnen einen Überblick über alle derzeit eingestellten Werte. Diese Angaben in den Eingabefeldern können editiert werden. Die einzelnen Felder haben folgende Bedeutung:

Folien-Nr.: Gibt die im Moment bearbeitete Folie an.

Bezeichnung: Hier kann die Folie durch einen frei wählbaren Namen gekennzeichnet werden.

Linienart: Mit der Popup-Maske kann der Folie ein Linientyp zugewiesen werden.

Stiftnummer: Hier kann festgelegt werden, welcher Plotterstift diese Folie zeichnen wird.

Farbe: Mit der hier eingetragenen Farbnummer (siehe hierzu die Tabelle auf Seite 36) wird definiert, mit welcher Farbe diese Folie am Bildschirm angezeigt wird.

darstellen/aktiv: Mit diesen Schaltern legen Sie fest, ob diese Folie am Bildschirm angezeigt wird und ob die darin liegenden Zeichnungselemente bearbeitet werden dürfen (aktiv).

Haben Sie alle Einstellungen eingetragen, verlassen Sie die Maske mit einem Klick auf den Schalter [ENDE]. Falls die Folie, die Sie als nächste verändern wollen, in der fortlaufenden Numerierung unmittelbar folgt, können Sie sehr einfach mit dem Funktionsschalter [NÄCHSTE FOLIE] dorthin wechseln.

In der folgenden Übung werden Einstellungen vorgenommen, die sowohl für einzelne Beispiele in den Kapiteln gelten wie auch für das Projekt, das von Kapitel zu Kapitel vervollständigt wird. Die schon erstellte Datei TEST.DEF und die im Moment in Bearbeitung befindliche Datei TEST.INF enthalten wichtige Einstellungen für die Praxis in diesem Buch.

Das kapitelübergreifende Projekt, das genauer in Kapitel 1.7 beschrieben wird, besteht aus fünf Einzelzeichnungen, die dann zu einem Zeichnungssatz zusammengestellt werden. Aus Gründen der Übersicht und damit jede Einzelzeichnung unabhängig von den anderen bearbeitet werden kann, werden jeder dieser Teilzeichnungen eigene Folien zugeordnet. Es werden jeweils Gruppen mit 20 Folien gebildet, eine Anzahl, die für diese Zwecke ausreichend ist. In der folgenden Tabelle sind der Spalte „Folie" jeweils 5 Foliennummern angegeben. Die Nummern pro Zeile gelten jeweils für eine Einzelzeichnung, z.B.: in der ersten Zeile sind die Nummern 1, 21, 41, 61, 81 angegeben. Für die Teilzeichnung 1 gilt Folie Nr. 1, für Teilzeichnung 2 die Folie Nr. 21 usw. Diese Zuordnung gilt für die anderen Zeilen der Tabelle analog.

Öffnen Sie erneut die Maske [FOLIEN] im Menü [PARAMETER]. Klicken Sie Folie Nr. 1 an und wählen das Funktionsfeld [EINSTELLUNGEN]. Tragen Sie in die Maske die Werte aus der Tabelle 4 (erste Zeile) ein. Die Schalter [DARSTELLEN] und [AKTIV] sollen mit einem Kreuz versehen sein. Wählen Sie in der gleichen Maske den Schalter

[NÄCHSTE FOLIE], und tragen Sie dort die Werte aus der Zeile 2, Folie Nr. 2 der Tabelle 4 ein. Verfahren Sie für alle anderen Folien genauso. Es sind insgesamt 55 Folienwerte einzugeben.

Achtung! In der Spalte „Bezeichnung" der Tabelle 4 ist zu jeder Folienbezeichnung eine Teilzeichnungsnummer hinzuzufügen. In Zeile 1 der Tabelle gilt für Teilzeichnung 1: Folie 1 und KONTUR (T1), für Teilzeichnungs 2: Folie 21 und KONTUR (T2) und so weiter. In Zeile 2 der Tabelle ist analog zu verfahren (Folie 2, KONTUR 2 (T1); Folie 22, KONTUR 2 (T2) usw.).

Verlassen Sie die Masken [EINSTELLUNGEN] und [FOLIEN], und speichern Sie diese Folienparameter in eine Informationsdatei ab. Wählen Sie dazu das Funktionsfeld [SPEICHERN] in der Maske [PARAMETER INF-DATEI], und geben Sie in die folgende Maske ein: [C:\CADDY\TEST\TEST.INF]; bestätigen die Eingabe mit Return.

Folie	definiert für	Bezeichnung	Farbe	Linienart
1/21/41/61/81	Konturen	KONTUR ( )	7 (weiß)	0 (Vollinie)
2/22/42/62/82	Konturen	KONTUR 2 ( )	0 (grün)	0 (Vollinie)
3/23/43/63/83	unsichtbare Kontur	UNSICHT ( )	1 (rot)	3 (Strichlinie)
4/24/44/64/84	Mittellinien	ML ( )	4 (hellblau)	5 (Strichpunktlinie)
5/25/45/65/85	Gewindelinien	GL ( )	5 (violett)	0 (Vollinie)
6/26/46/66/86	Unsichtbare Gewindelinie	UNSICHT 2 ( )	6 (blau)	5 (Strichpunktlinie)
12/32/52/72/92	Bemaßungslinien (Maß-, Maß-hilfsl.) + Füllung	BEM 1 ( )	5 (violett)	0 (Vollinie)
13/33/53/73/93	Bemaßung 2 (Maßzahlen)	BEM 2 ( )	3 (gelb)	0 (Vollinie)
15/35/55/75/95	Texte	TEXT ( )	7 (weiß)	0 (Vollinie)
11/31/51/71/91	Schraffur	SCHRAFFUR ( )	1 (rot)	0 (Vollinie)
10/30/50/70/90	Füllungen	FÜLL ( )	3 (gelb)	0 (Vollinie)

Tabelle 4

In CADdy stehen vorgefertigte Normblätter in den Größen DIN A0 bis DIN A4 zur Verfügung. Die Normblätter sind nach DIN 6771 aufgebaut. Die CADdy-Normblätter sind als Bilddateien gespeichert. Damit Sie die Normblätter für das kapitelübergreifende Projekt nutzen können, müssen die vorhanden Normblattdateien in die Maske [BILDMAßE] in die Spalte [NORMBLATT] eingetragen werden. Gehen Sie folgendermaßen vor:

1. Klicken Sie das Funktionsfeld [NORMBLÄTTER] im unteren Teil der Maske an. In der folgenden Maske stehen insgesamt 15 Einträge für Normblätter zur Verfügung.

2. Klicken Sie das erste freie Feld (es wird vermutlich Feld 1 sein) an. Da in dem Feld sowohl Pfad als Datei angegeben werden muß, beide aber nicht notwendigerweise bekannt sind, kann durch ein zweites Anklicken die Dateiauswahl-Maske benutzt werden. Dort sind (durch die DEF-Datei voreingestellt) die Dateien des Verzeichnisses C:\CADDY\ARB\ dargestellt. Wählen Sie Datei [A0.PIC] aus, und klicken Sie den [ENDE]-Schalter an. Die ausgewählte Datei wird in vorige Maske eingetragen.

3. Nachdem Feld 1 mit einer Normblattdatei belegt ist, wird das Feld 2 für eine Eingabe nutzbar. Gehen Sie analog zu Schritt 2 vor, und wählen Sie die Normblattdatei [A1.PIC] aus.

4. Füllen Sie auf diese Weise die Felder der Maske. Es müssen schließlich sechs Einträge vorhanden sein; vermutlich handelt es sich bei dem letzten Eintrag um die Datei A4H.PIC.

5. Verlassen Sie die Maske mit [ENDE]. Gehen Sie in das erste Feld der Spalte [NORMBLATT] in der Maske [BILDMAßE]. In der Popup-Maske können Sie nun aus den zuvor eingegeben Normblattdateien auswählen. Wählen Sie für das erste Feld das Normblatt A0, für das zweite Feld A1 usw.

6. Verlassen Sie die Maske mit [ENDE] und speichern Sie die geänderte DEF-Datei mit [SPEICHERN] ab.
   Stellen Sie sicher, daß die Datei unter [C:\CADDY\TEST\TEST.DEF] abgespeichert wird.

Damit haben Sie in späteren Kapiteln die für technische Zeichnungen unerläßlichen Normblätter zur Verfügung.

1.6 Anpassung der Benutzeroberfläche

Der modulare Aufbau von CADdy eignet sich für eine Vielzahl von Einsatzbereichen. Um diese Funktionalität den individuellen Bedürfnissen und Arbeitsweisen anzupassen, kann die Auswahl sowie die Positionierung der verfügbaren Funktionen auf dem Bildschirm weitgehend individuell gestaltet werden.

1.6.1 Eigene Menüs (MEIN MENÜ)

Bereits in der Menüleiste an der rechten Bildschirmseite stellt CADdy eine Vielzahl von Funktionen benutzerfreundlich zur Verfügung. Dennoch sind viele wichtige Funktionen erst auf dem Umweg über diverse Untermenüs zu erreichen. Deshalb sieht CADdy die Möglichkeit vor, ein eigenes benutzerkonfiguriertes Menü, MEIN MENÜ, einzurichten.

Für die Erstellung eines MEIN-MENÜs steht im Menü [ANWENDUNGEN] [HILFSPROG.] [MENÜ ERZEUG] ein Editor zur Verfügung. Beim Start des Editors ist der Name der Menü-Datei anzugeben. Es wird der aktuelle Name (im Grundpaket G.MEN) vorgeschlagen. Bestätigt man diesen Dateinamen, kann diese Menü-Datei bearbeitet werden.

Die Menü-Datei besteht aus zwei Spalten. In der ersten Spalte ist der Text aufgeführt, der in der Menü-Spalte am rechten CADdy-Bildschirmrand angezeigt wird, die zweite Spalte enthält Funktionsnummern, die zum Aufruf der Menüfunktionen dienen oder sie enthält Befehle für das Starten externer Programme.

Die Erstellung bzw. Bearbeitung eines MEIN-MENÜs erfordert tiefergreifende Kenntnisse über die Programmstruktur von CADdy. So muß der Anwender die jeder Menüfunktion in den einzelnen Branchenmodulen zugeordnete Funktionsnummer kennen. Diese Funktionsnummern sind dem CADdy-Handbuch bzw. aus der Datei FUNCTNS.DOC im CADdy-Hauptverzeichnis zu entnehmen. Eine Zusammenstellung der wichtigsten Funktionsnummern finden Sie im Anhang. Zusätzlich zu den Menüfunktionen können im MEIN-MENÜ auch externe Programme wie z.B. das CADdy-Programm Programm-Manager eingebunden werden. Dazu muß jedoch der Befehl bekannt sein, mit dieses Programm gestartet wird. Eine ausführliche Beschreibung über das Erstellen eines MEIN-MENÜs ist im CADdy-Handbuch zu finden.

1.6.2 Pulldown-Menü

Ein weiteres benutzerspezifisches Menü ist das sog. Pulldown- bzw. Zusatzmenü. Es befindet sich in der zweiten Bildschirmzeile. Das Pulldown-Menü bietet den Vorteil, häufig benötigte CADdy-Funktionen schnell zur Verfügung zu haben. Die einzelnen Menüpunkte können sehr einfach über Menü-Fenster auswählt werden.

Für jedes Branchenmodul kann ein eigenes Pulldown-Menü erzeugt werden. Beim Wechsel in das Branchenmodul, z.B. Konstruktion, wird mit dem Einlesen der branchenspezifischen Definitionsdatei (K.DEF) das Pulldown-Menü geladen, sofern in der *.DEF-Datei die entsprechende Datei eingetragen ist.

Pulldown-Menüs haben einen ähnlichen Aufbau wie das MEIN-MENÜ. Das bedeutet, der Anwender muß die Funktionsnummern der CADdy-Menüfunktionen (aus dem CADdy-Handbuch bzw. der Datei FUNCTNS.DOC im CADdy-Hauptverzeichnis) und die Startbefehle externer Programme kennen. Eine Zusammenstellung der wichtigsten Funktionsnummern finden Sie im Anhang.

Die Anzahl der Pulldown-Menüs ist von der Auflösung Ihres Grafikbildschirms abhängig. Bei einer Standard VGA-Grafikauflösung sind maximal sechs Pulldown-Menüs darstellbar.

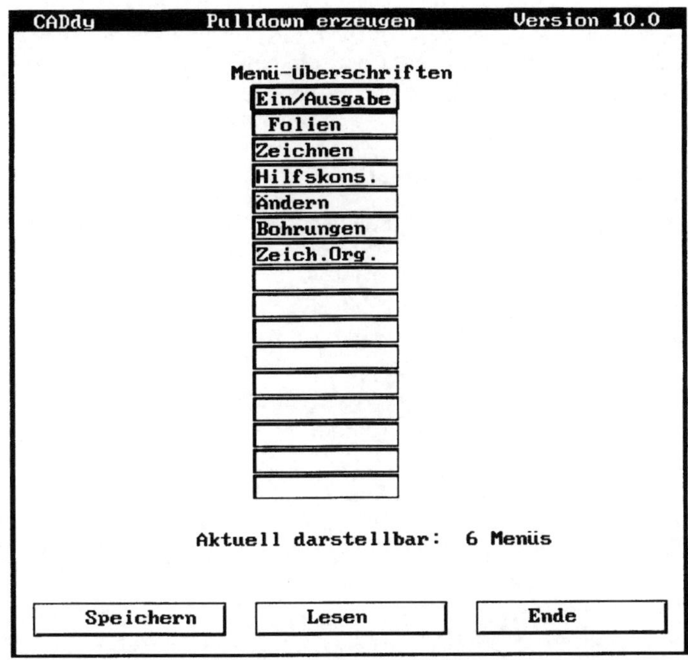

Bild 1-21 Fenster Pulldown erzeugen

Für die Erstellung bzw. Modifizierung eines Pulldown-Menüs steht im Menü [ANWENDUNGEN] [HILFSPROG.] [PULLDWN ERZ] ein Editor zur Verfügung. Ist bereits ein Pulldown-Menü geladen, wird beim Aufruf des Editors der Inhalt der zugehörigen Menüdatei angezeigt. Die dargebotene Tabelle zeigt die aktuellen Menü-Überschriften, das sind jene Bezeichnungen, die Sie am Grafikbildschirm in der zweiten Bildschirmzeile sehen können. Durch Anklicken einer Menü-Überschrift im Editor wird ein weiteres Fenster geöffnet, in dem dieses Pulldown-Menü definiert werden kann. Hier sind bis zu 15 Untermenüs möglich. Um die Übersichtlichkeit des Menüs zu erhöhen, können zwischen den Menüpunkten Felder freigelassen werden.

Die folgenden Schritte zeigen die Änderung des bestehenden Pulldown-Menüs aus dem CADdy-Grundpaket. Der Editor ist geladen, und es werden die Menü-Überschriften angezeigt. Die Überschrift „Ein/Ausgabe" wurde angeklickt, und das Pulldown-Definitionsfenster ist geöffnet. Bearbeiten Sie bitte die folgenden Schritte:

1. Klicken Sie in der Spalte [BESCHREIBUNG] das übernächste freie Feld nach dem letzten Eintrag an (es bleibt also ein Feld dazwischen frei).

2. Geben Sie als Menü „Plotten" ein (ohne Anführungszeichen).

3. Rechts neben der Beschreibung wird nun ein Feld für die Funktionsnummer angelegt. Klicken Sie dieses Feld an, wählen Sie aus der Popup-Maske den Punkt [FUNKTION] aus und tragen in das folgende Fenster die Nummer „185" ein (ohne Anführungszeichen).
4. Schließen Sie das Fenster „Pulldown definieren" mit [ENDE].
5. Klicken Sie das Funktionsfeld [SPEICHERN] an, und speichern Sie die Änderungen unter dem Dateinamen und Pfad [C:\CADDY\TEST\TEST]. Dem Dateinamen wird automatisch die Extension PDM angehängt.
6. Schließen Sie den Editor mit dem Funktionsfeld [ENDE].

Dieses geänderte Pulldown-Menü steht erst zur Verfügung, wenn der dazugehörige Dateiname in einer Definitionsdatei eingetragen ist. In Kapitel 1.5.1 wurde bereits eine entsprechende Datei [TEST.DEF] erzeugt und in C:\CADDY\TEST abgespeichert. Mit den folgenden Befehlen machen Sie sich das Pulldown-Menü [TEST.PDM] zugänglich:

1. Betätigen Sie so lange die rechte Maustaste oder die [ESC]-Taste, bis Sie sich im CADdy-Hauptmenü befinden.
2. Wechseln Sie in das Menü [PARAMETER], und klicken Sie das Funktionsfeld [LESEN] im Abschnitt [PARAMETER DEF-DATEI] an.
3. Geben Sie in das Fenster den Namen der Test-Definitionsdatei ein: C:\CADDY\TEST\TEST.DEF]; bestätigen Sie die Eingabe mit Return.
4. Klicken Sie im Abschnitt [PARAMETER DEF-DATEI] den Menüpunkt [DATEIEN ...] an und tragen Sie im Eingabefeld [PULLDOWN-MENÜ] die Datei [C:\CADDY\TEST\TEST.PDM] ein.
5. Verlassen Sie den Menüpunkt mit [ENDE], und speichern Sie die geänderte Definitionsdatei [TEST.DEF].

Die Eintragungen in der Datei [TEST.DEF] einschließlich der Änderungen des Pulldown-Menüs werden erst wirksam, wenn diese Datei neu eingelesen wird. Klicken Sie dazu das Funktionsfeld [LESEN] im Menü [PARAMETER DEF-DATEI] an, und geben Sie den Namen der Datei mit zugehörigem Pfad ein: [C:\CADDY\TEST\TEST.DEF]. Nach dem Bestätigen mit Return steht Ihnen im Pulldown-Menü [EIN/AUSGABE] der zusätzliche Menüpunkt [PLOTTEN] zur Verfügung.

1.6.3 Definieren individueller Icons

Icons sind eine weitere Möglichkeit, flexible und effizient nutzbare Menüs verfügbar zu machen. Icons sind Bildsymbole auf der Bildschirmoberfläche, denen CADdy-Funktionen oder externe Programme zugeordnet sind. Die Icons sind in einer Icon-Leiste angeordnet. Wenn Sie sich bei der Installation von CADdy für die Einrichtung von Icon-Leisten entschieden haben, werden diese beim Start von CADdy zusammen mit der Definitionsdatei geladen. Ähnlich wie bei den Funktionen [MEIN-MENÜ] und

[PULLDOWN-MENÜ] kann auch bei den Icons für jedes Branchenmodul eine eigene Icon-Leiste erzeugt und mit dem Starten des Moduls geladen werden.

Beim Start des CADdy-Grundpakets bzw. einzelner Branchenmodule werden jeweils vom Software-Hersteller vordefinierte Icon-Leisten geladen. Es können jedoch die Bildsymbole wie auch deren Funktion verändert und neue Bildsymbole mit Funktionen hinzugefügt werden.

Ähnlich wie beim [MEIN-MENÜ] und den Pulldown-Menüs ist es für die Definition der Icon-Inhalte notwendig, daß der Anwender die Funktionsnummern der CADdy-Menüfunktionen (aus dem CADdy-Handbuch bzw. der Datei FUNCTNS.DOC im CADdy-Hauptverzeichnis) und die Startbefehle externer Programme kennt. Eine Zusammenstellung der wichtigsten Funktionsnummern finden Sie im Anhang.

Für die Änderung einzelner Icons und deren Funktion bzw. für das Positionieren neuer Icons steht ein Editor zur Verfügung. Die folgenden Schritte zeigen, wie ein bestehendes Bildsymbol aus der Icon-Leiste, das mit dem CADdy-Grundpaket geladen wurde, durch ein anderes ersetzt wird. Das Icon für [LÖSCHE TEXT] soll durch ein Icon mit der Plotterfunktion ersetzt werden. Bearbeiten Sie bitte die folgenden Schritte:

1. Begeben Sie sich mit folgender Befehlsfolge in den Editor, mit dem Sie ein Icon bearbeiten können: Klicken Sie auf
   [ANWENDUNGEN] [HILFSPROG.] [ICON DEF] [ÄNDERN].
2. Nun muß das zu bearbeitende Icon identifiziert werden. Wählen Sie das Symbol, das die Buchstaben (ABC) und das Löschsymbol beinhaltet (Text Löschen). In dem nun geöffneten Fenster ist das Icon definiert.
3. In der Popup-Maske [ICON TYP] bleibt der Schalter [MENU] erhalten, da die Plotterfunktion in einem CADdy-Menü hinterlegt ist.
4. In dem Abschnitt [FUNKTION] ist die Funktionsnummer für das Plotten einzugeben. Klicken Sie dazu auf das Eingabefeld, und geben Sie die Nummer 185 ein. In dem Eingabefeld [BESCHREIBUNG/NAME] geben Sie den frei wählbaren Text „Plotten“ ein (ohne Anführungszeichen).
5. Als letztes muß nun noch ein geeignetes Icon bestimmt werden. Klicken Sie dazu auf das Funktionsfeld [ICONAUSWAHL]. In dem folgenden Fenster erhalten Sie eine Auswahl aus vordefinierten Icons. Mit den Menüpunkten [WEITER]/[ZURÜCK] haben Sie die Möglichkeit, in neun Fenstern aus insgesamt 225 Icons auszuwählen. Mit dem Menüpunkt [AUSWAHL] erscheint am Bildschirm ein Cursorkreuz, mit dem Sie das geeignete Icon auswählen können. In der Eingabezeile des Bildschirms sehen Sie den Dateinamen des Icons, der in der Regel mit der Funktionsnummer des CADdy-Menüs korrespondiert. Das Icon für die Plotterfunktion befindet sich in dem zweiten Fenster der Icon-Liste. Gehen Sie in das zweite Fenster und klicken Sie den Menüpunkt AUSWAHL] an. Klicken das Icon mit der Bezeichnung 185.ICO an, diese Bezeichnung wird automatisch im Menü [ICON DEFINITION] im Eingabefeld

[ICONNAME] eingetragen. Grundsätzlich ist auch der manuelle Eintrag in das Eingabefeld möglich, sofern ein Icon für die gewünschte Funktion vorhanden ist.

6. Schließen Sie das Menü [ICON DEFINITION] mit [ENDE]. Das neue Icon wird an die Stelle des alten gesetzt.

Die Anzahl der Icons, die in der Icon-Leiste plaziert werden können, ist von der Auflösung Ihres Grafikbildschirms abhängig.

Die eben vorgenommenen Änderungen sollen nun in einer eigenen Datei gespeichert werden, die dann mit der Definitionsdatei TEST.DEF geladen wird. Es steht die geänderte Icon-Leiste erst dann zur Verfügung, wenn der dazugehörige Dateiname in einer Definitionsdatei eingetragen ist. In Kapitel 1.5.1 wurde bereits eine entsprechende Datei [TEST.DEF] erzeugt und in C:\CADDY\TEST abgespeichert. Mit den folgenden Befehlen machen Sie sich die Icon-Leiste [TEST.ICN] zugänglich:

1. Sie haben das Menü [ICON DEFINITION] verlassen. Wählen Sie aus der rechten Bildschirmseite das Menü [DATEI] [SPEICHERN]. Geben Sie in dem Fenster den Dateinamen mit Pfad ein: [C:\CADDY\TEST\TEST] ein. Die Datei wird unter TEST.ICN gespeichert.
2. Betätigen Sie so lange die rechte Maustaste oder die [ESC]-Taste, bis Sie sich im CADdy-Hauptmenü befinden.
3. Wechseln Sie in das Menü [PARAMETER], und klicken Sie das Funktionsfeld [LESEN] im Abschnitt [PARAMETER DEF-DATEI] an.
4. Geben Sie in das Fenster den Namen der Test-Definitionsdatei ein: [C:\CADDY\TEST\TEST.DEF]; bestätigen Sie Eingabe mit [RETURN].
5. Klicken Sie im Abschnitt [PARAMETER DEF-DATEI] den Menüpunkt [DATEIEN ...] an, und tragen Sie im Eingabefeld ICON-DATEI] die Datei [C:\CADDY\TEST\TEST.ICN] ein
6. Verlassen Sie den Menüpunkt mit [ENDE], und speichern Sie die geänderte Definitionsdatei [TEST.DEF]

Das in den Erklärungen bei den Pulldown-Menüs Gesagte gilt hier ebenfalls: Die Definitionsdatei und die Änderungen der Icon-Leiste werden erst wirksam, wenn die Datei [TEST.DEF] neu eingelesen wird. Klicken Sie dazu das Funktionsfeld [LESEN] im Menü [PARAMETER DEF-DATEI] an, und geben Sie den Namen der Datei mit zugehörigem Pfad ein: [C:\CADDY\TEST\TEST.DEF]. Nach dem Bestätigen mit Return steht Ihnen in der Icon-Leiste an der Stelle des Icons [LÖSCHE TEXT] der Menüpunkt [PLOTTEN] zur Verfügung.

1.6.4 Erstellung eigener Funktionstastenbelegungen

Neben der Definition eigener Menüs und Icon-Leisten stellt CADdy eine weitere Möglichkeit zur Programmanpassung zur Verfügung, nämlich die Zuordnung von Funktionen zu Tasten oder Tastenkombinationen. Dies ist besonders für Anwender nützlich, die Tastatureingaben der Verwendung der Maus vorziehen.

Sie erreichen das Menü für die (Neu-) Zuweisung von Funktionstastenbelegungen über die Menüfolge [ANWENDUNGEN] [HILFSPROG.] [FKT.-TASTEN]. Dort werden alle verfügbaren Tastenkombinationen angezeigt. Eine neue Tastenkombination definieren Sie, indem Sie die CADdy-interne Funktionsnummer (vgl. Anhang) neben der gewählten Tastenkombination eintragen. Diese neue Festlegung wird in einer Datei mit der Extension KBD gespeichert und kann durch einen entsprechenden Eintrag in der Definitionsdatei zugleich mit dieser aktiviert werden. Orientieren Sie sich dazu an den beiden vorangegangenen Beispielen aus dem Kapiteln 1.6.2 f.

1.6.5 Voreinstellungen für die Displaylist-Funktionen

Die Bedeutung und die Einsatzmöglichkeiten der Displaylist-Funktionen wurde bereits in Kapitel 1.3.7 vorgestellt. Durch verschiedene Voreinstellungen kann die Arbeit mit den Displaylist-Funktionen beeinflußt werden. Die Voreinstellungen werden in dem Menü [DISPLAYLIST] [VOREINST.] vorgenommen. In dieses Menü gelangt man durch Druck auf die mittlere Maustaste oder die Tastenkombination [STRG]+[L]. In der Menüspalte am rechten Rand des Grafikbildschirms kann nun der Menüpunkt [VOREINST.] gewählt werden; es erscheint ein ausführliches Menü zur Einstellung der Displaylist-Funktionen. Im folgenden soll nur auf einige wichtige Voreinstellungen eingegangen werden:

Im oberen Menübereich befinden sich verschiedene Schalter. Ist ein Schalter aktiviert, wird das durch ein „*“ gekennzeichnet. Es sind folgende Schalter bedeutsam:

- Automatisch Löschen [A-LÖSCH]: Alle Zeichnungselemente, die während der Displaylist-Funktion nicht benötigt werden, werden auch nicht angezeigt.
- [FANGBOX]: Damit kann die Größe des Fangbereichs für das Identifizieren von Elementen verändert werden (rotes Quadrat um die Cursorposition). Dies beeinflußt die Genauigkeit, mit der definierte Zeichnungselemente ausgewählt werden können.

1.7 Praxisfall

Im Praxisfall dieses Buches sollen alle Zeichnungen zur Herstellung einer Werkzeugaufnahme für die Firma OPTIKA HAMBURG erstellt werden. Diese Werkzeugaufnahme ist universell einsetzbar und soll bei der Firma OPTIKA zur Aufnahme einer Einstellehre dienen. Die Fertigung der Einzelteile und die Montage übernimmt die Firma OPTIKA selbst. Zur Ausführung des kompletten Produktionsauftrags müssen sämtliche Einzelteilzeichnungen und die Zusammenbauzeichnung einschließlich der Stückliste vorliegen.

Folgende Arbeiten müssen dabei ausgeführt werden:

- Erzeugen und Abspeichern spezieller auftragsorientierter Parameterdateien für rationelle Bearbeitung des Zeichnungsauftrags
- Erstellen der Zeichnungen für die Schraubfassung
- Zeichnen des Aufnahmebocks in zwei Ansichten
- Bemaßen der Schraubfassung
- Bemaßen des Aufnahmebocks
- Einfügen aller Symbole in die Zeichnungen
- Erstellen eines einheitlichen Normblattes für alle Vorrichtungsteile
- Erzeugen der Rändelschraube
- Bemaßen und Beschriften der Rändelschraube
- Erzeugen der Einzelteilzeichnungen für Scheibe und Stift
- Erstellen der Zusammenbauzeichnung aus den Einzelteilzeichnungen
- Generieren der Einzelteile
- Erzeugen und Einfügen der Stückliste
- Überprüfen aller Zeichnungen
- Ausgabe des kompletten Zeichnungsauftrages über den Plotter

  Anlage: Zeichnungsansatz aus der Konstruktionsabteilung

Damit Sie dieses Projekt selbst erstellen bzw. erweitern können, müssen Sie nun dafür eine Informationsdatei, eine Definitionsdatei sowie eine Projektdatei erstellen.

Mit Hilfe der Projektverwaltung soll ein neues Projekt eröffnet werden. Rufen Sie aus dem Hauptmenü den Menüpunkt [PROJ-VERW] auf.

Zum Anlegen eines neuen Projekts geben Sie dessen Verzeichnis und Namen (C:\CADDY\OPTIKA\OPTIKA) in das Feld neben der Ausschrift „Projekt : „ ein. Damit wurde ein Verzeichnis OPTIKA und eine Projektdatei OPTIKA.PRJ erzeugt. Neben der Ausschrift „ Beschreibung : „ kann noch eine kurze Information zu diesem Projekt eingetragen werden. Geben Sie in dieses Feld den Text „Zusammenstellzeichnung OPTIKA“ ein. Mit der Auswahl „Projektverzeichnis“ legen Sie fest, daß alle Ihre Einzelzeichnungen für dieses Projekt in einem speziellen Verzeichnis gespeichert werden. Dieses Verzeichnis ist nach dem Projektnamen benannt und beinhaltet weitere Unterverzeichnisse mit Benennungen, welche den benutzten CADdy-Modulen entsprechen. Somit wird für dieses Projekt eine neue Verzeichnisstruktur auf Ihrer Festplatte angelegt. Tragen Sie zum Schluß noch Ihren Namen in das Feld für Bearbeiter ein, und betätigen Sie danach den Funktionsschalter [SPEICHERN]. Durch diesen letzten Schritt werden die Einstellungen, die soeben getroffen wurden, gesichert, ein neues Projekt wurde eröffnet und alle Verzeichnisse und Unterverzeichnisse dafür angelegt. Sie aktivieren das Projekt samt allen Einstellungen, indem Sie die Projektverwaltung über den Menüpunkt [ENDE] verlassen.

Eine INF-Datei haben Sie bereits erzeugt. Diese können Sie nutzen, da die Einstellungen auch für die folgenden Projektzeichnungen anwendbar sind.
Lesen Sie die INF-Datei namens TEST.INF ein, und speichern Sie die Einstellungen anschließend unter dem Namen OPTIKA.INF im Verzeichnis C:\CADDY\OPTIKA\ ab.

Auch eine DEF-Datei haben Sie bereits angelegt. Rufen Sie die Parametermaske auf, und aktivieren Sie den Schalter [LESEN] in der oberen Maskenhälfte für Definitionsdateien. Geben Sie in dem aufgeblendeten Eingabefeld die Zeile C:\CADDY\TEST\ TEST.DEF ein. Damit lesen Sie die Einstellungen, die Sie zuvor getroffen hatten, ein. Unter der Rubrik „Bildmaße" müssen für das Projekt OPTIKA andere Werte eingestellt werden. Die Maße für dieses Format (A4 Hochformat) sind 210 mm in der Breite (X-Wert) und 297 mm in der Höhe (Y-Wert).

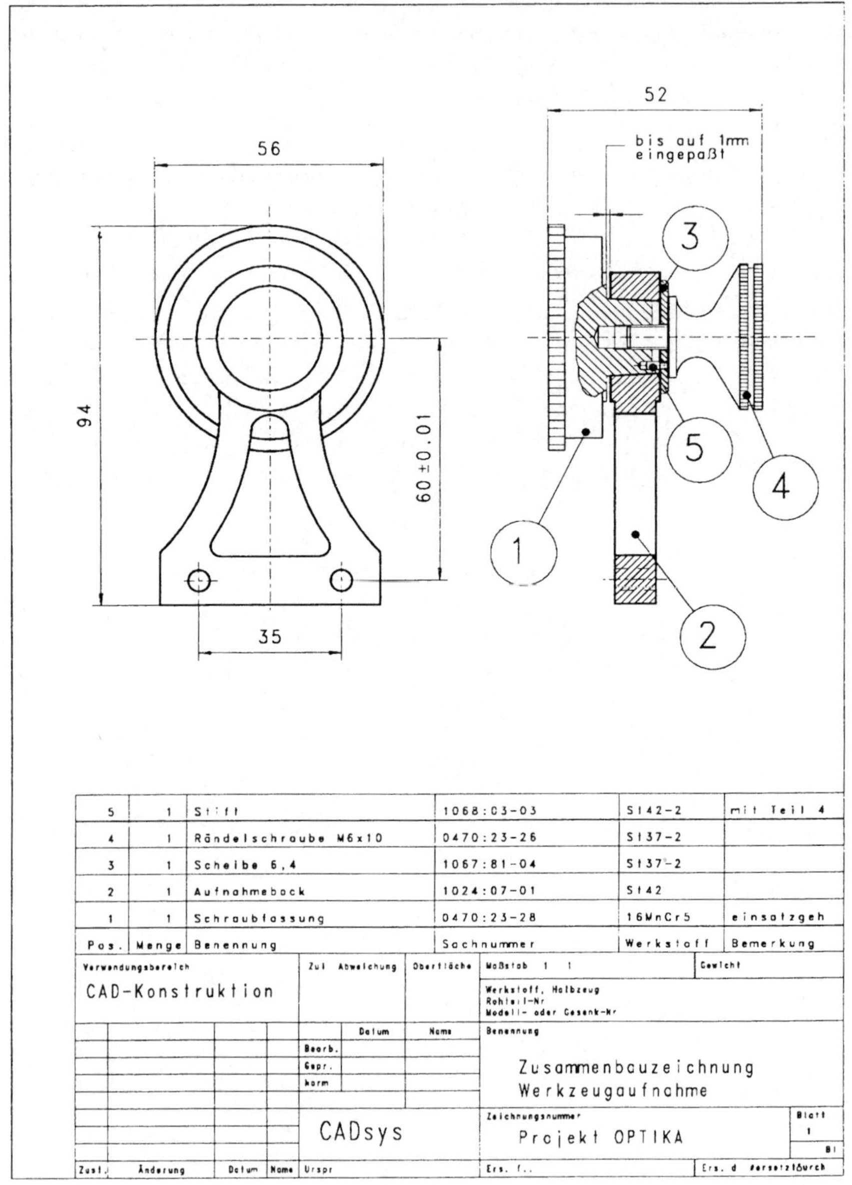

Pos.	Menge	Benennung	Sachnummer	Werkstoff	Bemerkung
5	1	Stift	1068:03-03	St42-2	mit Teil 4
4	1	Rändelschraube M6x10	0470:23-26	St37-2	
3	1	Scheibe 6,4	1067:81-04	St37-2	
2	1	Aufnahmebock	1024:07-01	St42	
1	1	Schraubfassung	0470:23-28	16MnCr5	einsatzgeh

Bild 1-22 Zusammenbauzeichnung Werkzeugaufnahme

Mit der nächsten Einstellung soll sichergestellt werden, daß auch für das kapitelübergreifende Projekt der mit [SICHERN] aus dem Menü [ERZEUGEN] gespeicherte aktuelle Stand der Einzelzeichnungen in das Verzeichnis gelangt, das für das Projekt angelegt wurde. Öffnen Sie in der Maske [PARAMETER DEF-DATEI] den Punkt [VERZEICHNISSE], und tragen Sie in der Zeile [SICHERUNGSKOPIE (ALLGEMEIN)] den Pfad [C:\CADDY\OPTIKA\] ein. Verlassen Sie die Maske mit [ENDE].

Da eine eigene INF-Datei bereits angelegt wurde, kann auch unter der Rubrik [DATEI] eine Ergänzung vorgenommen werden. Als INF-Datei geben Sie das Verzeichnis und den Namen Ihrer Informationsdatei ein (C:\CADDY\OPTIKA\OPTIKA.INF). Im Kapitel 1.6.2 und 1.6.3 haben Sie eigene Pulldown-Menüs und Icon-Anordnungen erzeugt. Diese Einstellungen können auch in die Definitionsdatei eingebunden werden. Nach dem Ausfüllen der zwei letzten Pfadangaben verlassen Sie die Maske für Dateiangaben und speichern die neue Definitionsdatei mit dem Funktionsschalter [SPEICHERN] in der DEF-Datei-Anordnung unter dem Namen OPTIKA.DEF im Verzeichnis C:\ CADDY\OPTIKA\ ab.

Das Projekt wird jeweils am Ende eines Kapitels weiterbearbeitet. Einzelzeichnungen, die zum Projekt gehören, werden im Verzeichnis [C;\CADDY\OPTIKA\] gespeichert. Zeichnungen, die im Verlaufe eines Kapitels erstellt werden, werden dagegen im Verzeichnis [C:\CADDY\TEST\] gespeichert.

Durch die Projekteinstellungen würde man nach jedem Start von CADdy automatisch in das Projekt OPTIKA gelangen. Dies kann vermieden werden, indem man das Projekt über das Menü [PRJ WECHSEL] und dem Schalter [KEIN PROJEKT] verläßt. Mit [ENDE] wird die Maske verlassen.

In der Projektübung am Ende jedes Kapitels wird dann das Projekt mit der gleichen Maske wieder ausgewählt und steht zur Verfügung.

1.8 Aufgaben

1. Sie wollen eine individuelle DEF-Datei erzeugen. Wie gehen Sie dabei vor?
2. Was müssen Sie, wenn Sie eine anwendungsspezifische Definitionsdatei nutzen, beim Start von CADdy beachten?
3. Wenn eine allgemeingültige Folienorganisation für Zusammenbauzeichnungen eingeführt werden soll, welche Festlegungen sollten eingehalten werden?

1.8.1 Lösungen

1. Zunächst muß eine vorhandene DEF-Datei geladen sein. Es werden alle unter dem Menüpunkt [PARAMETER] erforderlichen Voreinstellungen getroffen. Diese sind in einer INF-Datei abzuspeichern. Anschließend werden alle Dateien und Verzeichnisse, die genutzt werden sollen, in die DEF-Masken eingetragen, unter anderem auch die oben erstellte INF-Datei. Danach wird die DEF-Datei unter einem Namen Ihrer Wahl abgespeichert.

2. CADdy lädt beim Start immer die allgemeine CADDY.DEF oder, beim Aufruf von Branchen, die dazugehörende Definitionsdatei. Sie müssen eine anwenderspezifische Definitionsdatei nach dem Start von CADdy separat unter dem Schalter [PARAMETER] [DEF-DATEI LESEN] einlesen, um deren Wirksamkeit zu erreichen.

3. Die Aufteilung der Folien sollte in gleichmäßigen Gruppen erfolgen. Wählt man eine 20er Aufteilung, so können auf den Folien 1 bis 500 immerhin 25 Einzelteilzeichnungen untergebracht werden. Bei der Aufteilung sollten die in 20er Schritten vorkommenden Folien immer mit der gleichen Linienart, dem gleichen Stift und der gleichen Linienfarbe belegt werden.

2 Methoden zum Erstellen von Zeichnungen

Neben der bequemen Erstellung und Manipulation von Zeichnungen erleichtern es CAD-Systeme vor allem, technische Konstruktionen in logisch zusammengehörende Einheiten zu gliedern. Dies ist vor allem deshalb von Vorteil, da mit CAD-Systemen technische Zeichnungen durch Zusammenfügen grafischer Grundelemente wie Punkte, Strecken, Kreise usw. erstellt werden.

Trotz dieser Arbeitserleichterungen erfordert auch der Einsatz eines CAD-Systems ein systematisches Vorgehen bei der Erstellung von Zeichnungen, das sich an der Arbeitsweise eines technischen Zeichners orientiert und sich somit grundlegend von anderen Anwendungen in der Datenverarbeitung unterscheidet. In der Regel arbeitet man mit grafisch interaktiven Komponenten in Verbindung mit der Menütechnik. Dadurch steht dem Anwender eine Vielzahl von Funktionen und Menüs zur Verfügung, die häufig noch zusätzliche Dateneingaben wie

- Zahlenwerte (Längen, Radien, Winkel)
- Koordinatenangaben
- Texte (Dateinamen, Beschriftung)

erfordern.

Beim Zeichnen mit CADdy gibt es einige allgemeingültige Vorgehensweisen, die Sie nach dem Programmaufruf befolgen sollten:

1. Modulauswahl unter [ANWENDUNGEN], z.B. Architektur, Konstruktion, E-Technik.
2. Prüfen und gegebenenfalls Verändern der Einstellung der Grundparameter, z.B. Einlesen einer anderen Definitionsdatei und Kontrolle der Einstellungen in der Informationsdatei.
3. Auswahl der Bildmaße unter Beachtung folgender Gesichtspunkte:
   - Zu erwartende bzw. vorliegende Realmaße des zu konstruierenden bzw. zu zeichnenden Objekts
   - Vorgesehene Projektionsdarstellung(en)
   - Notwendige Schnittdarstellung(en)
   - Erforderliche Detaildarstellung(en)
4. Bei Anwendung der Rastertechnik: Einstellen des Rasters.
5. Festlegen und Einstellen der Folienzuordnungen wie z.B. Farbe, Linienart, Stift.
6. Definieren des Anfangspunkts der Zeichnung.

7. Konstruieren und Sichern der Zwischenschritte in regelmäßigem Abstand unter Beachtung folgender Reihenfolge:
   - Konturen
   - Schraffuren und Füllungen
   - Bemaßung
   - Zeichnungsrahmen bzw. Normblatt
   - Beschriftung
   - Korrekturen
8. Speichern von Zeichnungen und Informationsdatei.
9. Einlesen des zur Zeichnung passenden Normblattes.
10. Kontrolle der Zeichnung und gegebenenfalls Nachbessern mit Hilfe des Informationsmenüs, aus dem numerische Daten zu den grafischen Zeichnungselementen ersichtlich und modifizierbar sind.
11. Festlegung der Linienattribute (Breite, Art) für die Zeichnungsausgabe nach Ausschalten der Folien-Linien-Zuordnung.
12. Erneutes Speichern.
13. Ausgabe (Plotten bzw. Drucken) der Zeichnung.

2.1 Arbeiten mit dem Koordinatensystem

Koordinatensysteme dienen beim zweidimensionalen Konstruieren dem Festlegen von Punkten in der Ebene. Sie sind ein Bezugssystem, das Positionen eindeutig festlegt. Man unterscheidet zwischen dem kartesischen und dem polaren Koordinatensystem.

Beim kartesischen Koordinatensystem werden durch einen frei wählbaren Anfangspunkt zwei senkrecht aufeinanderstehende Geraden (Achsen) gelegt – die X- und die Y-Achse. Liegt auf den Achsen eine Maßeinteilung, ist jeder Punkt auf der Folie durch zwei Zahlen eindeutig definiert.

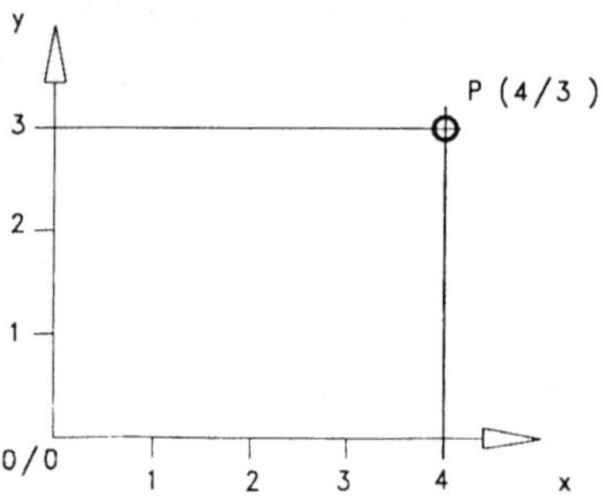

Bild 2-1
Kartesisches Koordinatensystem

Um im kartesischen Koordinatensystem Punkte zu definieren, wird immer als erstes der X-Wert, d.h. der waagerechte Abstand des Punktes, angegeben. Danach erfolgt die Eingabe des Y-Wertes, d.h. des senkrechten Abstands.

Beim polaren Koordinatensystem wird ein Punkt in der Ebene durch den Abstand R des Punktes zum Nullpunkt und den Winkel, den die gedachte Strecke zur positiven X-Achse einschließt, bestimmt.

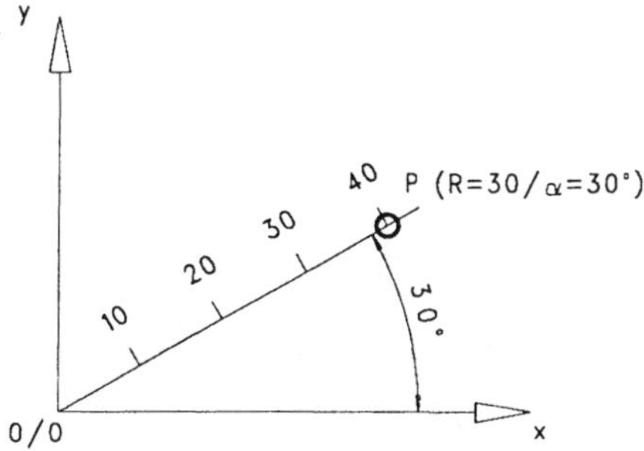

Bild 2-2
Polares Koordinatensystem

Der Punkt ist das einfachste grafische Element. Er dient zumeist nur als Konstruktionshilfe und wird selten als Zeichnungselement verwendet. Zusammen mit den Identifizierungsfunktionen dient er z.B. zum Fixieren von Bezugspunkten. Punkte, die keine genauen Koordinatenangaben benötigen, werden in der Regel mit dem Cursor auf der Zeichenfläche positioniert.

Der Cursor erscheint als Fadenkreuz auf der Zeichenfläche des Grafikbildschirms. Abhängig von der gerade ausgeführten Aktion erscheint er als Zielquadrat mit einem kleinen Kreuz zum Identifizieren oder als über den gesamten Bildschirm reichendes Kreuz zum Positionieren. Beim freien Positionieren wird dieses Fadenkreuz mit der Maus gesteuert. Die Genauigkeit hängt in diesem Fall von der eingestellten Cursorschrittweite oder der ruhigen Hand des Anwenders ab.

2.1.1 Koordinaten zur Bestimmung von Punkten

CADdy kennt verschiedene Möglichkeiten, um Punkte mit Hilfe des Punktdefinitionsmenüs in einem Koordinatensystem zu positionieren:

Freies Positionieren mit dem Cursor

Um beim freien Positionieren die nötige Genauigkeit zu gewährleisten, empfiehlt es sich, vorhandene Zusatzfunktionen zu nutzen wie z.B. das Zoomen oder das Einstellen des Rasters auf kleinere Werte.

Positionieren mit Zielkoordinateneingabe

Beim Positionieren von Punkten mit Hilfe der Zielkoordinateneingabe müssen dem Programm zunächst die Anfangskoordinaten, mit denen die Punktdefinition beginnen soll, bekannt sein. Folgende Koordinaten werden dabei unterschieden:

- Absolutkoordinaten, die sich auf den Nullpunkt des Koordinatensystems beziehen. Auf dem CADdy-Bildschirm ist dies in der Regel die linke untere Ecke des Zeichenfeldes. Dabei wird der waagerechte Abstand (X-Wert) und der senkrechte Abstand (Y-Wert) des festzulegenden Punktes vom Nullpunkt als Zahlenwert eingegeben.

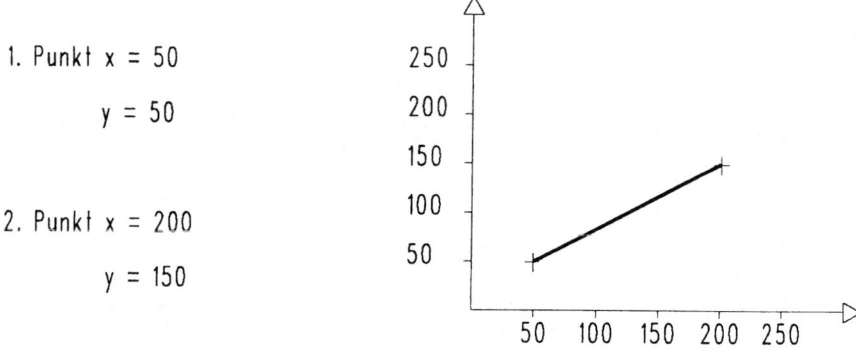

Bild 2-3 Punkterzeugung mit Absolutkoordinaten

- Relativkoordinaten, die sich auf den zuletzt eingegebenen oder einen beliebig definierbaren Koordinatenpunkt beziehen. Dabei muß als erstes der Bezugspunkt definiert werden, anschließend wird der waagerechte Abstand (Delta X) und der senkrechte Abstand (Delta Y) des festzulegenden Punktes vom Bezugspunkt bestimmt.

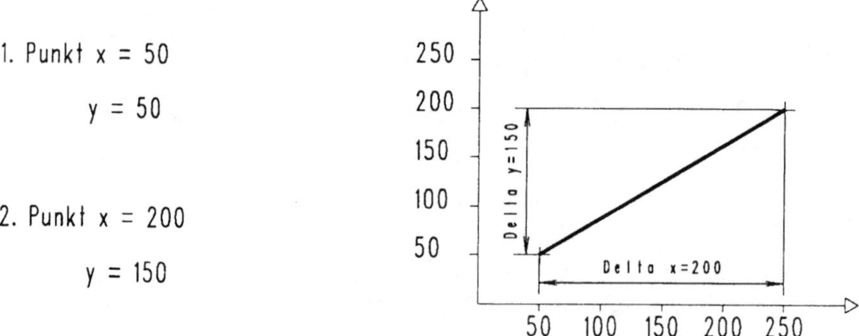

Bild 2-4 Punkterzeugung mit Relativkoordinaten

- Orthogonalkoordinaten, die sich auf den Nullpunkt eines gedrehten, kartesischen Koordinatensystems beziehen. Der Nullpunkt ist dabei als Endpunkt einer vorhandenen Strecke zu definieren, die Strecke selbst ist die Y-Achse. Der „Fußpunkt" ist der Abstand vom Nullpunkt entlang der Strecke, und das „Lot" entspricht dem rechtwinkligen Abstand von der Strecke bis zum festzulegenden Punkt.

1. Erzeugen der Strecke mit dem CURSOR
2. Erzeugen des Kreises mit der PUNKTDEFINITION

   Befehlsfolge anwählen:
   - ERZEUGEN KREIS RADIUS+ MITTELP
     Radius (R 5) eingeben
   - Mittelpunkt bestimmen: PUNKT-DEF ORTHOGONAL
   - Strecke in der Nähe des Maßbezugspunktes • antippen +
   - Eingabe des Fußpunktes je nach Richtung der Y-Achse
   - Eingabe des Lotes (Vorzeichen fur Lotangabe wird angezeigt)

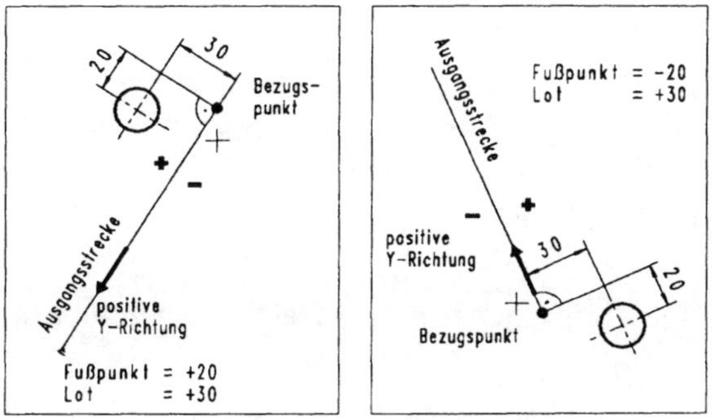

Bild 2-5 Punkterzeugung mit Orthogonalkoordinaten

- Polarkoordinaten beziehen sich auf einen frei definierbaren Punkt im Koordinatensystem. Dabei wird der festzulegende Punkt durch den Winkel und dessen Abstand vom Bezugspunkt aus in Richtung des Winkels angegeben. In CADdy wird der Winkel bei positiver Gradeingabe entgegen dem Uhrzeigersinn abgetragen. Nachdem man sich für eine Definitionsart entschieden hat, werden die entsprechenden Koordinatenwerte mit der Tastatur eingegeben.

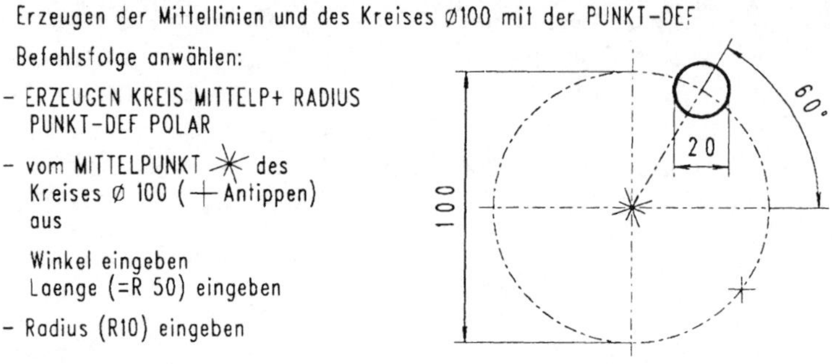

Erzeugen der Mittellinien und des Kreises Ø100 mit der PUNKT-DEF

Befehlsfolge anwählen:

- ERZEUGEN KREIS MITTELP+ RADIUS PUNKT-DEF POLAR
- vom MITTELPUNKT des Kreises Ø 100 (Antippen) aus

  Winkel eingeben
  Laenge (=R 50) eingeben
- Radius (R10) eingeben

Bild 2-6 Punkterzeugung mit Polarkoordinaten

Positionieren auf vorhandenen Geometrieelementen

Das Positionieren auf bereits bestehenden grafischen Elementen ist neben der Zielkoordinateneingabe die wichtigste und am häufigsten genutzte Anwendung. Von dem im Cursor integrierten Objektfang ausgehend, wird innerhalb eines definierten Fangradius der nächstliegende Koordinatenpunkt angesprungen.

2.1.2 Punktbestimmung unter Nutzung vorhandener Geometrieelemente

Wenn die ersten Zeichenelemente mit Hilfe von Koordinateneingaben erzeugt wurden, können weitere Elemente mit Hilfe definierter Punkte der vorhandenen Elemente erzeugt werden. Die bekanntesten definierten Punkte beim Zeichnen sind:

- Endpunkt
- Mitte
- Mittelpunkt
- Schnittpunkt

Die folgenden Funktionen stehen in CADdy immer dann zur Verfügung, wenn ein Zeichenelement konstruiert wird (z.B. [ERZEUGEN] [STRECKE]), und dies mit der Punktdefinition geschehen soll (z.B. [2 PUNKTE]).

Die Funktion [ENDPUNKT] definiert die Endpunkte vorhandener Elemente. Bei einem Vollkreis liegt der Endpunkt auf der Mittelachse bei 0°; bei der Ellipse liegt der Endpunkt auf der Hauptachse bei 0°. Um Strecken, Kreis- und Ellipsenbögen eindeutig zu identifizieren, muß das entsprechende Element in der Nähe des gewünschten Endpunktes angetippt werden.

Ist das Punktdefinitionsmenü aktiviert (s.o.), wählt man die Funktion [ENDPUNKT]. Am Bildschirm erscheint das kleine Cursorkreuz mit einer Fangbox. Der gewünschte Endpunkt wird mit der Fangbox identifiziert, das Anklicken schließt den Vorgang ab.

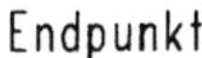

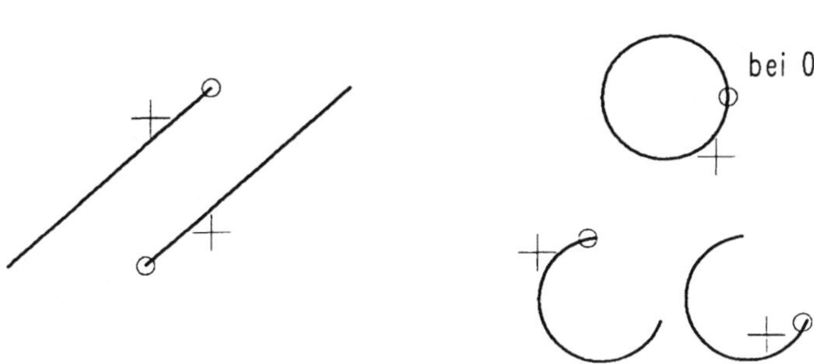

Bild 2-7 CADdy-Funktion [ENDPUNKT]

Um die Hälfte von Strecken, Kreisen, Ellipsen und Kreis- oder Ellipsenbögen anzuwählen, dient die Funktion [MITTE]. Dabei liegt die Kreismitte immer auf der Mittelachse bei 180°.

Die Funktion [MITTELPUNKT] bestimmt den Mittelpunkt von Kreisen, Kreisbögen und Ellipsen; ein Mittelpunkt von Strecken ist nicht definierbar. Zum Anwählen des Mittelpunktes muß das Element angetippt werden (vgl. oben).

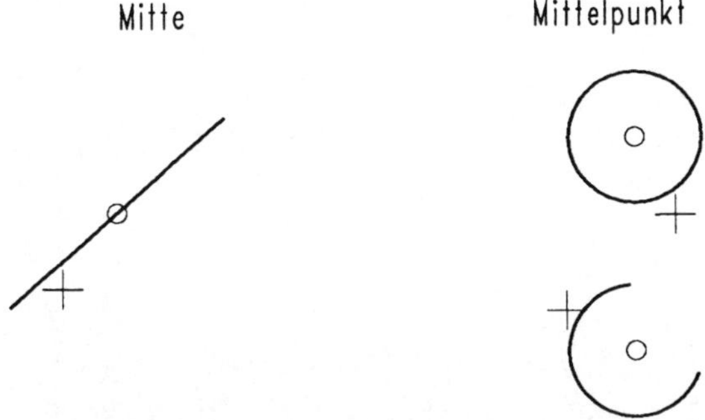

Bild 2-8 CADdy-Funktion [MITTELPUNKT]

Die Funktion [SCHNITTPUNKT] definiert den gedachten oder vorhandenen Schnittpunkt zweier Geometrieelemente. Um diesen zu bestimmen, müssen beide Elemente in der Nähe des zu identifizierenden Schnittpunktes angetippt werden. Nach dem Aktivieren der Funktion sind zwei Elemente zu identifizieren. Zu beachten ist, daß CADdy auch virtuelle, d.h. außerhalb der identifizierten Elemente liegende Schnittpunkte berechnet, wie dies bei zwei Strecken der Fall sein kann, die winkelig zueinander stehen, aber keinen realen Schnittpunkt haben.

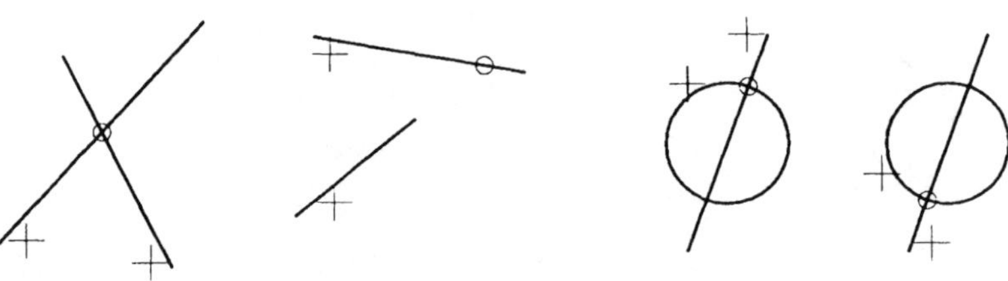

Bild 2-9 CADdy-Funktion [SCHNITTPUNKT]

2.2 Einfache Konstruktionstechniken

Grafische Grundelemente können sowohl gänzlich neu erstellt wie auch aus einer Spezifizierung (Erweiterung, Ergänzung) bzw. Korrektur bereits bestehender Zeichnungen hervorgehen.

Zu den grafischen Grundelementen gehören:

- Punkt
- Strecke
- Polygon
- Rechteck
- N-Eck
- Kreis
- Ellipse
- Näherungskurve

Diese Elemente können auf unterschiedliche Art erzeugt werden: Je leistungsfähiger ein Programm ist, um so größere Auswahlmöglichkeiten stellt es für Eingaberoutinen und Kombinationen zum Positionieren und Identifizieren zur Verfügung.

CADdy erzeugt geometrische Grundelemente, indem die entsprechenden Punkte auf der Zeichenfläche definiert werden. Die Zeichenfläche dient dabei als Koordinatensystem, dessen Nullpunkt in der Regel genau in der linken unteren Bildschirmecke liegt.

Für das Generieren von Geometrieelementen kennt CADdy verschiedene Möglichkeiten zur Punktfestlegung: Je nach Voreinstellung im Menü [PARAMETER] [GRUNDEINSTELLUNGEN] können Punkte mit dem Cursor, dem Punktdefinitionsmenü oder auf

Anfrage, welche der beiden Erzeugungsarten der Anwender nutzen möchte, festgelegt werden.

2.2.1 Geometrieelement Strecke

Um Strecken zu generieren, stehen in CADdy mehrere Funktionen im [ERZEUGEN] [STRECKEN]-Untermenü zur Verfügung.

Zunächst muß immer ein Anfangs- und ein Endpunkt definiert werden. Dies ist auch dann der Fall, wenn mehrere Strecken aufeinanderfolgend gezeichnet werden. Die Lage dieser Punkte kann durch Koordinatenwerte, durch Winkel- und Längenangaben oder durch Bezüge auf vorhandene Elemente bestimmt werden. Um alle zu definierenden Punkte zu bestimmen, steht in CADdy immer das Punktdefinitionsmenü zur Verfügung.

Im Menü [PARAMETER], Untermenü [GRUNDEINSTELLUNGEN], können Sie zwischen den Dezimalseparatoren „." oder „," zur Darstellung von Zahlenwerten auswählen; voreingestellt ist der Punkt. Beachten Sie dies bitte bei der Eingabe von Dezimalbrüchen.

Zur Demonstration dieser Vorgehensweisen soll nachstehende Zeichnung erzeugt werden. Beginnend mit der Vorderansicht, wird sie in weiteren Schritten komplettiert. Ziel dieses Abschnitts ist es, Ihnen den Umgang mit Erzeugungsfunktionen näherzubringen. Dazu soll die Definitionsdatei TEST.DEF über den Menüpfad [PARAMETER] [PARAMETER DEF-DATEI] [LESEN] [C:\CADDY \TEST\TEST.DEF] geladen werden.

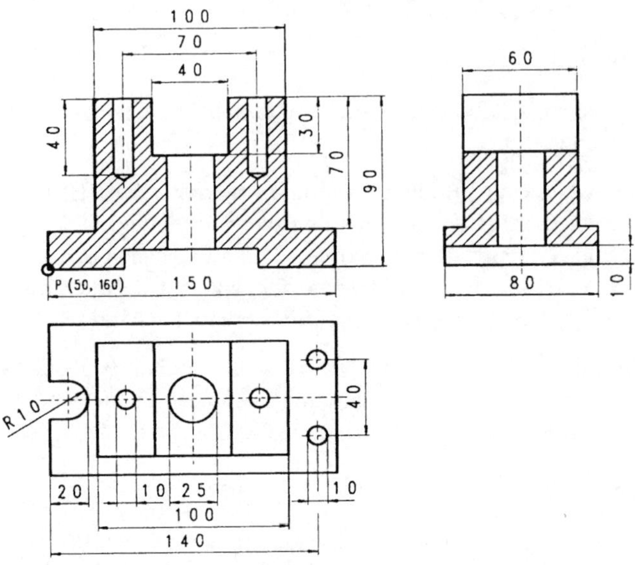

Bild 2-10 Übungsbeispiel in Dreitafelprojektion

Um die ersten Schritte zu erleichtern und um Ihnen die Möglichkeit zu geben, mehrere Verfahren kennenzulernen, soll die Vorderansicht zunächst wie folgt gestaltet sein:

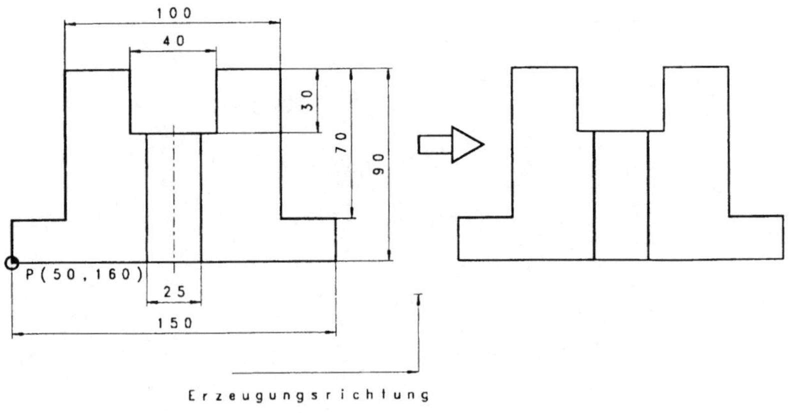

Bild 2-11 Übungsbeispiel in vereinfachter Vorderansicht

Alle Bemaßungen dienen nur Ihrer Information. Der erste Punkt P (50/160) der Dreitafelprojektion soll im oberen linken Feld des A3-Blattes liegen. Zu Trainingszwecken soll für dieses Beispiel eine Definition mit Absolutkoordinaten erfolgen. Dazu wählen Sie bitte, beginnend im Hauptmenü, folgende Menüabfolge: [ERZEUGEN] [STRECKE] [2 PUNKTE] und unter Punkt Def. Koordinaten [ABSOLUT].

Jede Befehlsauswahl wird mit der linken Maustaste bestätigt. Sollten Sie versehentlich in ein anderes Menü gelangen, so kommen Sie ins Hauptmenü zurück, indem Sie die Auswahl [ENDE] mit der linken Maustaste anklicken oder die rechte Maustaste (= Abbruch) drücken.

In der Eingabezeile werden Sie nun aufgefordert, den X-Wert für den ersten Punkt der Strecke einzugeben. Die Eingabe erfolgt mit der Tastatur und wird mit [ENTER] bestätigt. Der Punkt liegt in X-Richtung 50 mm und in Y-Richtung 160 mm vom absoluten Nullpunkt entfernt.

Geben Sie bitte ein:

1. Punkt: Tastatur

X= 50

Y= 160

Eine grüne Markierung auf der Zeichenfläche zeigt daraufhin die Lage des ersten Punktes an.

Nun wird der Endpunkt der Strecke durch Eingabe von Relativkoordinaten bestimmt. Wählen Sie aus dem Punktdefinitionsmenü den Punkt [REL.LETZTE]. Der X-Abstand des Endpunktes der Strecke zum Anfangspunkt beträgt 150 mm, in Y-Richtung liegen beide Punkte auf einer Höhe, d.h. der Abstand beträgt 0.

Geben Sie bitte ein:

2. Punkt: Tastatur

Delta X > 150

Delta Y > 0

Als Ergebnis dieser Eingabe ist nun die waagerechte Grundlinie der Vorderansicht auf dem Bildschirm sichtbar.

Um die zweite Strecke zu erzeugen, muß deren Anfangspunkt auf dem Endpunkt der Grundlinie liegen. CADdy fragt wieder nach dem 1. Punkt in der Promptzeile. Sie befinden sich noch in der Menüfolge [ERZEUGEN] [STRECKE] [2PUNKTE] [PUNKT DEF.].

Wählen Sie bitte: [ENDPUNKT]

Der Cursor erscheint in Form eines Fadenkreuzes auf dem Bildschirm. In der Promptzeile werden Sie aufgefordert, das Element zu identifizieren:

1. Punkt: Objekt antippen

Identifizieren Sie die vorhandene Strecke in der Nähe des gewünschten rechten Endpunktes mit Hilfe der linken Maustaste. Damit entspricht der Anfangspunkt der zweiten Strekke dem Endpunkt der ersten.

Sie befinden sich wieder im Punktdefinitionsmenü. CADdy fragt erneut in der Promptzeile nach dem 2. Punkt der Strecke. Da sich der Endpunkt unserer Strecke in einem relativen Abstand von deren Anfangspunkt befindet, empfiehlt es sich, weiterhin mit Relativkoordinaten zu arbeiten.

Wählen Sie bitte:

[REL.LETZTE]

Delta X > 0

Delta Y > 90-70

Die zweite Strecke wird senkrecht zur ersten gezeichnet. Bei der Eingabe des Y-Wertes wurde hier die Differenz zweier Werte eingegeben. CADdy errechnet solche mathematischen Angaben, so daß dem Anwender die Eingabe vereinfacht wird.

Die dritte Strecke unserer Zeichnung läßt sich mit der gleichen Vorgehensweise wie die zweite Strecke erzeugen. Beachtet werden muß hier jedoch, daß sich der Endpunkt der Strecke in einem negativen X-Abstand vom Anfangspunkt befindet.

Wählen Sie bitte:

[ENDPUNKT]

Identifizieren Sie die zweite Strecke in der Nähe ihres Endpunktes.

Wählen Sie:

[REL.LETZTE]

Delta X > –25

Delta Y > 0

Da alle weiteren Strecken mit Hilfe von Relativkoordinaten definiert werden sollen, kann im Menü [STRECKE] auch anstelle des Untermenüs [2PUNKTE] das Menü [PKT+REL.KOO] angewählt werden. Auf diese Weise kann jeder Anfangspunkt einer Strecke mit Hilfe der Punktdefinition frei, z.B. mit [ENDPUNKT], definiert werden. Anschließend werden die relativen X- und Y-Koordinatenwerte abgefragt.

Kehren Sie aus der Punktdefinition durch Mausklick auf [ENDE] ins Streckenmenü zurück, und wählen Sie: [PKT+REL.KOO] [ENDPUNKT].

Identifizieren Sie die zuletzt erzeugte Strecke am linken Endpunkt, und geben Sie die Maße laut Zeichnung unter Delta X > und Delta Y > ein. Nach Eingabe der letzten Strekke befinden Sie sich wieder am Ausgangspunkt der Zeichnung mit den Koordinaten P (50,160).

Fahren Sie auf diese Weise fort, bis die gesamte Kontur der Vorderansicht umrissen ist. Gehen Sie anschließend mit [ENDE] ins Streckenmenü zurück.

Um die mittlere Durchgangsbohrung einzubringen, soll eine andere Art der Koordinatenbestimmung angewandt werden. Von Bedeutung ist nun wieder der Anfangspunkt unserer Zeichnung P (50, 160). Die erste Strecke der Durchgangsbohrung kann mit Hilfe von Polarkoordinaten bestimmt werden. Dazu kann der Ausgangspunkt der Strecke wiederum mit Relativkoordinaten definiert werden, d.h., der Cursor muß in X-Richtung 62,5 mm nach rechts bewegt werden, ohne daß ein Element erzeugt wird.

CADdy fragt wieder nach der Eingabe des 1. Punktes einer Strecke.

Verfahren Sie dazu wie folgt: Wählen Sie [PKT+WI.LÄN] aus dem Streckenmenü, darauf [REL.LETZTE].

CADdy fordert die Eingabe des 1. Punktes einer Strecke

Delta X > 125/2

Delta Y > 0

Die Bildschirmmarkierung befindet sich am linken unteren Punkt der Durchgangsbohrung. In der Eingabezeile werden Sie zur Eingabe eines Winkels aufgefordert, um den zweiten Punkt zu bestimmen. Unsere Strecke befindet sich, von der Bildschirmhorizontalen aus gesehen, in einem Winkel von 90°.

Winkel > 90

Anschließend erfragt CADdy die Länge, d.h. den Abstand des 2. Punktes vom ersten in Richtung des zuvor eingegebenen Winkels.

Länge > 90-30

Beachten Sie, daß alle positiven Winkeleingaben von der X-Achse aus entgegen dem Uhrzeigersinn, alle negativen Winkelangaben in Richtung des Uhrzeigersinns abgetragen werden.

Die linke Begrenzung der Durchgangsbohrung wird am Bildschirm dargestellt. Um den ersten Punkt der zweiten Strecke festzulegen, muß ein Bezugspunkt ausgewählt werden, von dem aus die Koordinaten des ersten Punktes abgetragen werden.

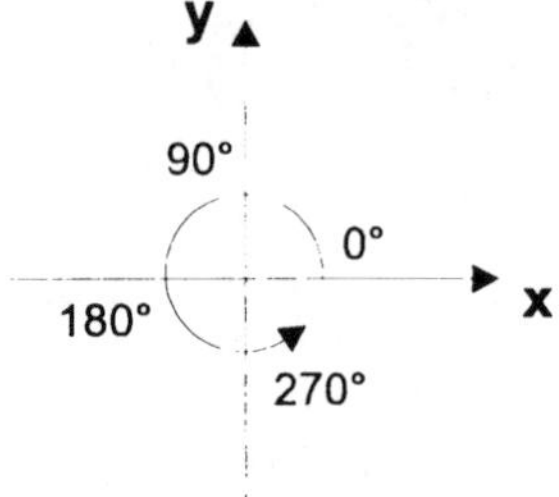

Bild 2-12 Winkelangaben in CADdy

Nehmen Sie zu diesem Zweck folgende Eingaben in der Funktion [REL.LETZTE] vor:

Delta X > 25

Delta Y > 0

Winkel > 90

Laenge: 90–30

Nun ist die Grobkontur unserer Vorderansicht fertig, und Sie sollten an dieser Stelle Ihre bisherigen Arbeitsergebnisse sichern (auf die vielfältigen Möglichkeiten des Speicherns und Sicherns in CADdy geht Abschnitt 2.3 ausführlich ein). Verlassen Sie sowohl die Punktdefinition wie auch das Streckenmenü durch Anklicken von [ENDE], und wählen Sie im Erzeugungsmenü den Punkt [SICHERN]. CADdy speichert die gesamte Zeichnung (alle Folien) automatisch unter dem Namen SCR1.PIC. Wählen Sie nun so oft mit Hilfe der Maus die Funktion [ENDE] an, bis Sie sich wieder im Hauptmenü befinden.

2.2.2 Erzeugen von Streckenzügen

Wie im vorigen Abschnitt gezeigt, ist die Eingabe einzelner Strecken für komplexere Zeichnungen bisweilen umständlich. Beim Konstruieren am Bildschirm muß oft eine zusammenhängende Folge von Linien eingegeben werden. Um nicht jedesmal den Endpunkt der vorangegangenen Linie als Anfangspunkt der nächsten bestimmen zu müssen, steht im Programm CADdy ein Menüpunkt zur Verfügung, der es ermöglicht, den Endpunkt der vorangegangenen Linie automatisch zu übernehmen. Wenn alle so erzeugten Linien als ein Streckenzug behandelt werden, spricht man von einem Polygon. Bei der späteren Bearbeitung eines Polygons ist es für den Anwender vorteilhaft, daß er die Strecken sowohl einzeln wie auch den gesamten Streckenzug gemeinsam als Folge editieren (z.B. verschieben) oder löschen kann. Ein Polygon besteht immer aus mindestens zwei Strecken. Dabei wird der Endpunkt einer Strecke immer zugleich als Anfangspunkt der Folgestrecke definiert.

Zur Zeichnungserstellung mit Hilfe von Polygonen stellt CADdy folgende Funktionen in der Menüfolge Hauptmenü [ERZEUGEN] [POLYGON] bereit:

- CURSOR: Polygonerzeugung durch freies Positionieren
- WINK.LÄNGE: Polygonerzeugung durch Eingabe von Richtung und Länge der Strecke
- PUNKT DEF.: alle Möglichkeiten der Definition von Anfangs- und Endpunkten der Strecken können genutzt werden
- FREI HAND

Freihandlinien zählen ebenfalls zu den Streckenzügen. Eine Freihandlinie besteht aus einer Vielzahl kleiner Teilstrecken. Die Teilstreckenlänge kann der Anwender bestimmen. Bei der Erstellung von Freihandlinien sollten Sie beachten, daß bei kleinen Teilstreckenlängen eine große Zahl von Teilstrecken erzeugt wird, was einen erhöhten Speicherbedarf zur Folge hat. Es gilt der Grundsatz: So genau wie nötig, nicht so genau wie möglich.

Die Seitenansicht unserer Dreitafelprojektion soll unter Verwendung der Funktionen des Untermenüs [POLYGON] erstellt werden. Die Zeichnung ist wieder vereinfacht dargestellt. Fehlende Elemente und Änderungen werden in folgenden Kapiteln als Teilschritte der Zeichnungserstellung erarbeitet.

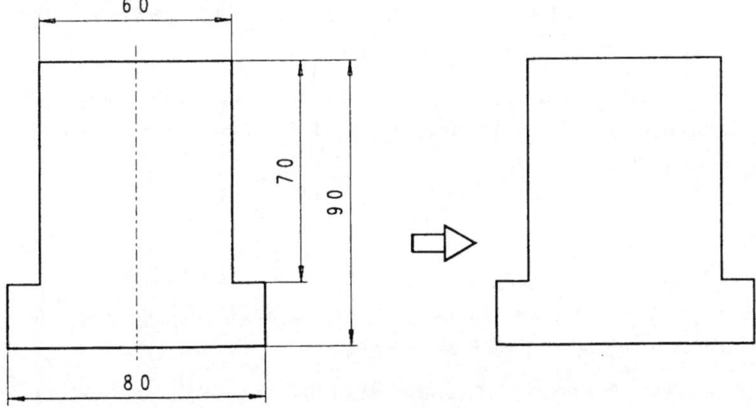

Bild 2-13 Erzeugung eines Polygons

Ziel dieses Abschnitts ist es, Sie mit komfortableren Erzeugungsfunktionen vertraut zu machen und Ihre Kenntnisse im Umgang mit den Funktionen der Punktdefinition zu vertiefen.

Ihr Cursor befindet sich im Hauptmenü. Da Elemente erzeugt werden sollen, wählen Sie bitte folgende Untermenüs: [ERZEUGEN] [POLYGON] [WINK.LÄNGE] und bestätigen Sie jede Auswahl mit der linken Maustaste.

In der Promptzeile erscheint nun die Aufforderung, einen Startpunkt für den Streckenzug festzulegen. Diese Definition soll wieder mit dem Punktdefinitionsmenü erfolgen. Der Abstand zwischen der Vorderansicht und der Seitenansicht soll 50 mm betragen.

Um den Startpunkt zu definieren, stehen grundsätzlich zwei Möglichkeiten zur Auswahl:

1. Mit Hilfe von Absolutkoordinaten; dafür ist es notwendig, bei der Angabe des X-Wertes alle X-Abstände zu addieren.

   [ABSOLUT]

   X-Wert => 50+150+50

   Y-Wert => 160

Diese Variante ist jedoch nur dann möglich, wenn der erste Punkt der Zeichnung (Vorderansicht) genau definiert und nicht mit dem Cursor frei positioniert wurde.

2. Mit Hilfe von Relativkoordinaten; diesmal soll jedoch nicht der letzte aktive Punkt auf dem Bildschirm genutzt, sondern ein beliebiger Bezugspunkt definiert werden. Als solcher bietet sich besonders der rechte untere Eckpunkt der Vorderansicht an.

Gehen Sie bitte wie folgt vor: Wählen Sie [REL.BELIEB.]. Sie werden in der Promptzeile zur Bestimmung des Bezugspunktes aufgefordert.

Wählen Sie danach [ENDPUNKT], und tippen Sie die Grundlinie der Vorderansicht in der Nähe des rechten Endpunktes an. Von dort aus sind jetzt die relativen Koordinatenwerte für den Startpunkt einzugeben:

Delta X > 50

Delta Y > 0

Die Bildschirmmarkierung befindet sich nun an dem gewählten Startpunkt, und Sie werden in der Promptzeile zur Eingabe des Endpunktes aufgefordert.

Geben Sie den Winkel der ersten Strecke (Grundlinie) des Polygons zur Bildschirmhorizontale und die Länge der Grundlinie ein:

Winkel > 0

Länge > 80

Die erste Linie der Seitenansicht wird gezeichnet. Da die Funktion [POLYGON] gewählt wurde, definiert CADdy den zuletzt erzeugten Punkt automatisch als Anfangspunkt der folgenden Strecke und fragt nun bis zum Beenden der Funktion immer nur nach den Endpunkten der Strecken.

Geben Sie folgende Werte ein:

2. Strecke Winkel > 90
Länge > 90-70

3. Strecke Winkel > 180
Länge > 10

4. Strecke Winkel > 90
Länge > 70

usw., bis die gesamte Außenkontur der Seitenansicht umfahren wurde.

Befinden Sie sich wieder am Startpunkt des Polygons, so brechen Sie die Funktion mit der rechten Maustaste ab und gehen über [ENDE] ins Menü [ERZEUGEN] zurück. Sichern Sie bitte Ihren derzeitigen Arbeitsstand.

Müssen Sie während der Konturerstellung die Polygon-Funktion abbrechen, können Sie das Polygon nachträglich vervollständigen, indem Sie [POLYGON] [ANFÜGEN] wählen und das Polygon in der Nähe des letzten Punktes identifizieren.

2.2.3 Nutzung weiterer Funktionen zur Erzeugung von Strecken

Nach der Außenkontur der Seitenansicht müssen die Linien der Durchgangsbohrung und der Aussparung – wieder unter Zuhilfenahme des Streckenmenüs – erzeugt werden.

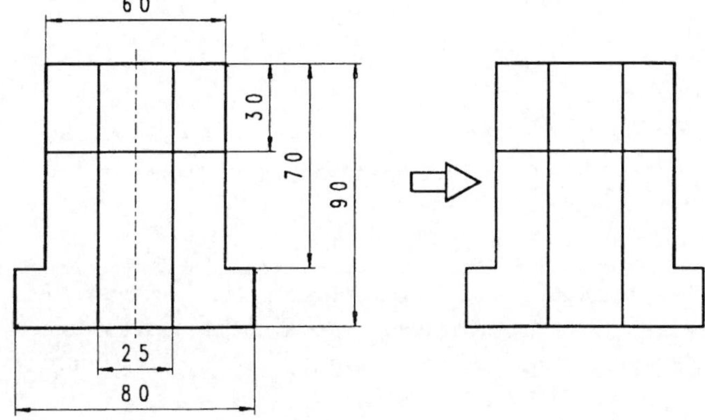

Bild 2-14 Erweiterte Streckenfunktion zur Konstruktion der Seitenansicht

Da die Durchgangsbohrung lotgerecht auf der Grundlinie steht, bietet sich hier die Nutzung einer weiteren Funktion der Streckendefinition an:

Sie befinden sich im Menü [ERZEUGEN]. Wählen Sie bitte [STRECKE] [PKT+LOT].

Ausgehend von einem frei bestimmbaren Punkt kann ein Lot auf eine bereits vorhandene Strecke gefällt werden. Das Lot befindet sich immer im rechten Winkel zur gewählten Strecke, gleich wie diese im Raum liegt. Der Anfangspunkt der linken Strecke der Durchgangsbohrung soll mit der Punktdefinition von einem beliebigen Bezugspunkt aus gewählt werden. Wählen Sie aus dem Punktdefinitionsmenü [REL.BELIEB].

Der Bezugspunkt soll die Mitte der oberen waagerechten Konturlinie der Seitenansicht sein; klicken Sie deshalb auf [MITTE], und tippen Sie die obere Konturlinie an. Von der Mitte dieser Linie aus liegt der Anfangspunkt unserer Strecke in negativer X-Richtung 12,5 mm entfernt.

Delta X > –12,5

Delta Y > 0

Beachten Sie bei dieser Eingabe den Dezimalseparator: in der Standardeinstellung handelt es sich um den Punkt. Sollten Sie einen anderen Dezimalseparator gewählt haben (z.B. das Komma), so erscheint am Bildschirm eine Fehlermeldung. Korrigieren Sie in diesem Fall Ihre Eingabe mit Hilfe der Tastatur.

Nun erscheint der Cursor mit dem Fadenkreuz, um die Strecke zu identifizieren, auf der die nun zu konstruierende Strecke lotgerecht enden soll. Tippen Sie die Grundlinie der Seitenansicht an. Verfahren Sie für die rechte Linie der Durchgangsbohrung ebenso.

Auch die Linie für die Aussparung kann mit Hilfe der Lotfunktion erzeugt werden. Hier bietet sich als Bezugspunkt die obere rechte Ecke der Seitenansicht an.

Wählen Sie [REL.BELIEB] [ENDPUNKT], und tippen Sie die obere Konturlinie in der Nähe des rechten Endpunktes an.

Delta X > 0

Delta Y > –30

Die zu identifizierende Strecke, auf die das Lot gefällt werden soll, ist die linke senkrechte Außenkante der Kontur. Tippen Sie diese an. Verlassen Sie anschließend die Menüs durch Klick auf [ENDE], und kehren Sie ins Hauptmenü zurück.

Um die notwendigen Strecken für die Draufsicht des Praxisfalls zu zeichnen, bedarf es einer weiteren Funktion zur Erzeugung von Streckenzügen: des Rechtecks; dieses ist eine Aneinanderreihung verschiedener Strecken zu einer geschlossenen Kontur. Es wird durch zwei gegenüberliegende Punktkoordinaten definiert.

Die Draufsicht soll vom absoluten Nullpunkt der Zeichenfläche aus in X-Richtung genau wie die Vorderansicht 50 mm entfernt sein, der Y-Wert soll 30 mm betragen.

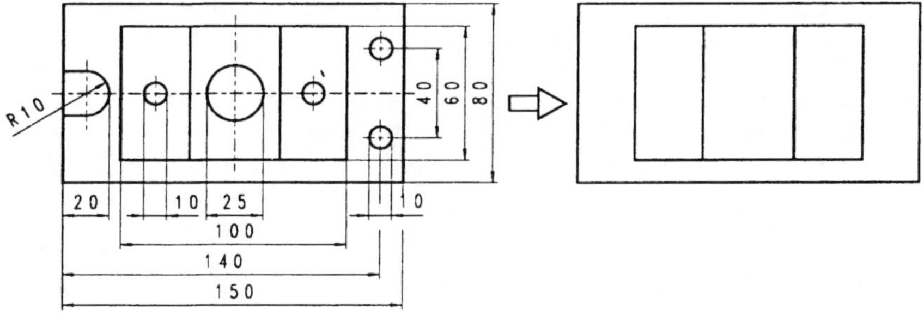

Bild 2-15 BSP01 in der Ansicht von oben

Ausgehend vom Hauptmenü wählen Sie zu diesem Zweck in folgender Reihenfolge nachstehende Untermenüs an: [ERZEUGEN] [RECHTECK] [PUNKT DEF.]. Der linke untere Punkt des Rechtecks wird in dieser Übung durch Absolutkoordinaten positioniert. Wählen Sie [ABSOLUT], und geben Sie folgende Werte ein:

X-Wert => 50

Y-Wert => 30

Nach dieser Eingabe fordert CADdy den diagonal gegenüberliegenden Eckpunkt des zu erzeugenden Rechtecks an. Wählen Sie dazu aus der Punktdefinition den Menüpunkt [REL.LETZTE], und geben Sie die Werte

Delta X > 150

Delta Y > 80

an.

Um das innere Rechteck zu erzeugen, verfahren Sie im Prinzip genauso. Verwenden Sie dort als Ausgangspunkt einen Eckpunkt des schon vorhandenen Rechtecks, am besten den zuletzt erzeugten. Alle Eckpunkte des Rechtecks können wie Endpunkte von Strekken behandelt werden. Wenn der rechte obere Eckpunkt der inneren Kontur der erste zu erzeugende Punkt sein soll, dann befindet sich dieser in X-Richtung 25 mm und in Y-Richtung 10 mm vom zuletzt erzeugten Eckpunkt des äußeren Rechtecks entfernt. Zu beachten ist hierbei, daß beide Werte Negativeingaben sind. Markieren Sie bitte im Punktdefinitionsmenü [REL.LETZTE], und geben Sie als Werte ein:

Delta X > –25

Delta Y > –10

Die zweite Punktbestimmung erfolgt auf gleiche Weise.

[REL.LETZTE]

Delta X > –100

Delta Y > –60

Die Erzeugung des Rechtecks ist damit abgeschlossen. Verlassen Sie mit [ENDE] alle Untermenüs, bis Sie sich wieder im CADdy-Hauptmenü befinden.

Um die vorliegende Kontur der Draufsicht zu vervollständigen, müssen die beiden senkrechten Kanten eingefügt werden. Nutzen Sie dazu bitte die Ihnen bekannten Funktionen. Sichern Sie anschließend Ihren Arbeitsstand, und kehren Sie danach ins Hauptmenü zurück.

Erwähnt werden soll an dieser Stelle eine weitere Möglichkeit, zusammenhängende Strecken zu zeichnen: das Erzeugen von N-Ecken. Das Untermenü [N-ECK] im Menü [ERZEUGEN] enthält eine Reihe von Funktionen, mit denen regelmäßige Vielecke, angefangen vom Dreieck bis zum Neuneck, erzeugt werden können. Die Vorgehensweise beim Zeichnen von N-Ecken ist dabei immer die gleiche. Nach dem Aktivieren der Funktion legen Sie mit dem Cursor oder dem Punktdefinitionsmenü einen Eckpunkt des zu erzeugenden N-Ecks fest. Die Eingabe eines Kennbuchstabens mit der Tastatur legt fest, auf welche Weise das N-Eck gezeichnet wird. Dabei stehen folgende Möglichkeiten zur Verfügung, um Größe und Lage des Objekts zu definieren:

- Definition durch Richtung und die Länge einer Basisstrecke [B]
- Zentral-Definition anhand der Festlegung von Mittel- und Eckpunktkoordinaten [Z]
- Diametrale Definition durch einen Eckpunkt und die Punktkoordinaten eines Punktes auf dem Umfang eines Objekts [D]

Ist die Erzeugungsart festgelegt, wird der zweite Punkt mit Hilfe des Cursors oder der Punktdefinition positioniert.

2.2.5 Kreiselemente

Kreise oder Kreisbögen können ebenso wie Strecken auf mehrere Arten erzeugt werden. Welche Möglichkeit gewählt wird, hängt davon ab, welche Kreisparameter dem Konstrukteur bekannt sind bzw. welche Erzeugungsart am einfachsten und genauesten zum Ziel führt. Vor dem Erzeugen von Kreiselementen muß also zunächst die Entscheidung für einen Kreis oder einen Kreisbogen getroffen werden.

Ein Kreis kann durch folgende Angaben definiert sein:

- Mittelpunktkoordinaten und Koordinaten eines Punktes, der sich auf dem Kreisumfang befindet
- Mittelpunktkoordinaten und Radius
- Radius und Koordinaten zweier Punkte, die sich auf dem Kreisumfang befinden
- Koordinaten dreier Punkte, die sich auf dem Kreisumfang befinden.

Beim Erzeugen von Kreisbögen sind weitere Eingaberoutinen erforderlich:

- Anfangs- und Endpunkt des Kreisbogens sowie Koordinaten eines beliebigen Punktes auf dem Kreisumfang

- Anfangs-, End- und Mittelpunktkoordinaten des Kreisbogens
- Anfangs- und Mittelpunktkoordinaten sowie Bogenlänge.

Die Koordinatenangaben für den Anfangs- und Endpunkt des Kreisbogens erfolgen in CADdy durch Winkelangaben. Da CADdy in mathematisch positiver Richtung arbeitet, muß bei Kreisbögen außerdem die Laufrichtung beachtet werden, d.h., Kreisbögen werden immer entgegen dem Uhrzeigersinn vom ersten festgelegten Punkt zum letzten festgelegten Punkt gezeichnet.

Zur komfortablen Erzeugung von Kreisen stellt CADdy unter dem Menüpunkt [RADIUS+] [MITTELPKT] die Möglichkeit zur Verfügung, mehrere gleich große Kreise an verschiedenen Positionen durch eine einmalige Radieneingabe zu definieren. Des weiteren können konzentrische Kreise durch einmalige Eingabe der Position mit der Funktion [MITTELPKT+] [RADIUS] erzeugt werden.

Um die Draufsicht zu vervollständigen, sollen nun die Bohrungen und die Aussparung gezeichnet werden.

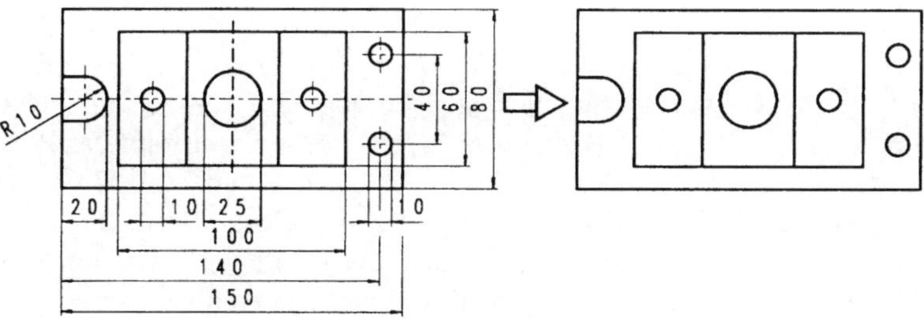

Bild 2-16 Verschiedene Kreiselemente

Wir beginnen mit der mittleren Durchgangsbohrung. Es soll ein Kreis mit einem Durchmesser von 25 mm erzeugt werden, die Position des Mittelpunktes ist definiert. Im Menü [ERZEUGEN] befindet sich der Menüpunkt [KREIS]. Wählen Sie diesen an, so befinden Sie sich im Untermenü zum Erzeugen von Kreisen und Kreisbögen. Achten Sie zunächst auf den Menüpunkt [VOLLKREIS] j / n. Der Schalter läßt sich durch einfaches Anklikken mit der linken Maustaste verändern und ist auf „j" zu stellen. Da die Position des Mittelpunktes und der Radius bekannt sind, folgt nun die Auswahl von [MITTELPKT+] [RADIUS].

In der Promptzeile erscheint nun die Aufforderung, den Mittelpunkt zu definieren. Die Bohrung befindet sich genau auf der gedachten waagerechten Mittellinie, also zwischen der Mitte der beiden Senkrechten. Wählen Sie aus dem Punktdefinitionsmenü [MITTE 2 PKT] [MITTE], und identifizieren Sie die rechte und die linke senkrechte Strecke. Der Mittelpunkt wird durch eine grüne Bildschirmmarkierung angezeigt. Nun kann der Radius von 12,5 mm eingegeben werden.

Da sich in dem Teil mehrere Bohrungen mit dem gleichen Durchmesser (10 mm) befinden, werden diese mit Hilfe einer weiteren Funktion aus dem Kreis-Menü erzeugt. Kehren Sie bitte mit [ENDE] in das Kreis-Menü zurück, und wählen Sie die Funktion: [RADIUS+] [MITTELPKT.]

Zunächst ist die Eingabe eines Radienwerts (5 mm) erforderlich. Danach wird mit dem Punktdefinitionsmenü nacheinander die Position aller Mittelpunkte, die mit dem zuvor eingegebenen Radius gezeichnet werden sollen, definiert.

Bedenken Sie an dieser Stelle, daß es für das Positionieren von Elementen mit dem Punktdefinitionsmenü mehrere gleichwertige Lösungswege gibt. Wählen Sie denjenigen, der Ihnen am schnellsten gelingt. Im Rahmen der Praxisfälle wird immer nur eine Möglichkeit demonstriert.

Die linke Bohrung neben der Durchgangsbohrung kann mit Hilfe ihres Mittelpunkts positioniert werden. Sie befinden sich im Punktdefinitionsmenü und haben die Punkte [REL.BELIEB] [MITTELPKT] angewählt. Um einen Mittelpunkt zu identifizieren, tippen Sie das zugehörige Element an, in diesem Fall also die Kreisumfanglinie.

Delta X > –35

Delta Y > 0

Gehen Sie nun für die rechts auf der Mittellinie liegenden Bohrung ebenso vor, doch geben Sie hier einen positiven X-Wert ein. Bis zum Abbruch der Funktion fragt das Programm den Radius nicht mehr ab. Die beiden auf der Senkrechten liegenden Bohrungen können also ebenfalls gleich noch miterzeugt werden. Gehen Sie diesmal, entsprechend der Bemaßung, von der Mitte der linken senkrechten Außenkante aus. Wählen Sie [REL.BELIEB] [MITTE], und tippen Sie die linke Senkrechte an. Danach geben Sie

Delta X: 140

Delta Y: 20 für den oberen

bzw. –20 für den unteren Kreis ein.

Alle Kreise mit dem 5-mm-Radius wurden damit positioniert und erzeugt. Kehren Sie nun zum Kreis-Menü zurück. Als letztes muß nun noch der Kreisbogen eingezeichnet werden. Der Schalter Vollkreis wird auf „Nein“ gestellt. Unabhängig davon, wie die Position des Kreisbogens festgelegt wird, sind diesmal auf jeden Fall zwei weitere Punktangaben erforderlich, nämlich der Anfangs- und der Endpunkt des Kreisbogens. Das Bild 2-17 verdeutlicht die schon beschriebene Vorgehensweise bei Kreisbögen. Entscheidend für ein korrektes Ergebnis ist die Erzeugungsrichtung.

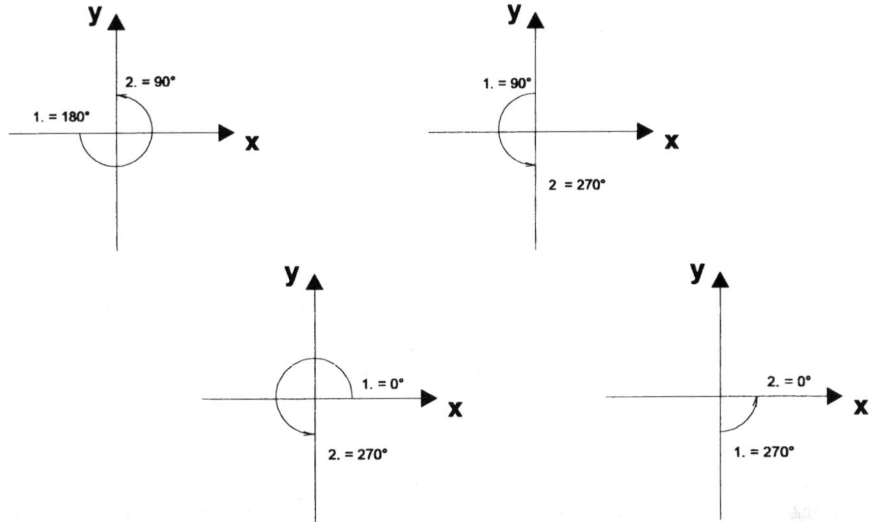

Bild 2-17 Konstruktion von Kreisbögen

In dem vorliegenden Beispiel erfolgt die Kreiserzeugung von 270° nach 90°. Da die Mittelpunktkoordinaten und der Radius bekannt sind, gehen Sie bitte wie folgt vor: Wählen Sie [MITTELPKT+] [RADIUS] aus dem Menü [ERZEUGEN] [KREIS].

Der günstigste Bezugspunkt ist wieder die Mitte der linken senkrechten Außenkante. Klicken Sie auf [REL.BELIEB], anschließend auf [MITTE], tippen Sie die linke Senkrechte an, und geben Sie folgende Werte ein:

Delta > 20–10
Delta Y > 0

In der Promptzeile werden Sie nach dem Winkelanfang gefragt. Dabei wird, wie auch bei allen Längeneingaben, keine Maßeinheit angegeben, sondern nur der bloße Zahlenwert.

Anf. Winkel > 270
Endwinkel > 90
Radius > 10

Verlassen Sie das Kreis-Menü, und gehen Sie bis ins Menü [ERZEUGEN] zurück. Die fehlenden Anschlußlinien werden nun ergänzt. Wählen Sie [STRECKE] [PKT+LOT] [ENDPUNKT]. Tippen Sie ein Ende des Kreisbogens an, und identifizieren Sie die linke Senkrechte als die Strecke der Aussparung. Verfahren Sie beim zweiten Ende des Kreisbogens ebenso. Weitere Änderungen werden in folgenden Abschnitten vorgenommen. Sichern Sie Ihre Zeichnung, wie am Ende des Abschnitts 2.2.1 beschrieben.

2.3 Grundsätze der Datensicherung

Um einen Datenverlust beim Beenden des Programmes zu vermeiden, muß jede Veränderung einer Grafik gespeichert werden. Für die Namensvergabe neu erstellter Objekte gelten in CADdy die vom Betriebssystem MS-DOS bekannten Regeln.

CADdy speichert die Informationen über alle Elemente, die in einer Zeichnung hinterlegt sind, zusammen mit den Geometriedaten ab. So enthalten im Hochbau (Modul Architektur) z.B. alle Wände rechnerinterne Werte, die eine aufgerufene Wand eindeutig identifizieren. Ebenso verhält es sich mit den im Konstruktionsmodul erzeugten Bauteilen bzw. Wellen. Für die Konvertierung einer CADdy-Zeichnung in ein anderes CAD-System, welches diese logischen Zusatzinformationen nicht verwerten kann, steht ein Menüpunkt zur Verfügung, der lediglich die erzeugte Geometrie speichert.

Eine einfache Möglichkeit der Datensicherung besteht darin, im Menü [PARAMETER] [GRUNDEINSTELLUNGEN] im Fenster „Allgemeine Parameter" den Schalter „Backup-Datei speichern" auf „j" zu stellen. Damit ist sichergestellt, daß vor jedem Überschreiben einer Bilddatei eine Sicherungskopie des alten Bildschirminhalts mit der Extension SCR und dem gleichen Bildnamen erzeugt wird.

2.3.1 Speichern von Zeichnungsdaten

Mit der Funktion [BILD SPEICHERN], die unter dem Menüpunkt [EIN/AUSGABE] des Hauptmenüs zu finden ist, kann die gerade bearbeitete Zeichnung gespeichert werden. Es erscheint das Foliendefinitionsmenü, in dem die abzuspeichernden Folien ausgewählt werden; diese sind mit einem „*" gekennzeichnet. CADdy schlägt als Dateinamen den Namen des zuletzt verwendeten Bildes vor, es kann jedoch jeder andere Name, der den DOS-Konventionen entspricht, vergeben werden. Die gespeicherte Datei erhält die Extension PIC und wird im Arbeitsverzeichnis abgelegt. Ist ein anderes Verzeichnis oder Laufwerk für die Sicherung erwünscht, muß dies explizit angegeben werden. Ein versehentliches Überschreiben bereits vorhandener gleichnamiger Dateien verhindert CADdy mit einer Sicherheitsabfrage.

In dem Menü für die Auswahl bestimmter Folien kann u.a. festgelegt werden, ob Folien, die Hilfskonstruktionen enthalten, mit abgespeichert werden sollen. Eine weitere Auswahlmöglichkeit bietet dieses Menü beim Abspeichern von Einzelteilzeichnungen, die nicht als Werkstattzeichnung dienen sollen, sondern nur zum Erstellen der Zusammenbauzeichnung benötigt werden. Für diesen Fall kann festgelegt werden, daß die hierfür nicht benötigte Bemaßungsfolie nicht mit gespeichert werden soll.

Speichern Sie bitte Ihre bis jetzt erstellte Dreiseitenansicht wie folgt ab: Markieren Sie im Hauptmenü die Punkte [EIN/AUSGABE] [BILD SPEICHERN]. Wenn die Foliendefinition erscheint, wählen Sie den Menüpunkt: [ALLE]. Hinter allen ausgewählten Folien erscheint ein Stern („*") als Markierung. Verlassen Sie nun dieses Menü durch Klick auf [ENDE].

Auf dem Alfabildschirm werden Sie aufgefordert, einen Namen für die zu speichernde Datei einzugeben. Speichern Sie dieses Beispiel unter der Dateibezeichnung BSP01, und bestätigen Sie die Eingabe mit [ENTER]. Damit Sie beim Aufruf der Zeichnung immer auf die gleichen Voreinstellungen zurückgreifen können, muß an dieser Stelle zudem eine INF-Datei gleichen Namens abgelegt werden. Wählen Sie deshalb [INFO SPEICHERN], und geben Sie wieder den Dateinamen BSP01ein. Die Extension INF wird auch hier automatisch ergänzt.

2.3.2 Einlesen von Dateien

Eine gespeicherte Zeichnung kann mit dem Menüpunkt [EIN/AUSGABE] [BILD LESEN] wieder aufgerufen werden. CADdy schlägt den zuletzt gewählten Bildnamen in der Eingabezeile vor. Sie können diesen Vorschlag mit [ENTER] übernehmen oder einen neuen Namen eingegeben. Im Falle einer leeren Eingabe (mit Leertaste + RETURN) werden alle in diesem Verzeichnis abgelegten Dateien mit der Extension PIC in einer Auswahlmaske angezeigt.

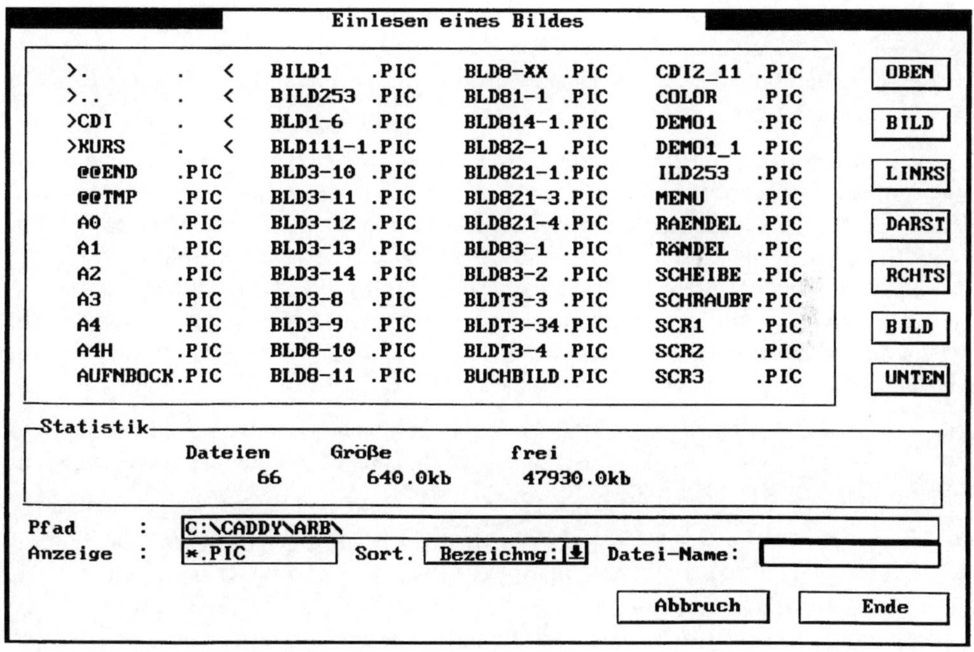

Bild 2-18 Auswahlmaske zum Einlesen von Zeichnungen

In dieser Maske können Sie den Lichtbalken genau wie im DOS-Fenster positionieren. Mit ihm markieren Sie die gewünschte Datei durch Klick auf die linke Maustaste, die bei Verlassen der Maske aufgerufen wird. Ein Mausklick auf den Schalter [ENDE] lädt die gewählte Datei, [ABBRUCH] beendet diese Bildschirmauswahl, ohne daß ein Bild eingelesen wird.

Bearbeiten Sie gerade ein Bild auf der Zeichenfläche, fragt CADdy je nach Voreinstellung im Abschnitt „Allgemeine Parameter" ([PARAMETER] [GRUNDEINSTELLUNGEN] [ALTES BILD LÖSCHEN]) nach, ob dieses gelöscht (Auswahl „j"), oder ob das aufgerufene Bild diesem hinzugefügt (Auswahl „n") werden soll. Wählen Sie hier „nein", so können Sie auf einfache Weise Einzelteilzeichnungen zu einer Gesamtzeichnung, wie im Kapitel 9 beschrieben, zusammenführen. Auch hier kann eine Informationsdatei gleichen Namens erstellt werden, die alle von den Standardeinstellungen abweichenden Parameter speichert und bei jedem Aufruf aktiviert.

2.3.3 Schnellspeichern einer Zeichnung

Die bisher in den Kapiteln 2.2.1 bis 2.2.4 beschriebene Prozedur des Sicherns mit dem Menüpunkt [SICHERN] aus dem Menü [ERZEUGEN] führt zu einer Schnellspeicherung Ihrer erzeugten Daten. Sie sollte nur zum temporären Sichern von Zwischenschritten, nicht aber zum dauerhaften Speichern von Zeichnungen genutzt werden. Die so gespeicherten Dateien können in einem separaten Sicherungsverzeichnis abgelegt werden (wie im Abschnitt 1.5.1 beschrieben).

Mit der Funktion [SICHERN] aus dem Menü [ERZEUGEN] wird die Zeichnung mit allen Folien, doch ohne Voreinstellungen, auf der Festplatte gespeichert und erhält den Namen SCR1.PIC. Nach erneutem Aktivieren dieser Funktion wird die bestehende Datei SCR1.PIC in SCR2.PIC umbenannt und die aktuelle Sicherungskopie unter dem Namen SCR1.PIC gespeichert. Ein dritter Sicherungsvorgang bewirkt ein weiteres Hochzählen der Numerierung. Auf diese Weise können drei Sicherungsdateien angelegt werden. Mit der vierten Sicherung wird der zuerst gesicherte Status überschrieben. Den aktuellsten Zustand Ihrer Zeichnung enthält also immer die Datei SCR1.PIC.

Ein auf diese Weise gesichertes Bild kann mit der Menüfolge [EIN/AUSGABE] und [BILD LESEN] wieder eingelesen werden. Als Bildname geben Sie – je nach gewünschtem Zustand – SCR1, SCR2 oder SCR3 an.

Wollen Sie beispielsweise den vorletzten Arbeitsstand aus einer Sicherungsdatei aufrufen, so wählen Sie [EIN/AUSGABE] [BILD LESEN] und dort die Datei SCR2.PIC. Die Frage „Altes Bild löschen?" beantworten Sie mit „j". In unserem Beispiel muß nun die Dreitafelprojektion sichtbar werden, jedoch ohne Bohrungen in der Draufsicht. Um später zur aktuellen Zeichnung zurückzukehren, lesen Sie die Datei BSP01.PIC wieder ein.

2.4 Löschfunktionen anwenden

Wie in jedem Datenverarbeitungsprogramm können auch in CAD-Programmen einmal erzeugte Elemente wieder vom Bildschirm entfernt werden. Die Funktion [LÖSCHEN] ermöglicht es, einzelne Elemente, Elementgruppen oder beliebige Bildausschnitte aus der gerade bearbeiteten Zeichnung zu entfernen bzw. die gesamte Zeichnung zu verwerfen. Die Vorgehensweise ist ebenso menügesteuert wie die beim Erzeugen.

2.4.1 Löschen von Elementen

Einzelne Elemente sind entweder beliebige Grundelemente oder Elemente eines vordefinierten Typs. Wenn Sie die Funktion „beliebiges Element löschen" [LÖSCHEN] [BEL.ELEMENT] anwählen, erscheint der Fangcursor auf der Zeichenfläche. Damit können Sie die verschiedenen Elemente wie Kreise, Strecken, Text nacheinander antippen, die dann vom Bildschirm verschwinden. Dabei besteht jedoch die Gefahr, daß das Element nicht exakt identifiziert wurde und CADdy ein näherliegendes Element löscht. Aus diesem Grunde verfügt CADdy über die Funktion „definiertes Element löschen" [LÖSCHEN] [DEF.ELEMENT], die ein genaues Selektieren der Elemente (z.B. nur Strecken) verlangt. Dabei bietet CADdy nicht nur den Fangcursor auf der Zeichenfläche an, sondern zeigt zusätzlich ein Auswahlmenü in der Menüzeile. Durch Drücken der Leertaste wird der zu löschende Elementtyp

- Punkt
- Strecke
- Kreis
- Ellipse
- Text
- Symbol

ausgewählt und erst dann das zu löschende Element mit dem Fangcursor identifiziert. CADdy reagiert mit einer Fehlermeldung bei jedem identifizierten Element, das nicht dem ausgewählten Elementtyp angehört. Die Typenwahl bleibt gültig, bis ein neuer Typ mit der Leertaste ausgewählt wird.

Mit der Funktion [LÖSCHEN] [LETZTES ELEMENT] kann eine Zeichnung Element für Element in der umgekehrten Reihenfolge ihrer Entstehung wieder gelöscht werden. Beginnend mit dem zuletzt erzeugten Element kann diese Funktion beliebig oft aufgerufen werden, wobei der Standort des Fangcursors keine Rolle spielt.

2.4.2 Löschen von Zeichnungsdetails

Zeichnungsdetails können gelöscht werden, indem Ausschnitte auf der Zeichnung, Elementgruppen wie Folgen oder Kontur, oder zu löschende Folien festgelegt und verworfen werden. Dabei sind verschiedene Voreinstellungen zu beachten: Sollen alle innerhalb oder außerhalb eines Ausschnittes liegenden Elemente gelöscht werden, so besteht unter dem Menüpunkt [PARAMETER] [GRUNDEINSTELLUNGEN] im Fenster „Ändern“ die Möglichkeit, Ausschnitte für sämtliche Ausschnittsoperationen zu definieren. Dabei haben jedoch nicht alle Einstellungen Einfluß auf das Löschen. Folgende vier Varianten sind zu unterscheiden:

- DRINNEN

  Von den Löschoperationen sind alle Elemente betroffen, die vollständig im Ausschnitt liegen. Kreise und Ellipsen müssen stets vollständig im Ausschnitt liegen, um berücksichtigt zu werden.

- ALLE

  Alle Elemente werden gelöscht, die ganz oder teilweise im Ausschnitt liegen.

- SCHNEIDEN

  Alle Elemente, die vollständig innerhalb des Ausschnittes liegen, werden gelöscht. Alle Elemente, die in den Ausschnitt hineinragen, werden an der Ausschnittbegrenzungslinie abgeschnitten.

- ZIEHEN

  bezieht sich vorrangig auf Funktionen, die mit dem Menü [ÄNDERN] durchgeführt werden. Die Wirkungsweise beim Löschen ist die gleiche wie beim Punkt DRINNEN.

Aus Sicherheitsgründen empfehlen sich besonders für weniger versierte CADdy-Anwender als Voreinstellungen die Funktionen [DRINNEN] oder [ALLE]. Der Abschnitt 4.1.3 geht vertiefend auf die Voreinstellung von Ausschnitten beim Ändern von Elementgruppen ein.

Um mehrere Elemente innerhalb oder außerhalb eines zu definierenden Ausschnittes zu löschen, wählen Sie die Funktionen [LÖSCHEN] [AUSSCHNITT] bzw. [LÖSCHEN] [ALLES-AUS] an, mit denen Sie ins Foliendefinitionsmenü gelangen. Hier haben Sie die Möglichkeit, Elemente auf bestimmten Folien zu selektieren. Ist nur die Arbeitsfolie aktiviert, so werden vom Löschvorgang nur die Elemente betroffen, die sich im Ausschnitt (bzw. außerhalb des Ausschnitts) und auf der Arbeitsfolie befinden. Nach Auswahl der Folien verlassen Sie dieses Menü mit [ENDE]; die ausgewählten Folien sind nun mit einem Stern (*) gekennzeichnet. Der zu löschende Ausschnitt wird wie ein Rechteck anhand der diagonal gegenüberliegenden Eckpunkte bestimmt, die Sie mit dem Cursor oder der Punktdefinition festlegen. Während Sie diese Punkte mit dem Cursor definieren, können Sie weiterhin durch Drücken der Leertaste zwischen den Parametereinstellungen [DRINNEN], [ALLE], [SCHNEIDEN] und [ZIEHEN] (sichtbar in der Zusatzmenüzeile) wechseln.

Der auf diese Weise definierte Ausschnitt ist nun auf dem Bildschirm markiert. Vor dem Löschen erscheint eine Sicherheitsabfrage: [INNERES] [LÖSCHEN] oder [NICHT LÖSCHEN]; bestätigen Sie den Löschvorgang, werden die markierten Elemente gemäß der Voreinstellung aus der Zeichnung entfernt. Für die Funktion [LÖSCHEN] [ALLES - AUSS] gelten die oben genannten Voreinstellungen genau umgekehrt, da alle Elemente außerhalb des definierten Ausschnittes vom Löschvorgang betroffen sind.

Ein Beispiel soll dies verdeutlichen. Löschen Sie aus dem Beispiel 01 die Seitenansicht durch Wahl der Menüfolge [LÖSCHEN] [AUSSCHNITT]; im Menüpunkt [FOLIEN DEF.] wählen Sie [ALLE] [ENDE]. Legen Sie den zu löschenden Ausschnitt mit dem Cursor fest, und stellen Sie als Parameter mit der Leertaste [DRINNEN] ein. Achten Sie darauf, daß sich alle Elemente der Seitenansicht vollständig im Ausschnitt befinden. Wählen Sie nun LÖSCHEN.

Eine weitere Möglichkeit, Elemente zu löschen, besteht darin, die zu einer Folge gehörenden Elemente nacheinander einzeln oder gemeinsam als Folge zu entfernen. Dies ist deshalb möglich, weil zusammengehörige Strecken auch in der CADdy-Datenstruktur als Folge abgelegt sind und somit sowohl einzeln wie auch gemeinsam bearbeitet werden können. Eine solche Folge stellen z.B. die in der Draufsicht der erzeugten Zeichnung befindlichen Rechtecke dar. Wollen Sie das äußere dieser Rechtecke löschen, wählen Sie: [LÖSCHEN] [FOLGE GANZ]. Nachdem Sie ein Element des Rechtecks mit dem Cursor identifiziert haben, wird die Folge am Bildschirm blinkend dargestellt. Ein beliebiger Tastendruck beendet das Blinken und ruft die Sicherheitsabfrage

Folge [LÖSCHEN]

[NICHT LÖ.]

auf.

Schließlich kann auch der Bildschirm als ganzes gelöscht werden. Rufen Sie dazu die Menüfolge [LÖSCHEN] [ALLES] auf. Durch Anklicken der Abfrage Alles [LÖSCHEN] entfernen Sie alle Elemente auf allen Folien.

2.4.3 Löschfunktionen rückgängig machen

Um versehentliche Löschungen wieder rückgängig zu machen, stehen Ihnen mehrere Möglichkeiten zur Verfügung.

Am einfachsten ist es, das zuletzt gelöschte Grundelement (wie Strecke, Kreis etc.) zu reaktivieren. Dies geschieht mit der Funktionstaste [F6] bzw. dem Menüpunkt [LÖSCHEN] [ZURÜCK], unabhängig von Voreinstellungen oder von eventuellen Aktionen, die Sie nach dem Löschen vorgenommen haben.

Sollen jedoch ganze Zeichnungsdetails nach dem Löschen wieder reproduziert werden, so muß im Menüpunkt [PARAMETER] [SICHERUNGSKOPIE VOR] im Bereich „Löschen-Menü" die jeweilige Funktion (wie z.B. „Ausschnitt", „Kontur", „alles löschen") aktiviert sein. Wenn Sie beispielsweise Zeichnungsdetails durch Festlegung eines Ausschnitts gelöscht haben, muß der Schalter Ausschnitt aktiviert („angekreuzt") sein. Dies bewirkt, daß CADdy vor dem Löschvorgang mit einer dieser Funktionen eine Sicherungskopie des aktiven Bildes anlegt und dies in der Promptzeile protokolliert. Das

Reproduzieren eines so gelöschten Bildes mit der Funktion [LÖSCHEN] [ZURÜCK] ist nur in unmittelbarem Anschluß an das Löschen möglich, nicht mehr jedoch nach dem Verlassen des Menüs [LÖSCHEN].

Kontrollieren Sie deshalb Ihre Einstellungen unter [PARAMETER] [SICHERUNGS-KOPIE VOR] im Menü [LÖSCHEN]. Besonders weniger routinierte CADdy-Anwender sollten alle Schalter dieses Menüs aktivieren.

2.5 Praxisfall

In den ersten Projektschritten haben Sie alle Voreinstellungen für die Projektarbeit getroffen, die zu belegenden Folien eingerichtet und ein Projektverzeichnis angelegt. Um das Projekt OPTIKA.PRJ aus dem Verzeichnis C:\CADDY\OPTIKA\ zu aktivieren, wählen Sie im Hauptmenü den Menüpunkt [PRJ WECHSEL], der eine Maske existierender Projekte auf dem Bildschirm anzeigt. Klicken Sie das Projekt OPTIKA.PRJ an, und verlassen Sie die Maske mit [ENDE].

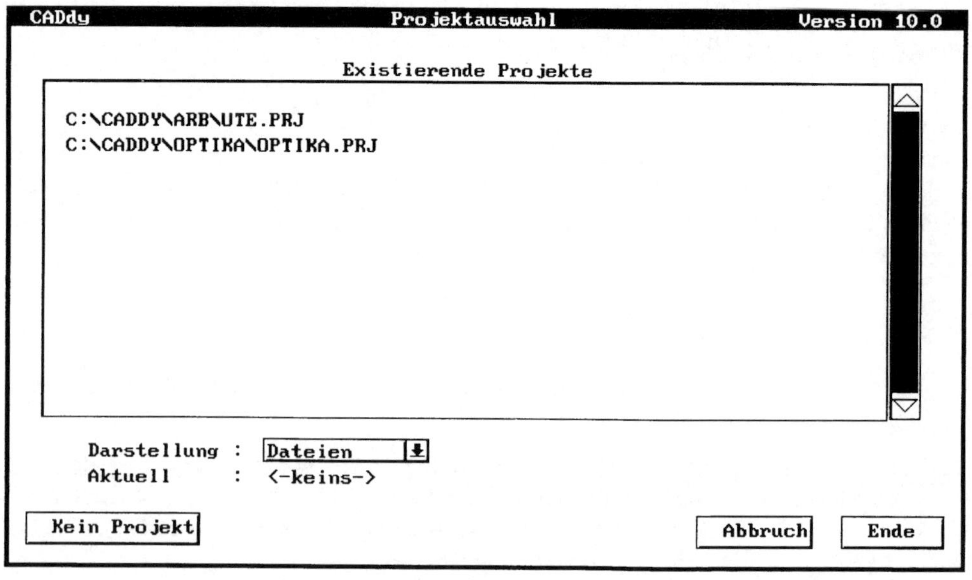

Bild 2-19 CADdy-Maske Projektauswahl

Die Zeichnungserstellung im OPTIKA-Projekt beginnt mit dem Erzeugen der Schraubfassung. Dabei soll zunächst nur die Kontur berücksichtigt werden. Alle Symbole, Schraffur- und Mittellinien, Texte, Maße und das Normblatt werden noch außer acht gelassen. Bild 2.21 zeigt den Arbeitsstand, der nach diesem Schritt erreicht sein soll.

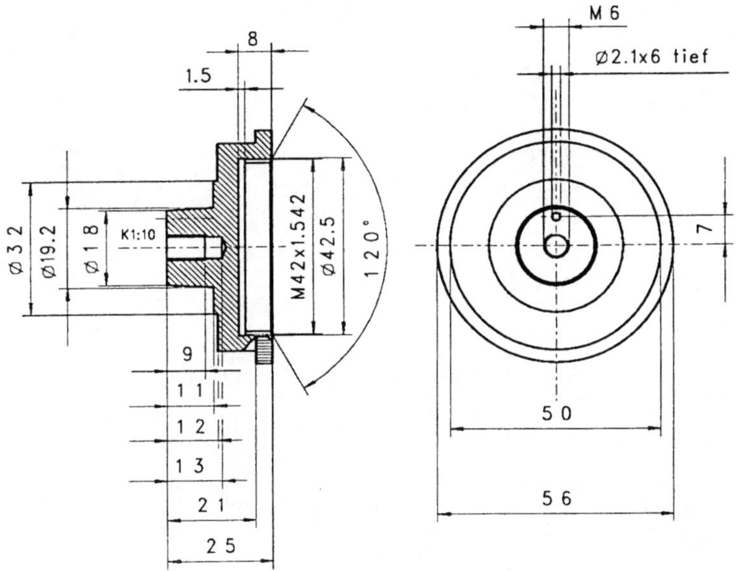

Bild 2-20 Teilzeichnung 1: Schraubfassung

Beginnen Sie mit der Erstellung der Draufsicht. Als Blattformat soll A4-hoch gewählt werden. Die Arbeitsfolie ist die Folie 1. Es werden sechs konzentrische Kreise mit dem ausgewiesenen Durchmesser erzeugt. Der Mittelpunkt soll sich in der oberen Blatthälfte befinden.

Die weiteren Details der Draufsicht werden in einem späteren Kapitel erstellt.

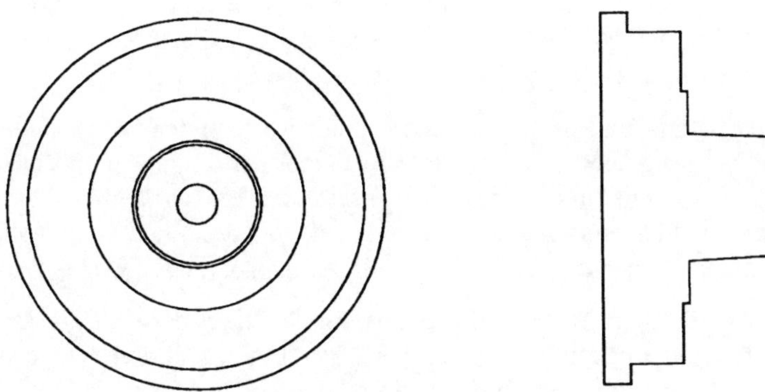

Bild 2-21 Teilkonstruktion der Schraubfassung

Um die Vorderansicht zu erzeugen, können Sie sowohl die Funktionen für Strecken als auch für Polygone nutzen. Den Abstand zur Draufsicht sollten Sie als relativen Abstand zum Mittelpunkt der konzentrischen Kreise mit mindestens 60 mm angeben. Vergessen Sie dabei nicht, den Arbeitsstand ca. alle 15 Minuten zu sichern.

Nachdem Sie den im Bild 2.21 gezeigten Arbeitsstand erreicht haben, speichern Sie Ihr Bild ohne Pfadangabe unter dem Namen „Teil01" ab. Verlassen Sie anschließend das Projekt auf dem Menüpfad [PRJ WECHSEL] [KEIN PROJEKT].

2.6 Aufgaben

1. Welcher Unterschied besteht zwischen dem Sichern einer Datei und deren Speichern?
2. Welche besonderen Eigenschaften besitzt das Polygon gegenüber der Einzelerzeugung von Strecken?
3. Welche Möglichkeiten gibt es, einmal gelöschte Elemente oder Elementgruppen rückgängig zu machen?

2.6.1 Lösungen

1. Beim Sichern wird im aktuellen Arbeitsverzeichnis das aktuelle Bild unter dem Namen SCR1.PIC gespeichert. Bei nochmaligem Sichern erfolgt die Umbenennung von SCR1 in SCR2 und gegebenenfalls von SCR2 in SCR3. Es sind damit maximal 3 Versionen zu sichern. Beim Speichern muß ein Bildname angegeben werden. Außerdem kann ein beliebiger Pfad für die Datei vorangestellt werden.
2. Beim Erzeugen eines Polygons wird nach der Angabe eines Startpunkts nur der Endpunkt des neuen Elements festgelegt. Der Endpunkt ist immer der Anfangspunkt des neuen Elements. Dadurch entsteht ein zusammenhängender Streckenzug. Dieser kann im nachhinein gemeinsam oder einzeln bearbeitet werden. Bei der Erzeugung von Strecken ist für jede Strecke immer ein Anfangs- und ein Endpunkt festzulegen.
3. Nach dem Löschen einzelner Elemente kann dieses über die Funktion [ZURÜCK] aus dem [LÖSCHEN]-Menü oder mit Hilfe der Funktionstaste [F6] regeneriert werden. Nach dem Löschen von Elementgruppen besteht die Möglichkeit, die vor dem Löschen generierte Version (unter dem Namen @@UNDO@@.PIC) neu einzulesen. Voraussetzung ist die entsprechende Parametereinstellung „Sicherungskopie vor löschen".

3 Funktionen zur Zeichnungserstellung

Sie haben bis jetzt die grundlegenden Erzeugungsfunktionen von CADdy kennengelernt. Damit können Sie einfache Zeichnungen konstruieren und auf dem Monitor darstellen. Technische Zeichnungen benötigen aber Konturen wie tangentiale Übergänge, Freihandlinien, Schraffuren, Mittellinien u.a., die komplizierter aufgebaut sind.

3.1 Erzeugungsfunktionen

Bereits das Grundpaket stellt eine Vielzahl von Funktionen zur Verfügung, mit denen Sie technische Zeichnungen oder Grundrisse erstellen können. Speziell an den Anforderungen des Maschinenbaus ausgerichtet ist das CADdy-Modul Konstruktion, das Sie mit der Menüfolge [ANWENDUNGEN] [KONSTRUKT.] aufrufen. Dieses Modul vereinigt alle Funktionen des Grundpakets in sich und stellt zusätzliche branchenspezifische Menüs bereit. Im folgenden wird hauptsächlich auf dieses Modul Bezug genommen, Sie können jedoch stets zwischen dessen Funktionen und denen des Grundpakets im Hauptmenü wählen.

Das Konstruktionsmodul kann ohne Umweg über das Hauptmodul direkt beim CADdy-Start aufgerufen werden, indem Sie statt der Eingabe CADDY dem Programmaufruf ein Branchenkürzel (in diesem Fall K für Konstruktion), durch ein Leerzeichen getrennt, anfügen. Auf diese Weise wird gleichzeitig eine modulabhängige Definitionsdatei namens K.DEF aktiviert. Damit auch in dieser Umgebung Ihre vorher getroffenen Einstellungen wirksam bleiben, müssen Sie zusätzlich die Datei TEST.DEF im Menüpunkt [PARAMETER] anwählen und einlesen.

3.1.1 Tangenten und tangentiale Übergänge

Tangenten sind Strecken, die mindestens mit einem Ende an einem Kreis, einem Kreisbogen, einer Ellipse oder einem Ellipsenbogen anliegen. Dieses Geometrieelement ist z.B. bei gerundeten Kanten, Paßfedernuten und anderen Kreis-Strecken-Übergängen erforderlich. Das Ermitteln des exakten Übergangspunkts würde beim Konstruieren einer Tangente geraume Zeit in Anspruch nehmen. Zu diesem Zweck stellt CADdy eigene Funktionen zur Verfügung.

Eine Tangente ist in ihrer Grundgeometrie eine Strecke. Demzufolge ist der Menüpunkt [TANGENTIAL] auch im Strecken-Menü zu finden. Da es verschiedene Ausgangsfaktoren gibt, um eine Tangente zu beschreiben, bietet CADdy drei verschiedene Menüpunkte an.

Damit Sie mit dem Vorgehen bei der Erzeugung von Tangenten vertraut werden, erzeugen Sie auf einem leeren Bildschirm fünf Kreise, wie in Bild 3-1 dargestellt. Benutzen

Sie dazu einen Radienwert von jeweils 30 mm, und positionieren Sie die Mittelpunkte mit dem Cursor.

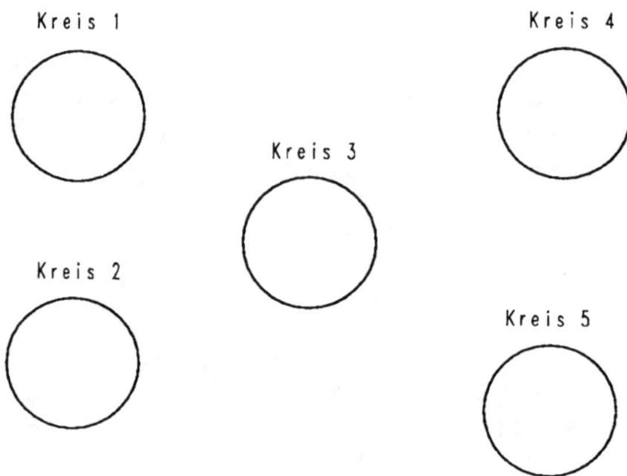

Bild 3-1 Übung zur Tangentenerzeugung

Diese Kreise sollen mit Tangenten verbunden werden. Rufen Sie aus dem Hauptmenü die Menüfolge [ERZEUGEN] [STRECKE] [TANGENTIAL] [PKT + KR/ELL] auf. [PKT + KR/ELL] bedeutet, die Tangente wird ausgehend von einem zu definierenden Punkt und endend an einem existierenden Kreis bzw. einer existierenden Ellipse gebildet. CADdy fragt Sie nach dem Anfangspunkt, an dem die Tangente beginnen soll. Setzen Sie diesen Punkt mit dem Cursor zwischen die Kreise 1 und 2. Bei professionellen Anwendungen müssen Sie natürlich eine genauere Punktdefinitionsmethode wählen. Nun benötigt CADdy das Kreis- oder Ellipsenelement, an dem die Tangente angelegt werden soll. Diese Information geben Sie mit dem Fangcursor ein. Sie wählen damit nicht nur das Element selbst aus, sondern auch die Seite, an der die Tangente angelegt werden soll. Tippen Sie als Beispiel den Kreis Nummer 1 an der oberen Seite an, und Sie erkennen, daß die tangentiale Strecke auch zu dieser Seite des Kreises zeigt. Es empfiehlt sich, den Kreis oder die Ellipse immer in der Nähe des Punktes anzuwählen, an dem nach Ihrer Konstruktion auch die Tangente angelegt werden muß. Üben Sie die Tangentenerzeugung an den fünf Kreisen auf Ihrem Bildschirm.

Eine Tangente zwischen zwei Kreisen oder Ellipsen wird durch Anwahl des Menüpunkts [TANGENTIAL] [2 KR/ELL] erzeugt. Dabei benötigt das Programm nur zwei Kreise oder Ellipsen, die Sie nacheinander mit dem Fangcursor festlegen. Achten Sie wieder auf die Seite, an der Sie die ausgewählten Elemente antippen. Verbinden Sie im Beispiel die Kreise 2 und 3 mit zwei Tangenten, die sich wie in Abbildung 3-2 an die Kreise anlegen.

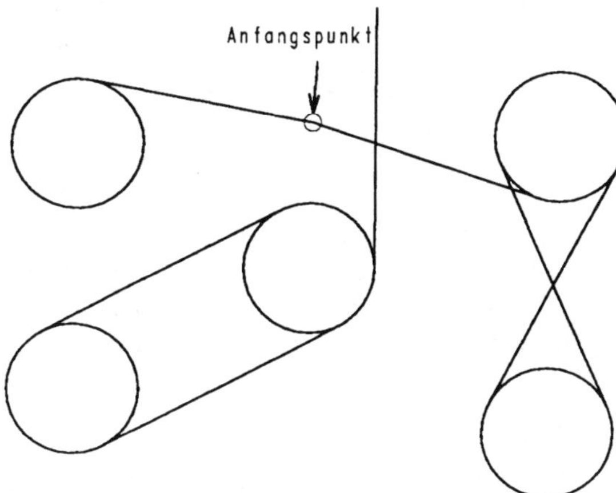

Bild 3-2 Tangentenerzeugung

Erzeugen Sie weiterhin eine tangentiale Verbindung zwischen den Kreisen 4 und 5. Entnehmen Sie die Lage der Tangenten ebenfalls der Abbildung 3-2. Beenden Sie die Funktion mit der rechten Maustaste.

Die dritte Variante der Tangentenerzeugung geht von der Annahme aus, daß Ihnen nur die Winkellage und die Länge der Tangenten bekannt sind. Diese Funktion wird durch Aktivierung des Menüschalters [TANGENTIAL] [KR.WI.LÄN] aufgerufen. Zur Demonstration dieser Variante soll am Kreis Nummer 3 eine senkrecht nach oben zeigende Tangente erzeugt werden. Sie soll 30mm lang sein und an der rechten Seite des Kreises anliegen. Geben Sie nach dem Aufruf der Funktion für die Länge einen Wert von 30 und für den Winkel einen Wert von 90° zur X-Achse ein. Zum Abschluß tippen Sie den Kreis 3 an der rechten Seite an und erzeugen somit die gewünschte Tangente.

Durch die Kombination der Werte für Länge und Winkel und der Möglichkeit, negative Längen- und (oder) Winkel anzugeben, ergibt sich für alle Aufgaben immer die richtige Lösung.

Eine weitere Funktion im Bereich der Tangenten ist der tangentiale Übergang. Er wird benutzt, wenn an Enden einer Strecke oder eines Kreisbogens ein Kreisbogenteilstück tangential angefügt werden muß, ohne daß Radienwert oder Mittelpunkt des Bogens bekannt sind. Damit werden z.B. Durchbrüche mit verschieden großen Durchmessern sehr realistisch in der Zeichnung nachgebildet. Die Funktion ist über die Menüfolge [ERZEUGEN] [KREIS] [TANG.BOGEN] zu erreichen. Als Anfangselement muß eine Strecke oder ein Kreisbogen vorhanden sein, an dem sich das Kreisbogenteilstück anschließt. Dieses Element müssen Sie an dem Ende identifizieren, an dem auch der tangentiale Bogen angefügt werden soll. Zum Abschluß bestimmen Sie noch mit dem Punktdefinitionsmenü den Endpunkt des Tangentialbogens. Dabei fragt Sie CADdy nach einem „Polygon-Punkt: “. Bei erneutem Setzen eines Endpunktes wird der Bogen vom letzten gesetzten bis zum neuen Endpunkt weiterverfolgt. Sie können eine weiche, tangential überleitende Kreisbogenfolge erzeugen.

Als Tangenten können auch Kreise oder Kreisbögen betrachtet werden, die tangential an andere Objekte angelegt, also neu erzeugt werden sollen. Die nächste Übung soll dies verdeutlichen: Löschen Sie dazu den Bildschirm mit [LÖSCHEN] [ALLES] im CADdy-Hauptmenü. Erzeugen Sie auf der Zeichenfläche ein Rechteck mit den Maßen X=200; Y=100. Im Kreis-Menü befinden sich mehrere Optionen, die Tangentialfunktion von Kreisen und Kreisbögen zu nutzen. Welcher Kreismenüpunkt dazu zu wählen ist, hängt von den vorhandenen Zeichenobjekten ab (z.B. Rechteck) und den zur Verfügung stehenden Werten des Kreises oder Kreisbogens (z.B. Radius). Wenn Sie von dem gerade erzeugten Rechteck die Ecken mit einem Radienwert von 20 mm ausrunden wollen, besitzen Sie Informationen über den Radius und zwei anliegende Objekte.

Wechseln Sie in das Menü zum Erzeugen von Kreisen. Stellen Sie den Wahlschalter [Vollkreis j/n] auf „n“, da es sich bei Ausrundungen um Kreisbögen handelt. Wählen Sie nun nacheinander die Menüpunkte [RADIUS+] und [2 OBJEKTE], und geben Sie als erstes den Radienwert 20 an. Bei der nachfolgenden Auswahl der anliegenden Objekte (im Beispiel sind dies die anliegenden Strecken) müssen Sie diese entgegen dem Uhrzeigersinn definieren. Beide Objekte schließen den Kreisbogen ein. Das Programm erkennt die Winkellage der Tangentenpunkte und fragt deshalb nicht nach Winkelwerten.

3.1.2 Erzeugen von Parallelen

Die Erzeugung von Parallelen ist eine der meistgenutzten Konstruktionsmethoden bei technischen Zeichnungen. Parallelen sind Geometrieelemente, welche sich von einem Originalelement nur durch einen festgelegten Abstand unterscheiden. Werden Parallelen zu einem Objekt erzeugt, so übernimmt CADdy die Größe, die Ausrichtung und andere Eigenschaften des Originals.

Wurde schon eine Kontur, d. h. mehrere zusammengehörende Elemente (z.B. ein Rechteck) erzeugt, und soll zum Umriß dieser Parallelkontur eine adäquate Kontur erstellt werden, so kann die zuvor genannte Parallelenerzeugung nur in Zusammenhang mit Nachbearbeitungsfunktionen genutzt werden.

Dafür bietet CADdy einen weiteren Menüpunkt [PARALLELE] [KONTUR] an. Dabei berechnet das Programm automatisch das Längenverhältnis von Originalkontur und Abstand und ermittelt die Kantenlängen, die zu einer vergrößerten oder verkleinerten geschlossenen Konturkopie führen. Diese Kontur muß der Anwender mit dem Fangcursor definieren; es darf sich dabei um einen offenen oder geschlossenen Linienzug handeln.

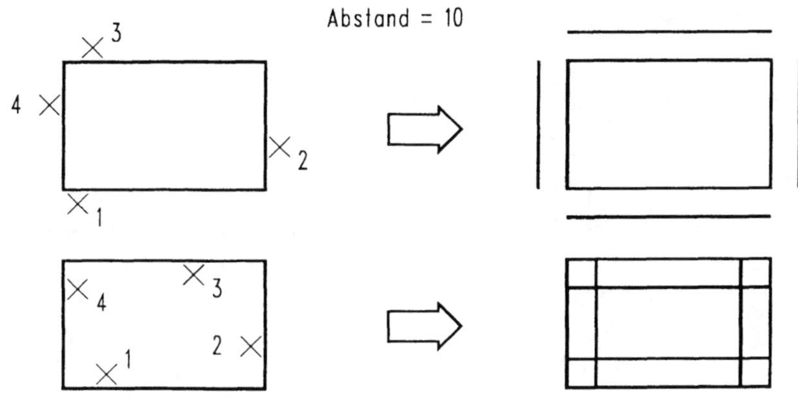

Bild 3-3 Erzeugen paralleler Objekte

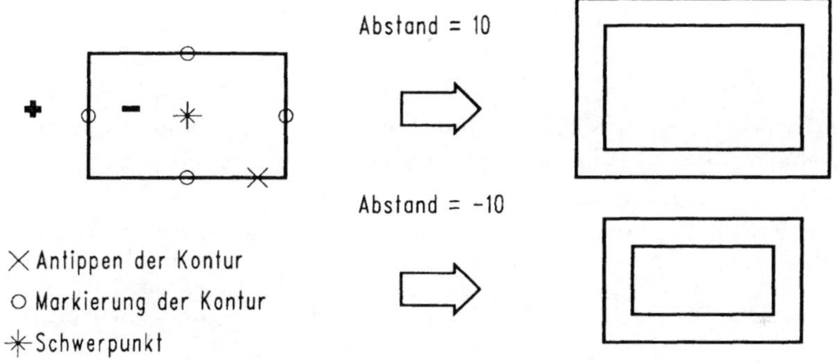

Bild 3-4 Erzeugen paralleler Konturen

Um sich mit den zuvor genannten Funktionen vertraut zu machen, lesen Sie die Zeichnung „BSP01" ein.

An dieser Stelle einige Überlegungen zur Folientechnik (vgl. auch Kapitel 7.3.3): Es muß geklärt werden, ob die zu erzeugende Parallelkontur auf der gleichen Folie gespeichert werden soll wie die Originalkontur. In CADdy ist es nämlich möglich, Elemente, die zu einer Gruppe gehören, auf Folien abzulegen. Dies hat unter anderem den Vorteil, daß Sie eine Gruppe (z.B. Schraffur, Bemaßung) kurzzeitig ausblenden können. Durch die Definition der Arbeitsfolie (mit der Menüfolge [FOLIEN] [ARB.-FOLIE]) ist festgelegt, auf welcher Folie die gerade erzeugten Elemente abgelegt werden. Alle nach Eingabe der Foliennummer erzeugten Elemente werden auf dieser so definierten Folie abgelegt. Rufen Sie diese Menüfolge auf, und geben Sie in der Eingabezeile als Foliennummer diejenige ein, die Sie zur Arbeitsfolie erklären möchten. Beim Start des Programms ist immer die Folie Nummer 1 gewählt, auf der auch alle Zeichnungen, die Sie bisher erzeugt haben, zu finden sind.

Für die Parallelkontur soll die gleiche Folie gelten wie für die Originalkontur. Dies können Sie vom Hauptmenü aus mit der Menüfolge [PARAMETER] [GRUNDEINSTELLUNGEN] überprüfen. In dem Abschnitt [ÄNDERN] gibt es die Option [PARALLELEN ARBEITSFOLIE], die festlegt, ob (Schalterstellung auf „j“) alle erzeugten Parallelen auf der gerade aktuellen Arbeitsfolie erzeugt werden oder ob (bei Schalterstellung „n“) die Folie des Originalelements auch für die Kopie gelten soll. Wählen Sie „n“, verlassen Sie die Parametermaske, und begeben Sie sich ins Hauptmenü zurück.

Die Erzeugung von Parallelen erfordert zwei Teilschritte. Zuerst müssen Sie von der Tastatur aus den Abstand der Parallelen zum Originalobjekt eingeben; anschließend legen Sie das Originalelement fest. Die Lage des Fadenkreuzes zum Originalobjekt bestimmt, auf welcher Seite die Parallele erzeugt wird.

Für das Beispiel BSP01 sollen auf diese Weise noch einige Strecken erzeugt werden. In der Ansicht von links fehlt noch die zweite waagerechte Strecke von unten in einer Höhe von 10 mm. Diese Strecke läßt sich mit der Menüfolge [ERZEUGEN] [PARALLELE] [OBJEKT] schnell erzeugen. Geben Sie als Abstand den Wert 10 ein. Nun müssen Sie die untere Waagerechte in der Ansicht von links antippen. Achten Sie darauf, daß die Mitte des Fadenkreuzes über der Waagerechten liegt, damit auch die Parallele oberhalb des Originals erzeugt wird. In der Ansicht von vorn können Sie dieselbe Methode anwenden, bis Ihre Zeichnung wie auf Bild 3-5 dargestellt aussieht. Sollten Sie einmal eine Parallele auf der falschen Seite erzeugt haben, nutzen Sie die Funktion zum Löschen eines beliebigen Objekts oder die Funktionstaste [F5], um die Ausgangszeichnung wiederherzustellen.

Wie etwas zu lang geratene Strecken verändert werden, wird in Kapitel 4 behandelt. Nutzen Sie vorerst die zu langen oder zu kurzen Strecken für die Parallelenerzeugung.

Die Anpassung an die richtige Länge erfolgt mit Hilfe von Änderungsfunktionen. Diesen Umstand nutzen wir, um auch die Bohrungen in der Vorderansicht einzubringen. Erzeugen Sie weitere Parallelen, um die Umrisse der Bohrungen darzustellen. Der Stand nach dieser Veränderung ist in Bild 3-6 dargestellt.

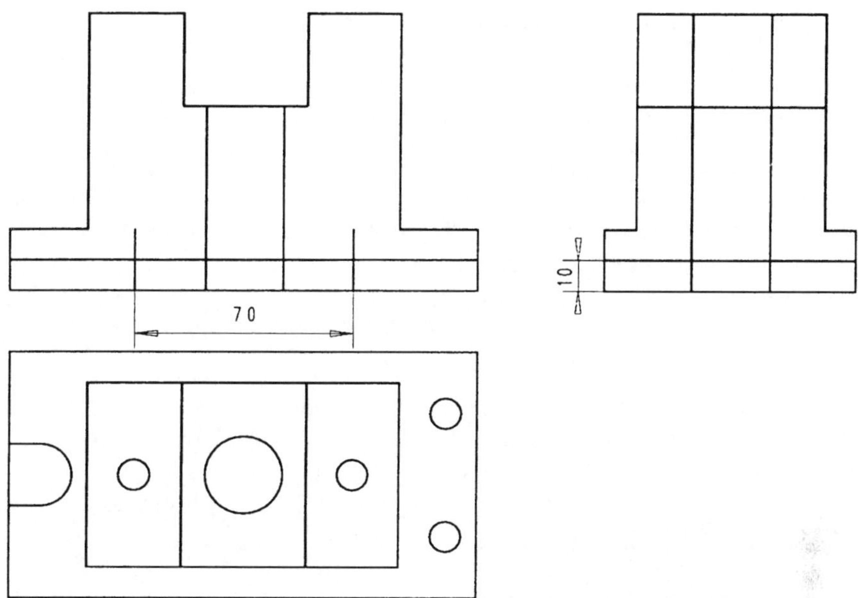

Bild 3-5 Parallelenkonstruktion in Beispiel 01

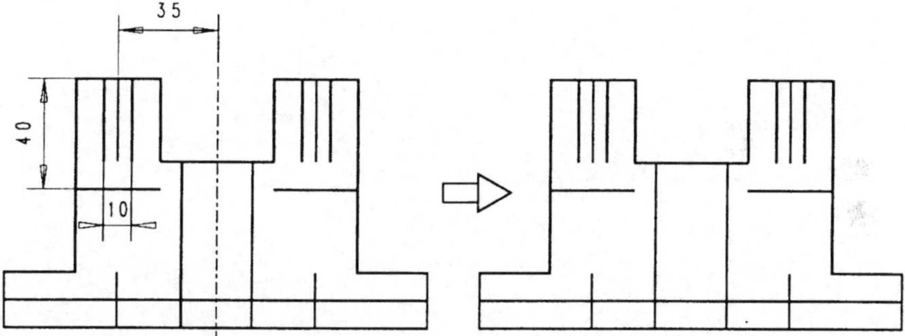

Bild 3-6 Beispiel 01 nach Parallelenkonstruktion

3.1.3 Mittellinien

Mittellinien haben in CAD-Zeichnungen, besonders technischer Natur, bestimmte Eigenschaften: Sie werden normgerecht mit der Linienart Strichpunkt gezeichnet und mit einem Überhang über Körperkanten dargestellt. Das Modul Konstruktion hat einen eigenen Menüpunkt zur Erzeugung von Mittellinien. Das Konstruktionsmodul wird aus dem Hauptmenü mit dem Menüpunkt [KONSTRUKT.] geladen. Die Funktionen zur Mittellinienerzeugung finden Sie dort im Menü [MIT.LINIEN].

Neu erzeugte Mittellinien werden auf einer voreingestellten Folie abgelegt. Diese kann in dem Menü [MIT. LINIEN] [FOLIE] definiert bzw. geändert werden. Durch die Wahl einer Foliennummer legen Sie fest, auf welcher Folie die Mittellinien erzeugt oder abgelegt werden. Wir nutzen die schon in Kapitel 1 definierte Folie 4.

Die für Mittellinien verwendete Strichpunktlinie kann mit dem Menüpunkt [LINIEN-ART] gewählt werden. Ferner steht eine Funktionen zur Verfügung, die Mittellinien um einen bestimmten Wert verlängert. Damit das Programm den Wert, um den verlängert werden soll, erkennt, muß dieser als Überhang definiert sein. Nach Anwahl des Schalters [ÜBERHANG] kann er mit der Tastatur eingegeben werden. Er erscheint zur Kontrolle unterhalb des Schalters in einer eigenen Zeile. Stellen Sie die Werte auf Ebene 4, Linienart strichpunktiert und 4 mm Überhang ein.

In der Draufsicht unseres Beispiels gibt es sechs Kreise, die durch Mittellinien zu kennzeichnen sind. Um schon bestehende Kreise oder -bögen mit einem Mittellinienkreuz zu versehen, besitzt CADdy den Menüpunkt „Kreis markieren“, [KREIS MARK.].

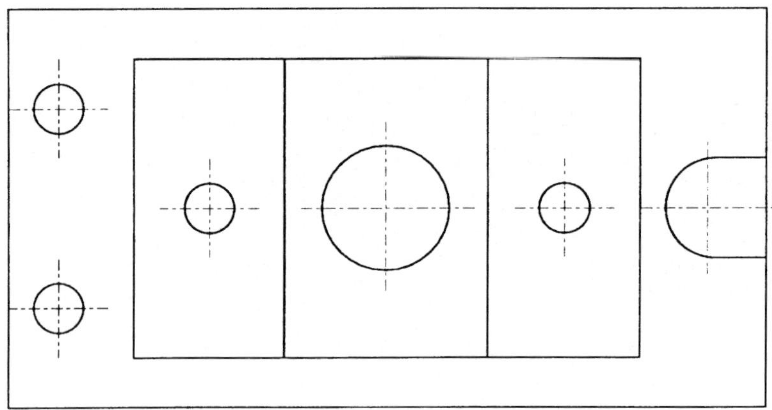

Bild 3-7 Funktion [KREIS MARKIEREN]

Nach Aktivierung dieses Menüpunkts fragt CADdy nach dem Kreis, der mit Mittellinien versehen werden soll. Tippen Sie nacheinander die einzelnen Kreise in der Draufsicht an. Die Mittellinienkreuze werden nun automatisch erzeugt.

Ferner sollen in der Ansicht von vorn und von links gerade Mittellinien eingetragen werden. Um diese noch zu erstellenden Strecken sofort als Mittellinien zu erzeugen, befindet sich im Mittellinien-Menü der Schalter [STRECKE]. CADdy verzweigt an dieser Stelle in das schon bekannte Streckenmenü, behält aber die Voreinstellungen für Mittellinien bei. Erzeugen Sie hier mit dem Menüpunkt [STRECKE][2 PUNKTE] die fehlenden Mittellinien. Beachten Sie dabei jedoch, daß der Überhang hier nicht automatisch erzeugt wird, da Sie die Länge der ursprünglichen Strecke mit der Punktdefinition festgelegt haben. Sie müssen deshalb den Überhang zur Streckenlänge bzw. Punktposition hinzuaddieren. Dazu können Sie für den ersten Punkt auf die Funktionen [REL.BELIEB.] und [MITTE], für den zweiten Punkt auf [REL. LETZTE] der vorhandenen Elemente zurückgreifen, indem Sie den Überhang in Millimetern als X- oder Y-Wert bei den Punktbestimmungen eingeben.

Haben Sie Mittellinien in einer Zeichnung bereits als gewöhnliche Strecken erzeugt, können Sie diese mit der Option [ANTIPPEN] im Mittellinienmenü in Mittellinien umwandeln. Die ausgewählten Elemente werden dabei auf die definierte Folie verschoben, als Mittellinie angezeigt und zu beiden Seiten mit einem Überhang versehen. Auch Kreise können Sie „antippen", nur erhalten diese keine Verlängerung. Die Verschiebung auf die Mittellinienfolie erfolgt aber auch bei Kreisen.

Verändern und komplettieren Sie die Darstellung Ihres Beispiels nach Vorgabe des Bildes 3-8, um sich mit den beschriebenen Verfahrensweisen vertraut zu machen.

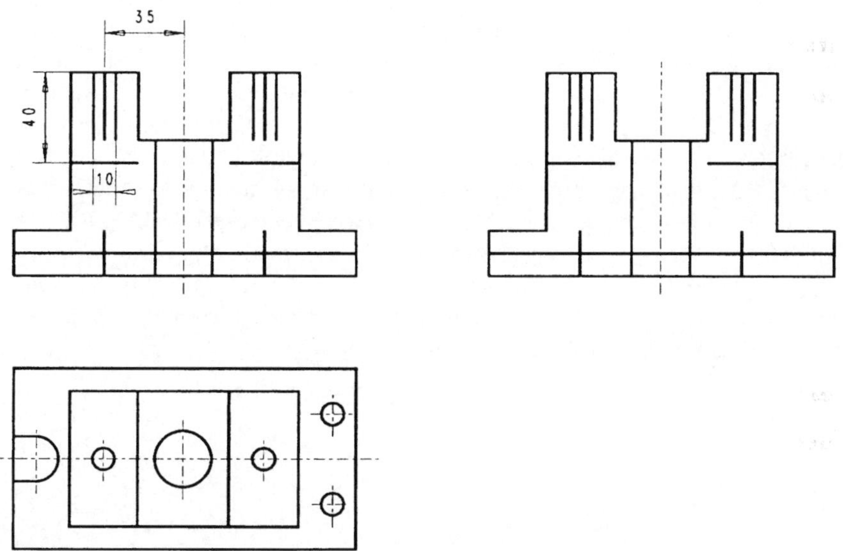

Bild 3-8 Mittellinienerzeugung am Beispiel 01

3.2 Hilfskonstruktion zur Zeichnungsunterstützung

Die Hilfskonstruktion ist eine weitere Methode, die die Arbeit mit einem CAD-System vereinfacht. Alle Elemente, die Sie mittels der Hilfskonstruktion erzeugen, sind Hilfselemente und werden auf einer speziellen Folie abgelegt. Sie hat die Nummer 512 und wird nachfolgend nur noch Hilfsfolie bezeichnet. Ihre Handhabung entspricht der aller anderen Folien. (Spezielle Funktionen zum Verändern und zum Umgang mit Folien lernen Sie in Kapitel 7.3.3 kennen.) Alle Elemente auf der Hilfsfolie sollten immer nur als Hilfselemente genutzt werden, nie als Konturelemente. Standardmäßig haben Hilfskonstruktionen die Linienart Punktlinie.

Mit der Hilfskonstruktion lassen sich (ohne Nutzung von Absolutangaben) sehr einfach Punkte zur Erzeugung von Konturelementen erstellen. Meist sind dies Schnittpunkte, die sich aus zwei sich schneidenden Hilfsgeraden ergeben. Diese Hilfsgeraden sind Elemente, die keine Anfangs- oder Endbegrenzung besitzen. Sie werden nur durch die Ränder des Arbeitsblatts begrenzt. Hilfselemente dienen zum Erzeugen von fangbaren Konstruktionspunkten.

Die Funktionen im Hilfskonstruktionsmenü sollen anhand der Zeichnung „BSP01" näher betrachtet werden. Die hier verwendeten Absolutangaben und Relativkoordnaten bei der Punktbestimmung erforderten die Eingabe sehr vieler Werte, um einige wenige Strecken zu konstruieren. Eine Hilfskonstruktion beschleunigt dieses Verfahren wesentlich.

Entfernen Sie dazu zunächst alle auf dem Bildschirm sichtbaren Elemente mit der Funktion [LÖSCHEN] (verwenden Sie *nicht* den Punkt [ALLES]). Um auch die bei diesem Verfahren erforderliche Reihenfolge einzuhalten, sollten Sie zuerst die Ausgangslinien anlegen. Rufen Sie dazu das Menü für Hilfskonstruktion mit dem Menüpunkt [HILFSKONSTR] auf. Die Konstruktion soll mit der Ansicht von vorn beginnen. Als Ausgangslinie wählt man meist eine waagerechte oder senkrechte Kante der Ansicht, von der die meisten Bemaßungen ausgehen. In dieser Ansicht soll dies die obere waagerechte Begrenzung des Werkstückes sein. Um sie als Hilfselement zu erzeugen, wählen Sie den Menüpunkt [HORIZONTALE]. CADdy fordert Sie auf, mit dem Punktdefinitionsmenü einen Punkt auf der Zeichenfläche zu definieren, durch den die waagerechte Linie verlaufen soll. Wählen Sie die Funktion [CURSOR], und bestimmen Sie einen Punkt, der in der oberen Hälfte der Zeichenfläche liegt (siehe Bild 3-9).

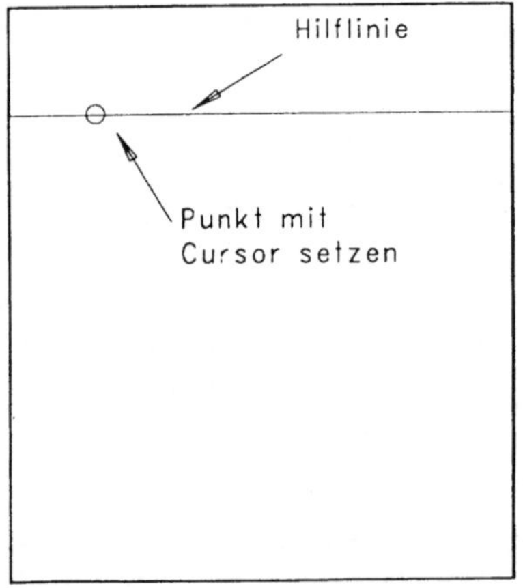

Bild 3-9
Nutzung der Hilfskonstruktion

Um die Schnittpunkte zu konstruieren, benötigen Sie zudem eine senkrechte Hilfsgerade. Diese kann mit dem Menüpunkt [VERTIKALE] erzeugt werden. Legen Sie erneut mit der Punktdefinitionsmethode [CURSOR] einen Punkt an der linken Seite des Bildschirmes fest. Sie haben jetzt ein Achsenkreuz, bestehend aus zwei Hilfsgeraden, von dem aus alle weiteren Hilfselemente parallel erzeugt werden können. Rufen Sie dafür die Menüschalter [PARALLEL] [VAR. ABST] auf. Die Auswahl „Variabler Abstand" sorgt dafür, daß Sie durch eine einmalige Identifizierung, ausgehend von einem Original, mehrere parallele Hilfsgeraden mit unterschiedlichem Abstand erzeugen können. Durch die Identifikation der waagerechten Hilfsgeraden und die Positionierung des Fadenkreuzes unterhalb dieses Elements haben Sie das Original und die Richtung der Parallelen festgelegt. Sollten Sie die falsche Seite des Elementes ausgewählt haben, können Sie durch Eingabe negativer Abstandswerte die Abstände zur entgegengesetzten Seite abtragen lassen. Geben Sie nacheinander folgende Abstandswerte ein, um die waagerechte Hilfsgerade zu erzeugen:

30 ; 70 ; 80 ; 90

Die beiden Bohrungen sollen hier nicht berücksichtigt werden. Von der vertikalen Hilfslinie aus erzeugen Sie ebenfalls Parallelen mit variablem Abstand und folgenden Werten zur rechten Seite des Elements:

20 ; 75 ; 150

Um die noch fehlenden Vertikalen zu erzeugen, nutzen Sie eine weitere Parallelenfunktion von CADdy. Aus dem Hilfskonstruktionsmenü wählen Sie die Funktion [PARALLELE] [KONST.ABST]. Damit können Sie Hilfsgeraden von mehreren Elementen erzeugen, die immer den gleichen, vorher festgelegten Abstand vom Original aufweisen. Im Beispiel sind die linke und rechte Seite der Aussparung jeweils 20 mm von der Mittellinie entfernt. Der Abstand beider Linien ist also identisch. Geben Sie für den Abstand den Zahlenwert 20 ein, und tippen Sie die Mittellinie zweimal an. Dabei müssen Sie die Mittellinie das erste Mal identifizieren, wenn das Fadenkreuz rechts neben der Linie steht, und das zweite Mal, wenn Sie zur anderen Seite mit dem Fadenkreuz zeigen. Es werden zwei neue Linien erzeugt, jeweils rechts und links neben der Mittellinie im gleichen Abstand. Einen neuen Abstandswert können Sie eingeben, wenn Sie diese Funktion durch Klick mit der rechten Maustaste verlassen. In der Eingabezeile erscheint erneut die Aufforderung zur Abstandseingabe.

Wiederholen Sie diese Funktion mit anderen Werten, bis alle nötigen Hilfslinien erzeugt sind. Erzeugen Sie nur Hilfslinien, die Sie zur Definition von Punkten in der Ansicht von vorn benötigen. Wenn Sie zu viele dieser Elemente am Bildschirm darstellen, leidet darunter die Übersichtlichkeit der Konstruktion.

Verbinden Sie alle Schnittpunkte, die die äußere Kontur festlegen, nun mit dem Menüpunkt [ERZEUGEN] [POLYGON]. Sie werden feststellen, daß diese Methode schneller zum Erfolg führt. Vollenden Sie diese Ansicht, indem Sie neue Hilfslinien einbringen und nutzen Sie dabei die sich ergebenden Schnittpunkte. Orientieren Sie sich an Bild 3-10.

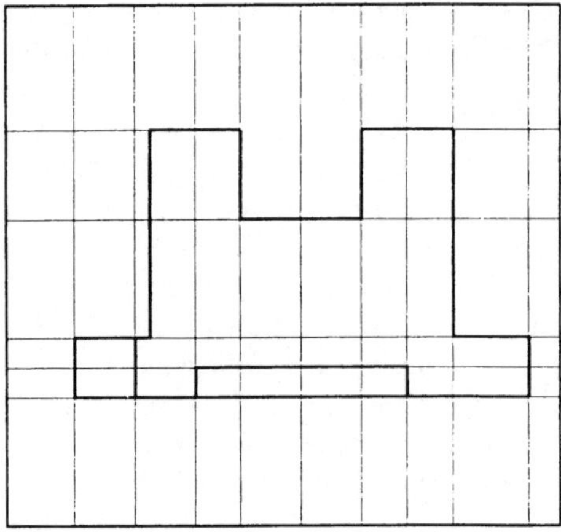

Bild 3-10
Anwendungsbeispiel zur Hilfskonstruktion

Alle Hilfselemente können im Menü [LÖSCHEN] entfernt werden. Einfacher ist es jedoch, zum Löschen die Folien zu verwenden. Rufen Sie deshalb aus dem Hauptmenü die Funktion [LÖSCHEN] auf. Um Folien zu löschen, wählen Sie die Auswahl [FOLIEN]. Es erscheint das Foliendefinitionsmenü, aus dem Sie durch einmaliges Antippen des Schalters [HILFS FO.] die entsprechende Hilfsfolie auswählen. Die Auswahl wird durch Asterisk (*) markiert. Wenn Sie dieses Menü mit dem Schalter [ENDE] verlassen, erfolgt eine Sicherheitsabfrage, in der Sie den Schalter [LÖSCHEN] anklicken. Sie haben damit alle Elemente, die sich auf der Hilfsfolie befanden, gelöscht.

Damit Sie die Lage der Ansicht von vorn z.B. auf die Draufsicht übertragen können, genügt es, vertikale Hilfslinien zu erzeugen, die durch die Endpunkte der Strecken verlaufen. Erzeugen Sie nun alle Ansichten dieser Zeichnung mit den Möglichkeiten, die Ihnen die Hilfskonstruktion zur Verfügung stellt.

3.3 Die Arbeit mit Ausschnitten

Sie werden bei der Auswahl von Elementen zum Erzeugen von Parallelen oder beim Auswählen eines Punktes sicher schon auf Schwierigkeiten gestoßen sein, dicht beieinanderliegende Elemente exakt zu identifizieren, da die Elemente auf dem Bildschirm teilweise ungünstig angeordnet sind. Um deren Darstellung zu verändern, können Sie in CADdy mit Ausschnitten arbeiten. Mit Hilfe dieser Menüfunktionen lassen sich ausgewählte Bereiche der Zeichnung auf dem Monitor vergrößert darstellen. Sie erreichen dieses Menü vom Hauptmenü aus über die Menüfolge [AUSSCHNITT] [ZOOMEN]. Den zu vergrößernden Bereich fixieren Sie, indem Sie zwei diagonal gegenüberliegende Punkte mit Hilfe des Fadenkreuzes am Monitor markieren. Diese Festlegung erfolgt mit dem Cursor.

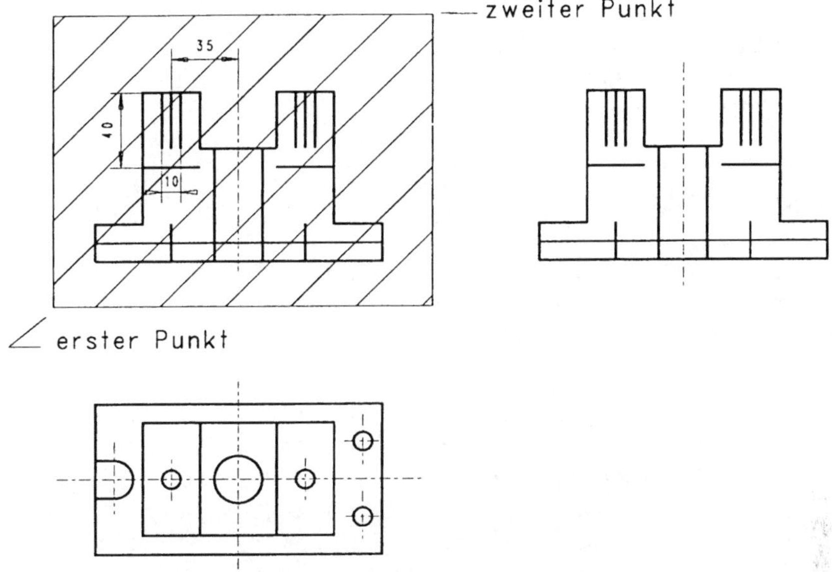

Bild 3-11 Festlegung eines Ausschnitts

Das Zurücksetzen der Bildschirmanzeige auf Originalgröße geschieht mit dem Schalter [ORIGINAL] im Ausschnitt-Menü. Sie können Zeichnungen auch mit Hilfe der Funktionstaste [F4] vergrößern bzw. mit [F3] auf Originalgröße verkleinern.

Wenn Sie mit sehr großen Zeichnungen arbeiten, können Sie bis zu zwanzig Ausschnitte als Einzelfenster definieren, die Sie über ihre Ordnungsnummer aufrufen können. Wählen Sie dazu die Menüfolge [AUSSCHNITT] [DEFINIEREN]. Legen Sie, wie schon beschrieben, zunächst den gewünschten Ausschnitt fest. Bei der ersten Definition nimmt CADdy eine automatische Numerierung der Fenster vor; diese können Sie durch Überschreiben Ihren Erfordernissen anpassen. Die auf diese Weise definierten Ausschnitte werden aus dem Ausschnitt-Menü mit der Menüfolge [AUSSCHNITT] [AUFRUFEN] und Angabe der gewünschten Nummer aufgerufen.

Eine zweite und schnellere Methode, einen Bildschirmbereich zu vergrößern, stellt das Displaylist-Menü zur Verfügung, das Sie mit der Tastenkombination [STRG]+[L] oder der mittleren Maustaste erreichen. Im Unterschied zum oben vorgestellten Vergrößerungsverfahren wird beim Displaylist-Verfahren der Ausschnitt nicht neu gezeichnet, sondern CADdy greift auf einen Hauptspeicherbereich zurück, in dem Bildschirmdarstellungen in regelmäßigen Abständen zwischengespeichert werden. Dadurch erklärt sich die im Vergleich zur Ausschnittsvergrößerung mit [AUSSCHNITT] [ZOOM] wesentlich höhere Geschwindigkeit. Der Menüpunkt [AUSSCHNITT] im Displaylist-Menü erfordert das gleiche Vorgehen wie der Zoom-Befehl: Auch hier legen Sie einen rechteckigen Bereich auf dem Bildschirm fest, der anschließend vergrößert dargestellt wird. Der Schalter [ORIGINAL] führt Sie zur ursprünglichen Darstellung des Arbeitsblatts zurück.

Wenn Sie mit Displaylist-Vergrößerungen arbeiten, erkennen Sie an der Markierung in der rechten unteren Bildschirmecke, an welcher Stelle der Zeichnung sich der gewählte Ausschnitt befindet: Dort wird immer die Zeichnung angezeigt, die sich vor dem Aufruf des Displaylist-Menüs am Bildschirm befand.

3.4 Praxisfall

Zur Weiterarbeit am Praxisfall müssen Sie das Projekt OPTIKA in der Projektverwaltung aufrufen. Vergessen Sie nicht, auch die früher getroffenen Voreinstellungen mit dem Aufruf der Datei OPTIKA.DEF zu aktivieren.

Das zweite Einzelteil des Zeichnungssatzes ist der Aufnahmebock. Die Einstellungen, die Sie für dieses Projekt in Kapitel 1 getroffen hatten, enthielten bereits Definitionen, die bestimmte Elemente eines Einzelteils Folien zuordneten. Die Elemente des Einzelteils 1 wurden auf den Folien 1 bis 20 abgelegt. Die Elemente des Aufnahmebocks werden nun auf den nächsten zwanzig Folien (Nr. 20 bis 39) plaziert. Um Ihre Informationsdatei den geänderten Voraussetzungen anzupassen, müssen Sie die Parametermaske aufrufen und in die Maske für die [FOLIEN] wechseln. In einem weiteren Fenster, das Sie durch Aktivieren des Schalters [SPEZ.FOLIEN...] aufrufen, haben Sie die Möglichkeit, Folien für spezielle Funktionen wie Schraffuren, Füllungen, Bemaßung u.a. zu definieren, damit CADdy diese Elemente auf den dafür vorgesehenen Folien ablegt. Für das zweite Einzelteil der Komplexaufgabe wurden nachfolgende Folienzuordnungen gewählt:

Arbeitsfolie	21
Schraffuren	31
Füllungen	30
Texte	35
Bemaßung	32

Geben Sie diese Werte ein, verlassen Sie die Maske, und speichern Sie die Voreinstellungen in einer INF-Datei mit dem Namen TEIL02.

Vergewissern Sie sich vor Beginn der Konstruktion, daß die Bildmaße auf DIN A4 Hochformat eingestellt sind.

Das zweite Teil des Projekts „OPTIKA“ ist mit „Aufnahmebock“ bezeichnet und umfaßt schon etwas komplizierte Formen. Studieren Sie diese Zeichnung zunächst, um eine passende Erzeugungsstrategie auszuarbeiten. Zunächst sollte die erste zu erzeugende Ansicht ausgewählt werden. Die Ansicht von vorn, links im Bild dargestellt, besitzt viele Ausrundungen, Kreise und Mittellinien. Die Ansicht von links hingegen besteht nur aus Geraden, die untereinander verbunden sind. Da man für die Ansicht von links alle Höhenwerte mit Hilfe einer Hilfskonstruktion (Horizontale) aus der Ansicht von vorn übernehmen kann, fällt die Wahl auf die Ansicht von vorn.

Die Reihenfolge bei der Erzeugung der einzelnen Elemente ist beliebig. Welche Abfolge von Funktionen Sie anwenden, hängt davon ab, welche Funktionen Ihnen vertraut sind und mit welchen Sie persönlich am besten umgehen können. Konstruieren Sie den Aufnahmebock mit allen Geometrieelementen bis zu dem Zustand, der im Bild 3-12 dargestellt ist. Die Radien 2,5 mm im Innenraum der Ansicht von vorn sollen vorerst weggelassen werden.

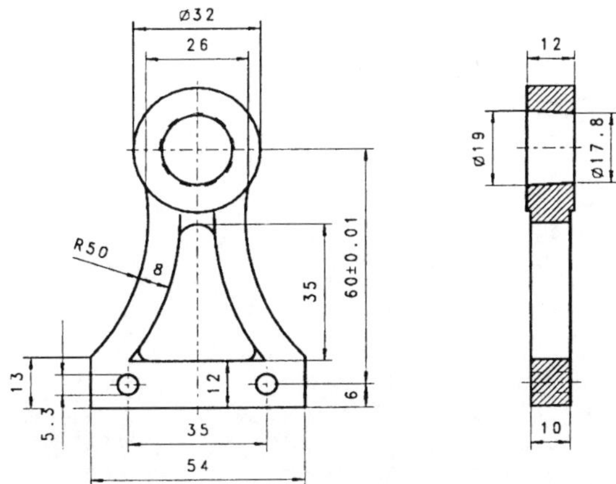

Bild 3-12 Vorläufiger Endzustand von Teil02

Achten Sie während des Erzeugens darauf, Ihr Arbeitsergebnis regelmäßig zu sichern. Speichern Sie diese Zeichnung zum Abschluß unter dem Namen TEIL02. Weitere Veränderungen werden in den folgenden Kapiteln ausgeführt.

Eine weitere Ergänzung ist am Teil Schraubfassung nötig. Lesen Sie diese Zeichnung mit Namen TEIL01 mit der Menüfolge [EIN/AUSGABE] [BILD LESEN] und der Auswahl des Zeichnungsnamens ein.

In dieser Zeichnung fehlen noch Geometrieelemente: die Gewindelinien. Für das TEIL01 sind die ersten zwanzig Folien vorgesehen. Deshalb müssen die Gewindelinien auf der Folie Nummer 5 abgelegt werden. Vor dem Erzeugen dieser Strecken und Kreise muß deshalb die Arbeitsfolie gewechselt werden. Rufen Sie das Folien-Menü aus dem CADdy-Hauptmenü auf, wählen Sie daraus den Menübalken [ARB.-FOLIE], und tragen Sie die Zahl 5 in die Eingabezeile ein. Diese Funktion können Sie ebenfalls mit der Funktionstaste [F2] aufrufen. Erzeugen Sie nun mit Hilfe der Ihnen bekannten Verfahrensweisen den Gewindekreis als Kreisbogen mit der Menüfolge [ERZEUGEN] [KREIS] [RADIUS+] [MITTELPKT.] (Anfangswinkel=175; Endwinkel=105) sowie die zwei

Gewindelinien. Speichern Sie diese nun fast komplette Zeichnung erneut unter den Namen TEIL01 ab.

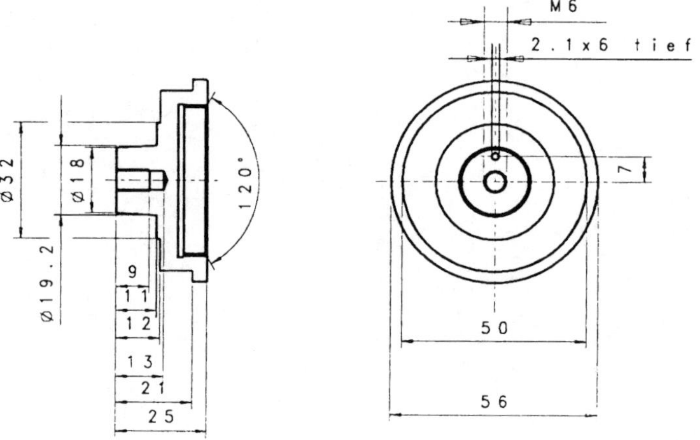

Bild 3-13 Vorläufiger Endzustand von Teil01

Für die dritte Teilzeichnung muß die Folienzuordnung entsprechend der Einstellung zu Beginn des Kapitels 3.4 für Teil 2 vorgenommen werden. Für Teil 3 wurden die Folien 40 bis 59 vereinbart (siehe Kapitel 1). Stellen Sie sicher, daß Sie eine leere Zeichenfläche vor sich haben und löschen Sie alle Zeichenelemente.

Der Maßstab, der auf der Zeichnung eingetragen ist, ist noch ohne Bedeutung. Erzeugen Sie alle Elemente dieses Teils in Originalgröße. Um die Ansicht Ihren Bedürfnissen anzupassen, nutzen Sie die Ausschnittsvergrößerung.

Der vorläufige Endzustand der Scheibe ist in Abbildung 3-14 dargestellt. Speichern Sie die Zeichnung unter dem Namen TEIL03. Verlassen Sie nun das Projekt OPTIKA, indem Sie die Projektverwaltung aufrufen und [KEIN PROJEKT] wählen.

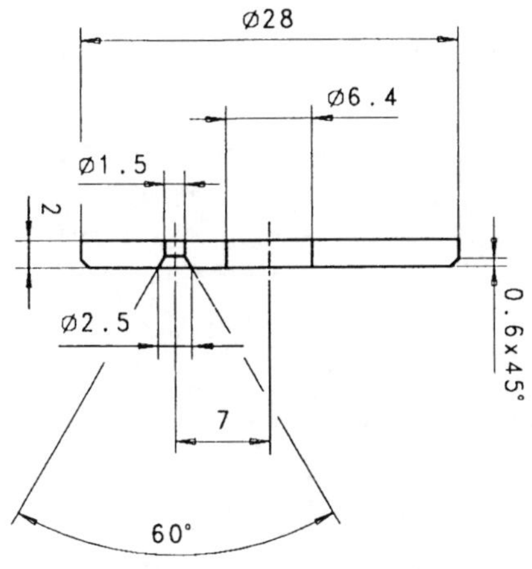

Bild 3-14
Vorläufiger Endzustand von Teil03

3.5 Aufgaben

1. Worin unterscheiden sich Hilfslinien von anderen Strecken?
2. Welcher Unterschied besteht zwischen der Erzeugung von Parallelen zum Objekt bzw. zur Kontur?
3. Welche Einstellungen sind für die Erzeugung von Mittellinien mit dem Menü [MITTELLINIEN] zu beachten?

3.5.1 Lösungen

1. Alle Hilfslinien werden automatisch auf der Folie 512 abgelegt und verlaufen unlimitiert über den gesamten Bildschirm.

2. Die Funktion [PARALLELE-OBJEKT] erzeugt immer neu ein in Form und Größe genau identisches Element (Strecke, Kreis, Ellipse). Die Funktion [PARALLELE-KONTUR] erzeugt von einem geschlossenen Linienzug (Polygon oder Konturverfolgung) mit einer Aktion eine parallele Kontur. Diese wird dann entsprechend vergrößert oder verkleinert dargestellt, d. h. die einzelnen Elemente der Kontur verändern sich in ihrer Größe.

3. Die folgenden Einstellungen sind direkt über das Mittellinien-Menü einzustellen:

   - Linienart
   - Folienzuordnung
   - Überstand
   - Linienzuordnung in den Folienparameter

4 Editiermöglichkeiten in CADdy

Eine Zeichnung besteht aus vielen einzelnen Objekten (am Bildschirm), die zusammengefaßt ein Abbild des zu erzeugenden Gegenstands ergeben. Bei der Erzeugung dieser Einzelobjekte (beispielsweise von Parallelen) liefern die benutzten CADdy-Funktionen jedoch bisweilen Elemente, die (noch) nicht die richtige Länge oder Lage aufweisen. Aus diesem Grund benötigen Sie weitere Funktionen, mit denen Sie zusätzliche Veränderungen an einer Zeichnung vornehmen können, angefangen vom Verschieben einzelner Strecken bis zum Abschneiden überstehender Kreisteile. All diese Möglichkeiten vereinigt das [ÄNDERN]-Menü von CADdy.

4.1 Änderungen an Zeichnungen

Alle Änderungsfunktionen sind von verschiedenen Einstellungen und Definitionen abhängig, die entweder schon vor dem Aufruf der jeweiligen Funktion vorzunehmen sind oder, wie bei der Festlegung eines Fixpunkts, während der Änderung zu treffen sind. Diese Einstellungen sind Thema dieses Kapitels.

4.1.1 Fixpunkt

Manche Änderungsfunktionen beziehen sich auf einen besonderen Punkt: Das Drehen wird um einen Drehpunkt ausgeführt, die Skalierung benötigt einen Bezugspunkt, von dem aus die Vergrößerung oder Verkleinerung wirkt, und das Spiegeln benötigt einen Punkt zur Positionierung der Spiegelachse. Diese Bezugspunkte werden als Fixpunkte bezeichnet und sind während der Ausführung von einer der genannten Funktionen im Fixpunkt-Menü definierbar. Da die Bezeichnung „Fixpunkt" schon die festzulegende Elementart bestimmt, sind die Definitionsmöglichkeiten darauf beschränkt. Ein Punkt läßt sich, wie in den vorhergehenden Kapiteln schon erläutert, mit dem Punktdefinitionsmenü festlegen. Dabei stehen auch hier Methoden wie das Fangen bestehender Punkte von Objekten, Absolutangaben u.s.w. zur Verfügung. Diese Möglichkeiten wurden schon behandelt und sind auch hier anwendbar. Die Definitionsmethode [CURSOR] steht natürlich ebenfalls zur Verfügung. So kann es z.B. während der Arbeit notwendig sein, ein Element oder eine komplette Zeichnung schnell in ein anderes Format zu wandeln. In diesen Fällen ist die Funktion [CURSOR] sehr empfehlenswert. Der Fixpunkt läßt sich noch durch weitere vordefinierte Punkte des Bildes wie Mitte, Links, Rechts usw. definieren. Insgesamt stehen neun Punkte eines Bildes zur Verfügung, die mit ihrer Bezeichnung unterhalb der Überschrift [BILD/AUSS] aufgelistet sind. Diese Punkte beziehen sich auf das gesamte Bild, ausgenommen, wenn im nachfolgenden WAS?-Menü die Wahl [AUSSCHNITT] oder [ALLES AUSS] getroffen wurde. In diesen Fällen bezieht sich der Fixpunkt auf die vorgegebene Position (Mitte, Links, Rechts) im Ausschmtt

4.1.2 Das WAS?-Menü

Alle Veränderungsfunktionen ändern Objekte der Zeichnung ab. CADdy kann nicht nur jeweils ein Objekt verändern, sondern mehrere Objekte gleichzeitig oder nacheinander behandeln. Die Wahl, welche Objekte mit der gerade angewählten Funktion verändert werden sollen, wird im [WAS?]-Menü getroffen. In diesem Menü sind alle Varianten für die Auswahl von Objekten, Elementen oder Folien zusammengefaßt.

Mit dem Menüpunkt [BEL.ELEMENT] wählen Sie ein beliebiges Element auf der Zeichenfläche für die zur Zeit aktivierte Änderungsfunktion aus. Die Auswahl erfolgt mit dem Fangcursor. Diese Auswahlmethode bleibt aktiv, bis Sie die Funktion abbrechen.

Ein [DEF.ELEMENT] ist ein Objekt auf der Zeichenfläche, das zu einer bestimmten Gruppe, z.B. einer Strecke, gehört. Mit der Leertaste wird festgelegt, aus welcher Gruppe das zu fangende Element stammen soll. Die einzelnen anwählbaren Gruppen werden in der oberen Zusatzmenüzeile angezeigt. Mit der Wahl der Gruppe wird gleichzeitig eine Vorauswahl getroffen: Mit dem Cursor können nur noch Elemente eingefangen werden, die der festgelegten Gruppe angehören. Dies ist wichtig, wenn Sie z.B. in einer Anordnung von sehr vielen Strecken einen einzelnen Kreis auswählen wollen. Indem Sie die Gruppe „Kreis" festlegen, werden die Strecken nicht beachtet, was das Fangen des Kreises vereinfacht.

Für den Menüpunkt [AUSSCHNITT] muß ein rechteckiger Bereich mit Hilfe von zwei Diagonalpunkten bestimmt werden, der alle Elemente, die von der Veränderung betroffen werden sollen, einschließt. Hier wird nun der Ausschnitt genutzt, um Elemente für die aktivierte Änderungsfunktion einzufangen. Die Fangmethode kann durch Parametereinstellungen verändert werden (siehe Abschnitt 4.1.3)

Einer der weitreichendsten Auswahlpunkte ist [BILD]. Dieser Menüpunkt wählt alle Elemente, die zur Zeit am Bildschirm sichtbar sind, zum Ändern aus.

Mit dem Menüpunkt [FOLIEN DEF] kann eine zuvor definierte Änderung folienweise erfolgen. Die Folien, für die die Änderungen wirksam werden sollen, müssen im Foliendefinitionsmenüü ausgewählt werden. Es kann sich dabei um vordefinierte Folien wie Arbeits-, Schraffur-, Hilfs-, Bemaßungs- und Textfolien oder um individuelle Folien handeln.

Elemente, die zu Folgen vereinigt worden sind, können als Gesamtheit mit der Auswahl [FOLGE GANZ] bzw. mit der Auswahl [FOLGEN EINZ.] markiert und verändert werden. Die Definition von Folgen wird im Kapitel 4.1.4 beschrieben.

Alle Elemente, die mit der Bemaßungsfunktion gemeinsam erzeugt wurden, werden auch als Maß behandelt. Durch die Wahl des Menüpunkts [MAß] und Antippen einer Maßzahl lassen sich somit alle zum angetippten Maß gehörigen Maßlinien, Maßhilfslinien, Maßpfeile u.a. verändern.

4.1.3 Voreinstellungen für das Ändern von Zeichnungsdetails

Veränderungen an Zeichnungsdetails können Sie in der Maske für die globalen Einstellmöglichkeiten vornehmen, die Sie aus dem Hauptmenü mit dem Menü [PARAMETER] öffnen. In der Rubrik [GRUNDEINSTELLUNGEN] finden Sie ein Feld mit der Bezeichnung [ÄNDERN]. In diesem Optionsfeld können Einstellungen vorgenommen werden, die die Arbeit mit CADdy erleichtern. Bei einigen Änderungsfunktionen wie z.B. beim Spiegeln oder Drehen werden teilweise nicht nur die Originalelemente geändert, sondern Kopien erzeugt. Mit dem Optionsschalter [KOPIEN AUF ARBEITS-FOLIE] kann festgelegt werden, auf welchen Folien diese Kopien gelegt werden sollen. Mit der Wahl „n“ werden die Kopien auf derselben Folie abgelegt, auf der sich auch das Original befindet. Bei der Wahl „j“ wird die Arbeitsfolie als Ablageort benutzt. Dies ist wichtig, wenn Sie von einer Mittellinie aus z.B. die Konturlinien einer Geometrie erzeugen und später diese Kontur auf der Arbeitsfolie stets zur Verfügung haben möchten, ohne auf die Folie des Originals wechseln zu müssen. Für die Arbeit mit den in diesem Buch enthaltenen Beispielen empfiehlt sich die Einstellung „j“.

Die Option [DREHEN/SPIEGELN MIT KOPIE] ist nur eine Vorauswahl. Diesen Schalter finden Sie auch im [ÄNDERN]-Menü: als Schalter [KOPIE J/N] unterhalb der Funktionsschalter [DREHEN] und [SPIEGELN]. Die Einstellung „n“ bewirkt, daß nur Originale verändert werden; Schalterstellung „j“ beläßt das Original unverändert und nimmt die Veränderungen an einer Kopie vor.

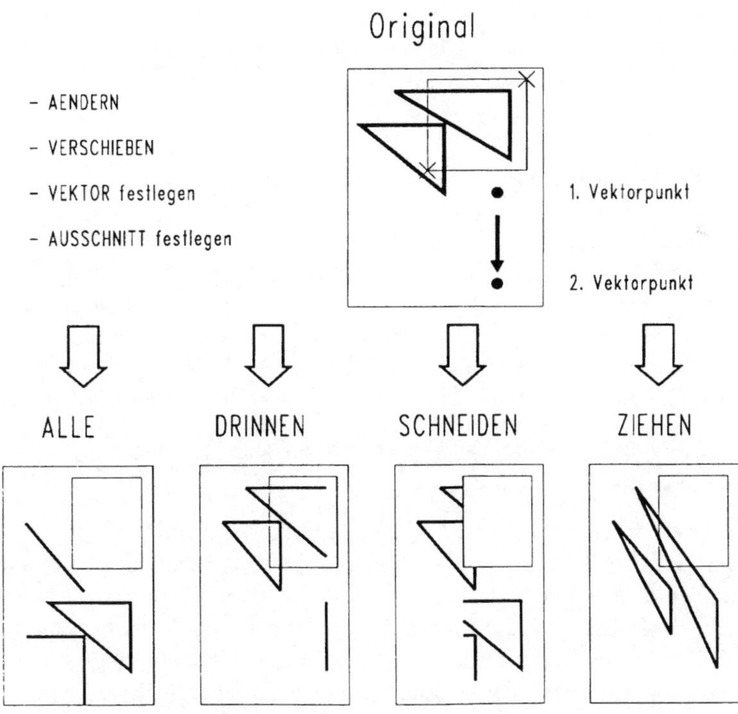

Bild 4-1 Ausschnittdefinition beim Ändern

4.1.4 Nutzung von Folgen

Folgen stellen einen losen Zusammenhang zwischen einer beliebigen Anzahl von Elementen her. Auf diese Weise lassen sich die einzelnen Elemente später gemeinsam oder auch getrennt manipulieren. Die Zusammengehörigkeit gilt jedoch nur für die Zeichnung, auf der sich diese Anordnung befindet. Folgen können nicht getrennt von einer Zeichnung gespeichert werden.

Zur eindeutigen Identifizierung wird jeder Folge beim Anlegen eine ganzzahlige, durch 4 teilbare Kennzahl, auch als RID (Record identifier) bezeichnet, zugewiesen. Dabei können Sie alle Zahlen nutzen, sollten jedoch darauf achten, daß jede Nummer nur einmal vergeben wird und daß innerhalb der Branchenmodule programmintern bereits RID-Nummern vergeben sind, die nicht mehr zur Verfügung stehen. Eine Übersicht über alle von CADdy benutzten RID-Nummern finden Sie im Anhang. Werden die in dieser Übersicht aufgeführten Zeichenelemente genutzt, wird daraus automatisch eine Folge erzeugt. Auf diese Weise kann eine falsch erzeugte Schraffur leicht wieder entfernt werden, indem bei der Funktion [LÖSCHEN] die Auswahl [FOLGE GANZ] gewählt wird. Um eine Folge zu identifizieren genügt es, ein Element dieser Folge anzutippen.

Eigene Folgen erzeugen Sie, indem Sie das Menü [FOLGEN] aus dem Hauptmenü aufrufen. Der Menüpunkt [ERZEUGEN] faßt einzelne Elemente, die im [WAS?]-Menü abgefragt werden, zu einer Folge zusammen. Diese müssen nicht unmittelbar zusammenhängen. Mögliche Bildelemente sind Strecken, Kreise, Punkte, Ellipsen, Text, A- und B-Symbole.

4.2 Lage- und Größenänderung von Elementen

Änderungsfunktionen werden hauptsächlich verwendet, um bereits erzeugte Elemente auf der Zeichenfläche so anzupassen, daß weitere Grundelemente wie Bemaßung, Beschriftungen u.a. zusätzlich eingebracht werden können, oder um dem Konstrukteur das Erzeugen mehrerer gleicher Konturen zu erleichtern. Die gebräuchlichsten Funktionen sind diejenigen, die eine Veränderung der Kontur ergeben und die Lage von Elementen auf dem Bildschirm organisieren.

4.2.1 Bearbeiten von Ecken

Einige Konturen von Werkstücken haben an den Ecken entweder Abrundungen mit bestimmten Radienwerten oder aber Fasen. Diese Veränderungen an Zeichnungselementen können mit CADdy auf einfache Weise realisiert werden: Im [ÄNDERN]-Menü steht dafür ein spezieller Menüpunkt [ECKEN] zur Verfügung. Nach dessen Aufruf erscheint ein weiteres Menü, in dem Sie die verschiedenen Arten der Eckenbehandlung wählen können. Erzeugen Sie zuvor auf einer leeren Zeichenfläche ein Rechteck der Größe X=100; Y=60. Ändern Sie mit dem Menü [AUSSCHNITT] [ZOOMEN] die Darstellung so ab, daß nur das Rechteck bildschirmfüllend dargestellt wird.

Ecken werden aus zwei Strecken bzw. aus einer Kombination von Strecke und Kreisbogen mit einem gemeinsamen Schnittpunkt gebildet. Für die Einbringung von Ausrundungen stehen Ihnen zwei Varianten zur Verfügung: [RUNDEN] [RADIUS] legt einen Rundungsradius fest.
Bevor Sie diese Funktion aufrufen, ist in dem Menüpunkt [VOREINSTEL.] zu entscheiden, ob Sie nur einzelne Ecken behandeln möchten [ANTIPPEN], alle Ecken einer Folge abrunden möchten [FOLGE], oder alle Ecken, die sich an Elementen auf einer Folie befinden [FOLIE] mit der gewählten Funktion verändern möchten. Nutzen Sie für die Beispiele in diesem Buch die Auswahl [ANTIPPEN]. Wählen Sie die Funktion [RUNDEN] [RADIUS]. Zunächst wird die Eingabe des Radienwerts, in unserem Beispiel R=20, gefordert. Anschließend müssen die auszurundenen Ecken identifiziert werden. Dabei können Sie entweder zwei Elemente bestimmen, die gemeinsam die zu rundende Ecke bilden, oder den Eckpunkt direkt fangen.

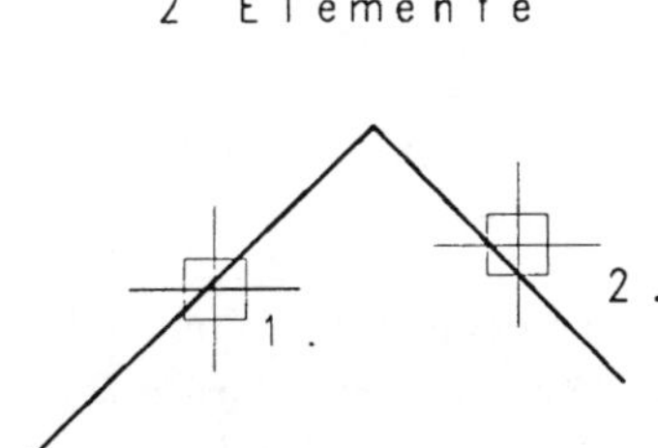

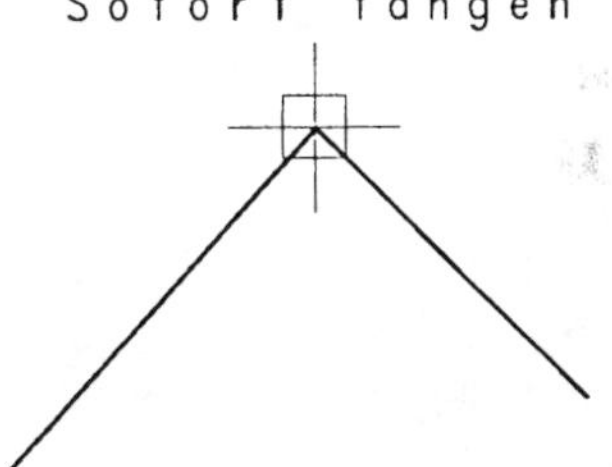

Bild 4-2 Eckenfangmethoden

Runden Sie alle Ecken des Rechtecks mit den dargestellten Antippvarianten. Nach Beendigung der Funktion und Rücksprung zum Ecken-Menü wählen Sie den Schalter [ZURÜCK] aus und tippen alle gerade erzeugten Ecken einmal an. Es werden alle Veränderungen entfernt, und die Ecken werden wiederhergestellt.

Der Funktionsschalter [RUNDEN] [ABSTAND] bestimmt den Grad der Ausrundung nicht anhand des Radienwerts, sondern durch den Abstand von der Ecke bis zum Beginn der Ausrundung. Die Vorgehensweise ist die gleiche wie beim Ausrunden mittels Radius.

Der Schalter [ABSCHRÄGEN] erlaubt das Erzeugen einer Fase von Ecken. Nach Aktivierung der Funktion fragt Sie CADdy zuerst nach dem Fasenwinkel. Bestätigen Sie die Vorgabe 0.0, wird ein Winkel von 45° angenommen. Durch die Direkteingabe eines Werts bestimmen Sie den Winkel zwischen der ersten anzutippenden Strecke und der zu erzeugenden Fase. Dieser Wert muß im Bereich 0°–180° liegen. Größere Zahleneingaben werden ignoriert. Mit der nachfolgenden Längenangabe legen Sie den Abstand von der Ecke bis zu Beginn der Abschrägung fest. Beim Abschrägen werden nur Strecken berücksichtigt, die von Ecken gebildet wurden. Geben Sie verschiedene Werte ein, und erzeugen Sie entsprechende Fasen an dem Rechteck. Mit der Funktion [ZURÜCK] können Sie jederzeit den Ursprungszustand wiederherstellen.

4.2.2 Verschieben und Drehen vorhandener Elemente

Änderungsfunktionen lassen sich in bestimmte Gruppen aufteilen: Die erste Gruppe beinhaltet Funktionen, die die Lage von Objekten verändern. Zu dieser Gruppe gehören die Funktionen [VERSCHIEBEN] und [DREHEN].

Das Verschieben ist eine Funktion, die es ermöglicht, einzelne Bildelemente, Gruppen von Elementen oder sogar ganze Folien entlang eines Vektors zu verschieben. Der Vektor ist eine gerichtete Größe, dessen Bezugspunkt frei bestimmt werden kann. Er bestimmt sich aus der Richtung und der in dieser Richtung zurückzulegenden Entfernung. Er wird durch zwei Punkte definiert, die nacheinander festgelegt oder identifiziert werden müssen. Dabei ist der erste festzulegende Punkt immer auch der Anfangspunkt des Vektors, der zweite Punkt der Zielpunkt, zu dem hin verschoben werden soll. Da der Vektor nicht ortsgebunden ist, kann er an beliebiger Stelle der Zeichenfläche festgelegt und nachfolgend auf alle Einzelelemente der Zeichnung angewandt werden.

Aus dem vorigen Beispiel ist die Zeichenfläche als gezoomter Ausschnitt sichtbar. Stellen Sie mit [AUSSCHNITT] [ORIGINAL] wieder den Originalzustand her. Wählen Sie die Funktion [VERSCHIEBEN] aus dem Menü [ÄNDERN]: Das Rechteck soll diagonal nach rechts oben verschoben werden. Definieren Sie nacheinander den Vektor, indem Sie die Fangmethode [ENDPUNKT] aus dem Punktdefinitionsmenü benutzen und die Positionen des linken unteren sowie des rechten oberen Punkts des Rechtecks übernehmen. Dadurch haben Sie dem Verschiebevektor eine Richtung gegeben und auch eine Entfernung festgelegt. Anschließend erfolgt die Frage, was verschoben werden soll. Da das Rechteck mit der Funktion [RECHTECK] hergestellt, alle vier Strecken also zusammen erzeugt wurden, können Sie im [WAS?]-Menü den Auswahlschalter [FOLGE GANZ] anwählen und das Rechteck einmal antippen.

Die Funktion [VERSCHIEBEN] läßt sich auch auf den gesamten Bildschirm anwenden. Dies wird meist genutzt, wenn eine Zeichnung kurz vor der Fertigstellung steht und alle Elemente z.B. mittig auf der Zeichenfläche plaziert werden sollen. Da diese Positionierung optisch korrekt sein muß und nicht von vorgegebenen Werten abhängt, kann der Verschiebevektor mit dem Cursor festgelegt werden. In allen anderen Fällen sollten Sie ausschließlich die Punktdefinition benutzen.

Für das Verschieben mit Hilfe des Cursors ist zuerst der Menüpunkt [VERSCHIEBEN] anzuklicken. In der folgenden Abfrage wird der Punkt [CURSOR] gewählt. Nun können die beiden Punkte des Verschiebevektors so eingegeben werden, daß die Zeichenelemente in die Mitte des Bildschirms verschoben werden. Nach der Eingabe der Vektorpunkte ist in dem folgenden Was?-Menü anzugeben, daß das gesamte [BILD] verschoben werden soll. Verwenden Sie diese Menüfolgen, um das Rechteck aus unserem Beispiel in die Mitte des Bildschirms zu positionieren.

Mit dem Menü [DREHEN] aus dem CADdy-Hauptmenü können vorhandene Zeichenelemente um einen beliebigen Winkel gedreht werden.

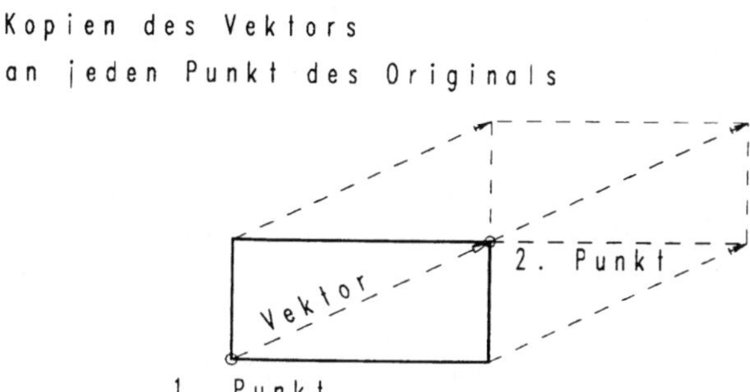

Bild 4-3 Definition des Verschiebevektors

Bevor Sie die Funktion aufrufen, müssen Sie mit dem Schalter [KOPIE J/N] unterhalb des Menüpunkts [SPIEGELN] entscheiden, ob das Original verändert oder eine Kopie erzeugt werden soll. Wählen Sie „n".

Als erste Werteeingabe muß der Drehwinkel festgelegt werden. Bei positiver Zahleneingabe wird er immer entgegen dem Uhrzeigersinn abgetragen. Als nächstes benötigt die Funktion [DREHEN] einen Punkt, um den die Elemente gedreht werden sollen. Die Festlegung eines Fixpunktes wurde in Kapitel 4.1.1 beschrieben. Mit dem WAS?-Menü wählen Sie nun diejenigen Elemente aus, die sich um den Drehpunkt bewegen sollen. Drehen Sie das Rechteck jeweils in einem Winkel von 22,5° um einen der Eckpunkte des Rechtecks. Der Endzustand soll wie in Bild 4-4 dargestellt sein.

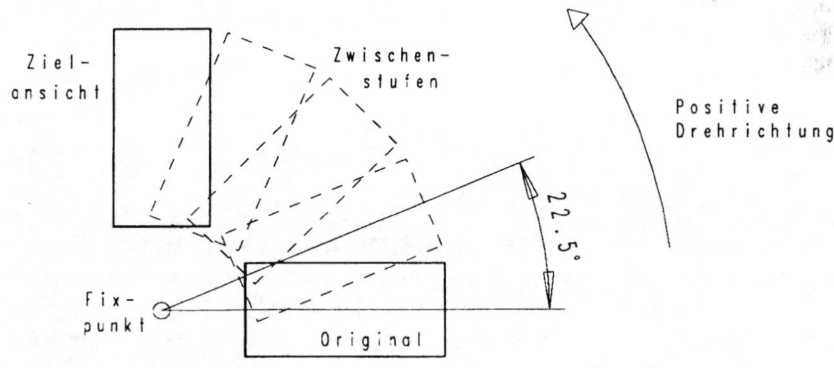

Bild 4-4 Drehungen

4.2.3 Vervielfältigung von Elementen (Kopieren, Multiplizieren, Spiegeln)

Die zweite Gruppe von Änderungsfunktionen aus dem Menü [ÄNDERN] dient zur Vervielfältigung von Objekten.

Das Kopieren von Zeichnungselementen ist im Prinzip mit dem Verschieben (s. 4.2.2) vergleichbar, mit dem Unterschied, daß beim Kopieren das Duplikat an beliebiger Stelle des Bildschirms positioniert werden kann. Das Original bleibt an der ursprünglichen Stelle. Kopieren ist im Unterschied zum Multiplizieren (s.u.) ein einmaliger Vorgang.

Im CADdy-Menü [ÄNDERN] stehen zwei Kopiermöglichkeiten zur Verfügung: Mit [KOPIEREN] wird man aufgefordert, den Vektor zu definieren, der die Position des Duplikats angibt. Der Vektor kann mit dem [CURSOR] oder mit dem Punktdefinitionsmenü bestimmt werden. Im dann folgenden Was?-Menü wird das Zeichnungselement, Bild usw. bestimmt, das daraufhin kopiert wird.

Der Menüpunkt [DYN. KOPIER.] erlaubt das Kopieren und Positionieren eines mit dem Fangcursor gewählten Objekts. Mit der Maus wird das Objekt an die gewünschte Stelle positioniert, durch Klicken der linken Maustaste dann fixiert.

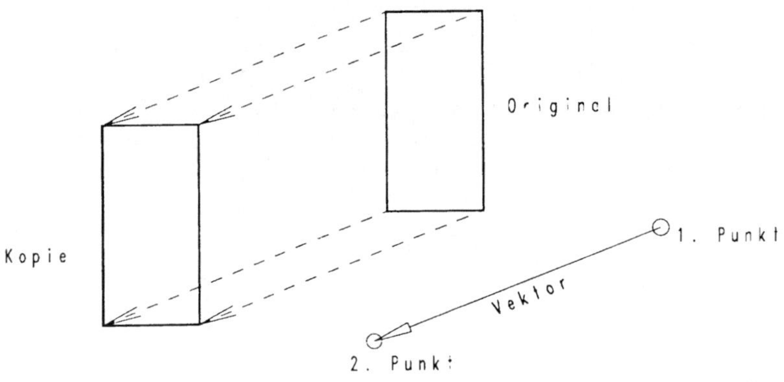

Bild 4-5 Kopieren

Noch leistungsfähiger ist die Funktion [MULTIPLIZIEREN]. War beim Kopieren nur eine einmalige Vervielfältigung eines Objekts möglich, so können beim Multiplizieren bis zu 999 Kopien in einem Arbeitsschritt angefertigt werden. Darüber hinaus können die so erzeugten Kopien nicht nur entlang einer Geraden erzeugt werden, sondern auch (wie beim Drehen) auf einem virtuellen Kreis, einer frei definierbaren Matrix oder an beliebigen Orten auf der Zeichenfläche plaziert werden.

In dem Menü [ÄNDERN] [MULTIPLIZ.] wird in dem Menüpunkt [VOREINST.] festgelegt, wie die multiplizierten Objekte auf der Zeichenfläche angeordnet werden. Es stehen vier Möglichkeiten zur Auswahl. Bei der Auswahl [GERADE] werden die Bildelemente entlang einer Geraden in jeweils gleichen Abständen positioniert. Es ist die Anzahl der

Kopien und ein Bezugspunkt anzugeben. Der frei wählbare Bezugspunkt und die Position des Originals bilden einen Vektor. Abhängig von der eingegebenen Anzahl werden die Kopien, jeweils um die Vektorgröße versetzt, erzeugt.

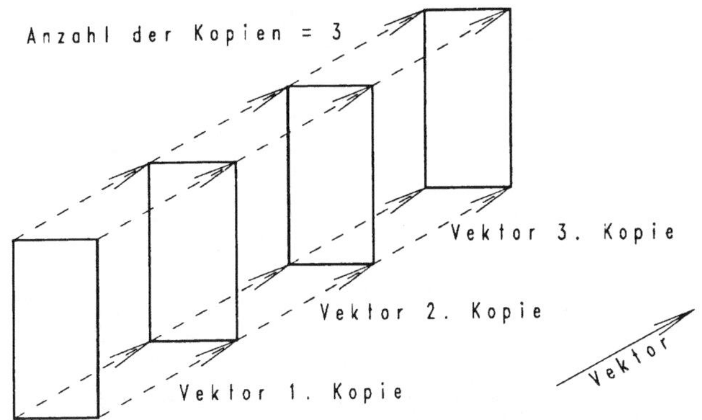

Bild 4-6 Multiplizieren entlang einer Geraden

Die nächste mögliche Voreinstellung im Menü [MULTIPLIZ.] ist der Kreis, d.h., die Kopien werden in Kreisform angeordnet. Die Werteeingabe für das Multiplizieren an einem Kreis entspricht in Teilen der Reihenfolge des Menüpunkts [DREHEN] (siehe 4.2.2). Als erstes ist anzugeben, welcher Elementtyp (beliebig, definiert, Folge) multipliziert werden soll, daraufhin kann mit dem Fangcursor das entsprechende Bildobjekt identifiziert werden. Nachdem in der Eingabezeile die Anzahl der Kopien eingegeben wurde, ist der Mittelpunkt der Kreisanordnung zu definieren (mit dem Cursor oder per Punktdefinitionsmenü).

In der darauf folgenden Abfrage [AUFRECHT] oder [GEDREHT] wird festgelegt, ob das Bildelement aufrecht im Kreis angeordnet wird oder in sich gedreht. Als letztes ist der Abstand zwischen den Bildelementen in Form einer Winkelangabe oder durch Festlegen eines Punktes mit dem Punktdefinitionsmenü anzugeben. Bei positiven Werten werden die Kopien entgegen dem Uhrzeigersinn angeordnet.

Eine weitere voreinstellbare Anordungsform der multiplizierten Kopien stellt die Matrix dar ([MULTIPLIZ.] [MATRIX]). Eine Matrix besteht aus einer Anzahl von (Bild-) Elementen, die in regelmäßigen Reihen und Spalten angeordnet sind (ähnlich einer Tabelle). Für die CADdy-Funktion Multiplizieren in Matrixform sind zuerst die oben bereits erläuterten Angaben zum Elementtyp (beliebig, definiert, Folge) festzulegen. Mit dem Fangcursor wird das zu kopierende Element identifiziert. Für die Matrixanordnung der Kopien sind die Anzahl und der Bezugspunkt für Reihe und für die Spalte anzugeben. Für eine horizontal und vertikal ausgerichtete Matrix sind die Bezugspunkte für die Reihe und Spalte rechtwinkelig zum Original festzulegen. Die Matrixform kann z.B. bei regelmäßig angeordneten Bohrungen oder Aussparungen in einem Werkstück eingesetzt werden.

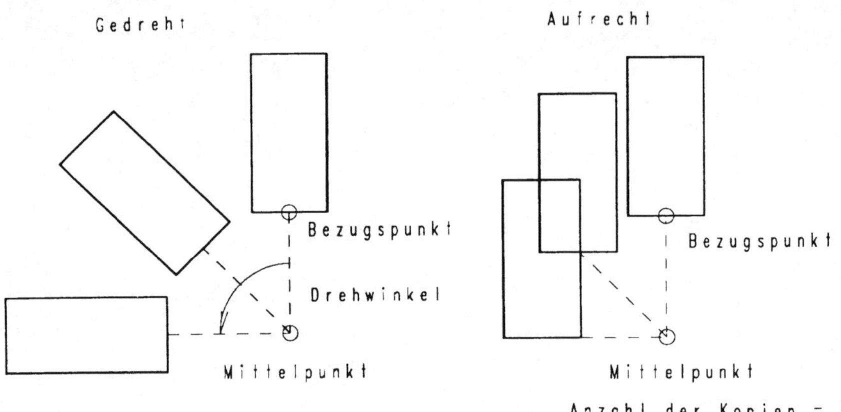

Bild 4-7 Multiplizieren auf einem Kreis

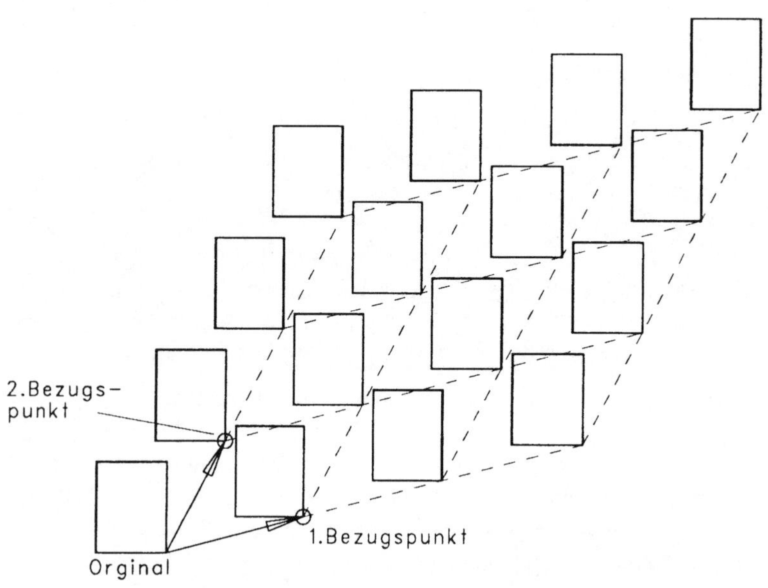

Bild 4-8 Multiplizieren in Matrixform

Um die Möglichkeiten der Multiplikation anhand des in Kapitel 4.2. erzeugten Rechtecks kennenzulernen, wählen Sie im Menüpunkt [MULTIPLIZ.] die Voreinstellung [KREIS] (wählen Sie beim Aufruf dieses Menüpunkts an der entsprechenden Stelle das Punktdefinitionsmenü). Als erstes muß dazu eine Elementgruppe festgelegt werden, da sich mit der Auswahl eines Objekts die Menüfolge ändert. Wählen Sie für das Rechteck den Schalter [FOLGE GANZ], und tippen dieses danach an einer beliebigen Stelle an. Es muß nun ein Bezugspunkt am Objekt (Ausschrift „Folge Ref.Punkt:“) festgelegt werden. Nutzen Sie dazu die Fangfunktion [MITTE], und tippen die linke senkrechte Strecke des

Rechtecks an. Bei der Frage, wie viele Kopien erzeugt werden sollen, wählen Sie 5. Definieren Sie den Mittelpunkt der Kreisanordnung mit dem [CURSOR] aus dem Punktdefinitionsmenü an geeigneter Stelle. Durch die Definition des Drehpunkts (Mittelpunkt) ist der Abstand des Referenzpunkts von der Kreismitte festgelegt. Orientieren Sie sich bei der Definition des Drehpunkts an Abbildung 4-7.

Wählen Sie bei der Abfrage [AUFRECHT] oder [GEDREHT] den letzteren Punkt. Sie gelangen daraufhin in den Menüpunkt zur Bestimmung des Abstands zweier aufeinanderfolgender Kopien. Geben Sie die Formel 360/6 nach Anwahl des Schalters [WINKEL] ein.

Nach Abschluß des Kopiervorgangs stellen Sie mit der Funktion [LÖSCHEN] Ihre Bildschirmdarstellung wieder so ein, daß ein aufrecht stehendes Rechteck sichtbar bleibt.

Die dritte Funktion zum Vervielfältigen von Bildelementen ist im Menü [ÄNDERN] [SPIEGELN] untergebracht. Sie wird meist dazu verwendet, um aus einer Hälfte eines symmetrischen Teils, z.B. einer Welle, eine Komplettdarstellung zu erstellen. Dazu muß der Schalter [KOPIE J/N] im Menü [ÄNDERN] auf „j" stehen. Die gespiegelte Kopie ist eine symmetrische Ergänzung zum Original.

Mit Hilfe dieser Funktion können Sie beliebige Objekte an einer frei definierbaren Achse spiegeln. Dabei kann es sich um eine waagerechte [X-ACHSE], eine senkrechte [Y-ACHSE] oder schräge [GERADE] Achse handeln. Für die folgende kleine Übung steht wieder das Rechteck aus 4.2 zur Verfügung. Das Bildelement soll an einer frei wählbaren Geraden gespiegelt werden. Klicken Sie die Menüpunkte [SPIEGELN] und [GERADE] an. Im folgenden Punktdefinitionsmenü muß durch zwei Punkte die Lage der Spiegelachse definiert werden. Bestimmen Sie mit dem [CURSOR] zwei Punkte unterhalb des Rechtecks in horizontaler Richtung. In dem nun vorhandenen WAS?-Menü klicken Sie [BILD] an (für komplexere Zeichnungen, bei denen nur einzelne Bildelemente gespiegelt werden sollen, wählen Sie einen entsprechenden Elementtyp aus). Das Rechteck wird nun an der konstruierten Achse gespiegelt. Die Spiegelachse verschwindet, sobald die Funktion [SPIEGELN] ausgeführt wurde.

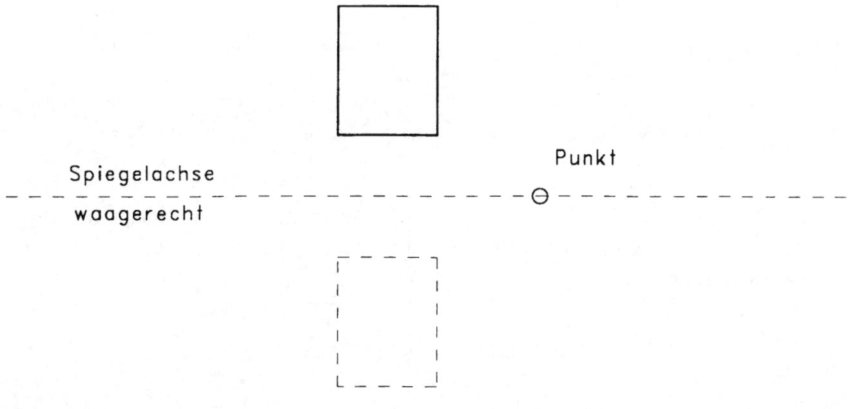

Bild 4-9 Spiegeln

4.2.4 Skalieren und Verzerren

Die dritte Gruppe von Änderungsfunktionen aus dem Menü [ÄNDERN] dient der Größenänderung von Objekten. Die Funktion [SKALIEREN] kann für das Vergrößern, Verkleinern und Verzerren von Bildelementen eingesetzt werden. Der Skalierungsfaktor kann frei gewählt werden. Eine Vergrößerung erreicht man, wenn der Faktor größer als Eins gewählt wird, eine Verkleinerung, wenn der Faktor zwischen Null und Eins liegt. Eine gleichmäßige Vergrößerung/Verkleinerung erhält man, wenn jeweils für die X- und Y-Richtung denselben Faktor wählt. Sind hingegen die Zahlenwerte für die beiden Veränderungsrichtungen verschieden, wird das Bildobjekt verzerrt.

Führen Sie bitte folgende Schritte für eine Größenänderung aus. Als Beispiel dient wieder das in 4.2 erzeugte Rechteck bzw. das von 4.2.3 vorhandene Bild.

Klicken Sie das Menü [ÄNDERN] und [SKALIEREN] an. Geben Sie den Faktor in X-Richtung den Wert 0.5 ein, und bestätigen Sie den Wert für die Y-Richtung. Es ist der Fixpunkt für das Skalieren zu definieren. Wählen Sie mit dem [CURSOR] einen geeigneten Punkt, und klicken Sie im folgenden WAS?-Menü den Punkt [BILD] an. Das Rechteck wird entsprechend den gewählten Faktoren verkleinert.

Geben Sie weitere Werte ein, und beobachten Sie insbesondere die Form des Rechtecks, wenn die Faktoren für X- und Y-Richtung verschieden sind. Erzeugen Sie auch andere Geometrien, um deren Veränderung beim Skalieren beobachten zu können.

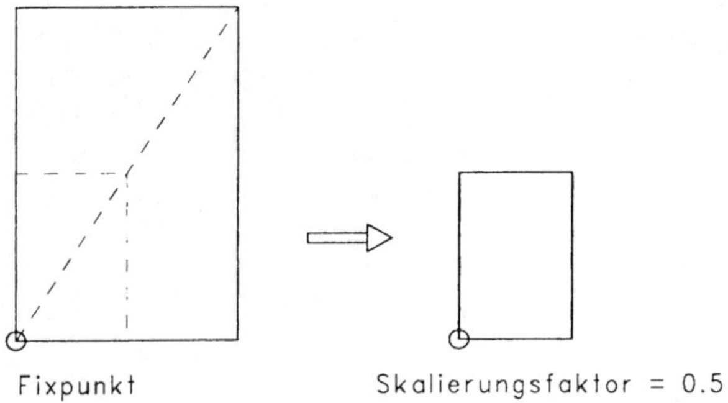

Bild 4-10 Skalieren

Lesen Sie nun das Beispielteil „BSP01“ ein, und verändern und komplettieren Sie die Ansichten mit Hilfe der Änderungsfunktionen. Speichern Sie Ihr Bauteil anschließend unter dem gleichen Namen ab.

4.3 Zeichnungskorrekturen

Mit den im vorhergehenden Abschnitt behandelten Funktionen können Sie Lage und Größe von Elementen verändern und Kopien einmal erzeugter Geometrien anfertigen.

Trotzdem gibt es immer noch Stellen in Ihren Beispielen, die sich mit den bisher bekannten Mitteln nicht korrekt anpassen lassen: Die Elemente sind entweder zu lang oder zu kurz. Diese Anpassungsmöglichkeiten werden nun erläutert.

4.3.1 Trimmen und Verbinden

Zur Verdeutlichung des folgenden lesen Sie bitte die Zeichnung BSP01 ein. Sie finden hier einige Strecken, die noch nicht die richtige Länge aufweisen. Zum Kürzen und Verlängern von Strecken dient die CADdy-Funktion [TRIMMEN].

Trimmen ist eine einfache Methode, Elemente bis zu einem anderen Element zu verlängern oder an einem schneidenden Element abzutrennen. Das Trimmen vollzieht sich in zwei Arbeitsschritten: dem Festlegen eines Objekts, welches als Schnittgrenze fungieren soll, und dem Identifizieren des zu trimmenden Elements. Beide Elemente müssen sich entweder direkt oder in ihrer gedachten Verlängerung in einem Punkt schneiden. Deshalb ist es unmöglich, Parallelen zu trimmen.

In einer Menge von Geometrieelementen wird ein Element als Schnittgrenze definiert, zu dem hin Linien verlängert oder gekürzt werden. Alle anderen Elemente werden als „Abschneidendes Objekt“ bezeichnet. Sind zwei Elemente getrennt voneinander, wird eine Linie hin zur Schnittgrenze verlängert. Ist zwischen den Elementen keine Schnittgrenze zu ermitteln, gibt CADdy eine entsprechende Fehlermeldung aus. Schneiden sich zwei Elemente, ist darauf zu achten, auf welcher Seite das „Abschneidende Objekt“ angeklickt wird. Die Strecke bzw. der Kreisbogen, der angeklickt wird, bleibt bestehen. Der Teil der Geometrie, der auf der anderen Seite der Schnittgrenze liegt, wird abgeschnitten.

Um eine neue Schnittgrenze festzulegen, ist die rechte Maustaste so lange zu betätigen, bis in der Eingabezeile am Bildschirm die Anzeige „Schn.Grenz Objekt“ erscheint. Die neue Schnittgrenze kann nun definiert werden.

Mit der Funktion [VERBINDEN] werden Geometrieelemente so miteinander verbunden, daß der Schnittpunkt ein gemeinsamer Endpunkt wird. Es können Strecken mit Strecken oder Strecken mit Kreis- bzw. Ellipsenbögen verbunden werden. Ist kein eindeutiger Schnittpunkt vorhanden, werden beide Linien so verändert, daß die Endpunkte zum Schnittpunkt verlegt werden. Auf diese Weise kann aus einer losen Anordnung von Elementen ein geometrisches Gebilde mit entsprechend konstruierten Endpunkten erzeugt werden.

Ähnlich wie beim Trimmen müssen auch hier zwei Objekte identifiziert werden. Beim Verbinden sind jedoch die beiden Objekte jedesmal neu festzulegen. Die Objekte müssen an der Seite identifiziert werden, die am Bildschirm verbleiben soll.

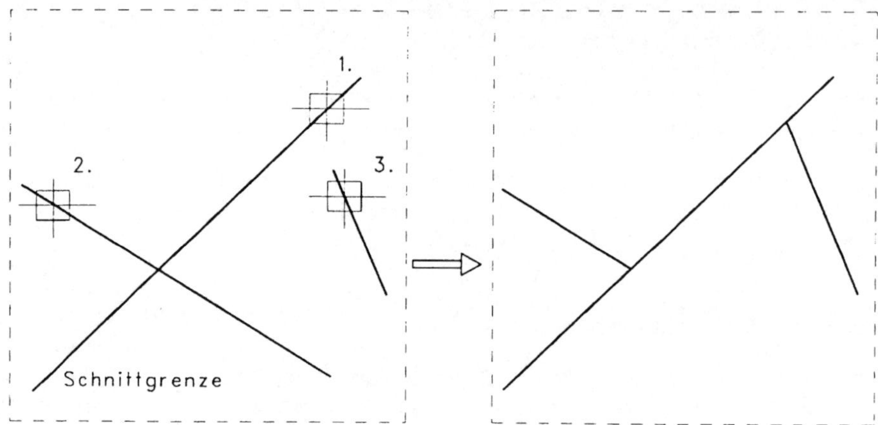

Bild 4-11 Die Funktion [TRIMMEN]

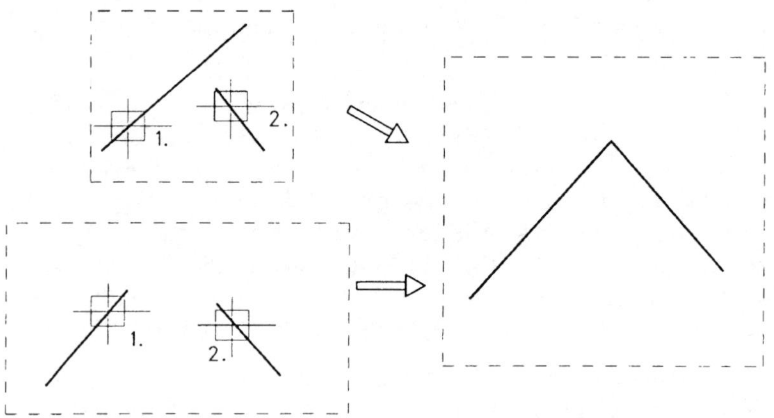

Bild 4-12 Verbinden zweier Strecken

Benutzen Sie diese Funktionen, um an der Zeichnung „BSP01“ die letzten Änderungen vorzunehmen. Speichen Sie danach dieses Beispiel.

4.3.2 Zerlegen von Elementen

Zum Zerlegen von Elementen stellt CADdy zwei Funktionen bereit, das [TEILEN] und das [UNTERBRECHEN].

Die Funktion [TEILEN] kann dazu benutzt werden, aus einer Strecke zwei Teilstrecken oder aus einem Kreis bzw. einer Ellipse zwei Kreis- bzw. Ellipsenbögen zu bilden. Geteilt wird das zuerst zu identifizierende Objekt. Das als Schnittgrenze wirkende zweite Objekt gibt an, an welchen Stellen das erste Objekt geteilt wird. Beide neu gebildeten Elemente können nun getrennt voneinander bearbeitet werden. Im Gegensatz zum Trimmen bleiben hier beide Teile am Bildschirm erhalten. Soll ein Teil gelöscht werden, muß dies mit den bekannten Löschfunktionen getan werden.

Im Zweifelsfalle sollten Sie das Teilen dem Trimmen vorziehen: Da beim Teilen alle Elemente auf der Zeichenfläche erhalten bleiben, gewinnen Sie zusätzliche Sicherheit bei Ihrer Arbeit. Das Teilen ist auch dann die Methode der Wahl, wenn die getrennten Elemente im Anschluß weiterverarbeitet werden, sich das Löschen mithin verbietet.

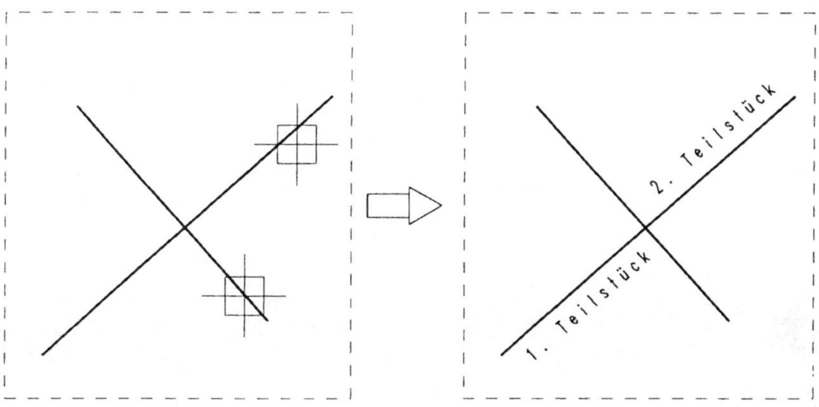

Bild 4-13 Die Funktion [TEILEN]

Die Funktion [UNTERBRECHEN] bricht ein Teilstück aus Strecken, Kreisen, Kreisbögen, Ellipsen und Ellipsenbögen heraus und löscht es. Wählen Sie dazu das zu unterbrechende Element aus, und legen Sie mit Hilfe des Punktdefinitionsmenüs oder des Cursors einen Bereich entlang dieses Elements fest, der herausgebrochen werden soll.

Beachten Sie, daß beim Herausbrechen von Kreisteilen die beiden Punkte des Bereichs entgegen dem Uhrzeigersinn anzugeben sind.

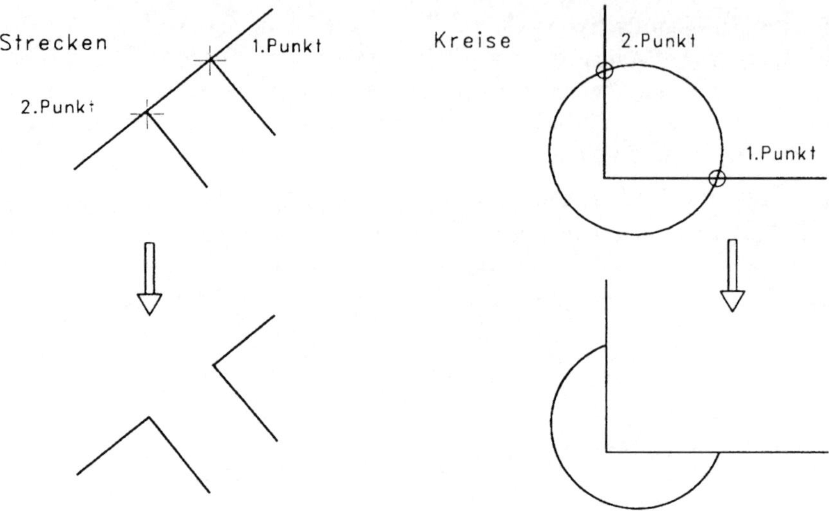

Bild 4-14 Unterbrechen an Strecken und Kreisen

4.4 Praxisfall

Öffnen Sie in der Projektverwaltung das Projekt OPTIKA und lesen Sie das Teil01 ein.

Nehmen Sie im folgenden an allen schon erzeugten Einzelteilen die noch nötigen Veränderungen vor. In den Abbildungen 4-14, 4-15 und 4-16 sind alle Einzelteilzeichnungen in dem Zustand abgebildet, den Sie mit Hilfe der Funktionen des [ÄNDERN]-Menüs erzeugen sollen. Sollten noch Elemente in Ihren Zeichnungen fehlen, ergänzen Sie diese mit Hilfe des Menüs [ERZEUGEN] aus dem CADdy-Hauptmenü. Stellen Sie die Darstellung aller Zeichnungen zum Abschluß so ein, daß die Geometrien mittig in der oberen Hälfte des Zeichenfeldes liegen. Skalieren Sie die Darstellung der Scheibe mit einem Vergrößerungsfaktor von 2 entlang der X- und Y-Achse.

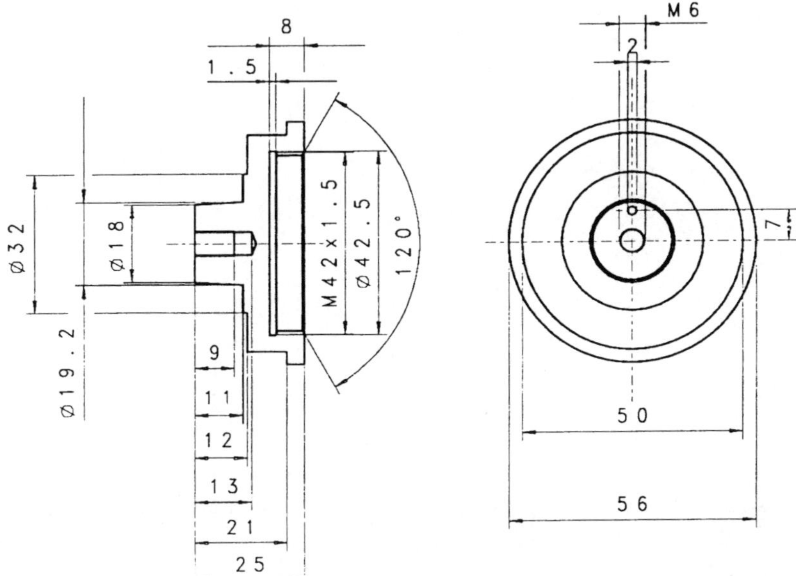

Bild 4-15 Schraubfassung

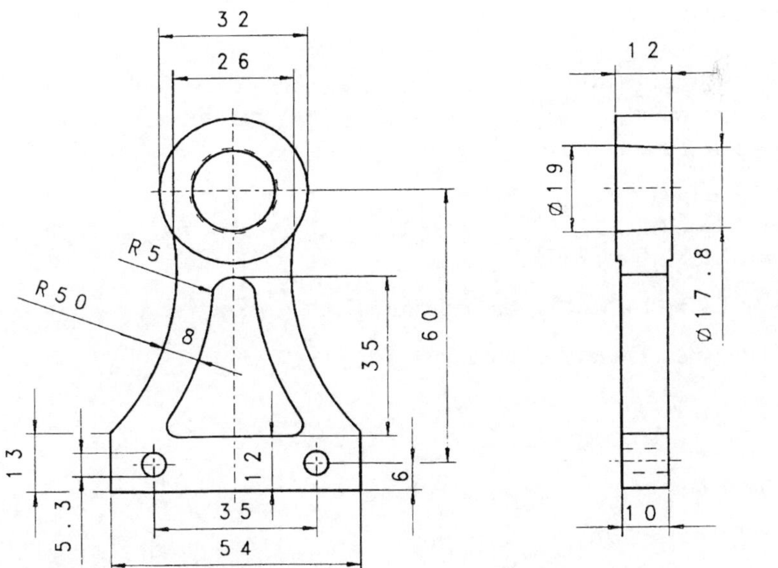

Bild 4-16 Aufnahmebock

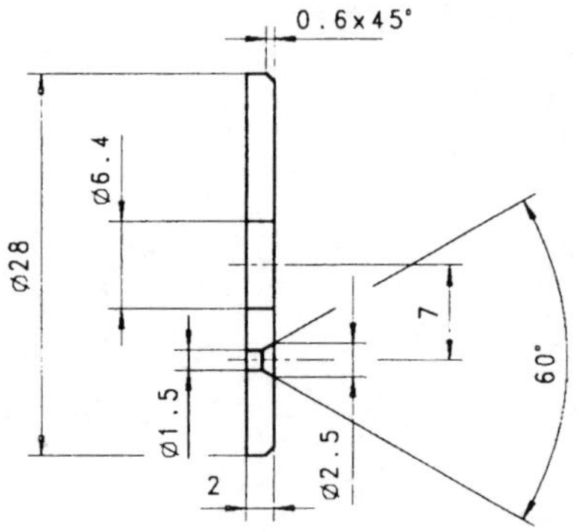

Bild 4-17
Scheibe

4.5 Aufgaben

1. Sie wollen eine Strecke an einer Körperkante trimmen. Worauf muß geachtet werden?
2. Wie können vorhandene Elemente vervielfältigt werden?
3. Welche Möglichkeiten des Multiplizierens von geometrischen Elementen gibt es?

4.5.1 Lösungen

1. Zunächst muß die Angabe der Körperkante erfolgen, die Schneidgrenze sein soll. Als zweite Angabe ist das Identifizieren der Teilstrecke erforderlich, die gekürzt bzw. verlängert werden soll. Es muß immer die Seite angetippt werden, die erhalten bleiben soll.
2. Mit den Funktion [KOPIEREN], [DYN. KOPIER.], [DREHEN] mit Kopie und [SPIEGELN] mit Kopie wird ein Abbild erzeugt.

   Mit der Funktion [MULTIPLIZIER.] können mehrere Kopien erzeugt werden.
3. Mehrere Kopien von einem Original können

   - entlang einer Geraden
   - im Kreis (aufrecht oder gedreht)
   - in einer Matrix oder
   - an einer beliebigen Position

   erzeugt werden.

5 Bemaßung und Beschriftung

Die Bemaßung ist speziell für Konstrukteure aus dem Bereich Maschinenbau, für Bauingenieure und Architekten eine der wichtigsten Funktionen eines CAD-Systems, kann doch gerade hier viel Zeit gespart werden, wenn deren Möglichkeiten voll ausgeschöpft und sinnvoll eingesetzt werden.

Im CAD-Programm CADdy erfolgt die Bemaßung halbautomatisch. Mit dem Cursor werden die zu bemaßenden Punkte identifiziert, und ein weiterer Punkt bestimmt die Position der Maßlinie und der Maßzahl. Anschließend generiert das Programm die Maßhilfslinien, das Maßbegrenzungssymbol und plaziert automatisch die berechnete Maßzahl über der Maßlinie. Die Reihe der dabei durchzuführenden Funktionen erfolgt also automatisch.

Das [BEMAßEN]-Menü von CADdy bietet zahlreiche Möglichkeiten zur Bemaßung von Geometriedaten. In diesem Menü können außerdem Maßtexte, Maßbegrenzungssymbole sowie Bemaßungsvarianten festgelegt werden.

5.1 Bemaßungsarten und deren Anwendung

CADdy bietet vier verschiedene Möglichkeiten zur Bemaßung von Elementen an:

- Einzelbemaßung
- Kettenbemaßung
- Bezugsbemaßung
- NC-Bemaßung

Zwischen den verschiedenen Möglichkeiten wird gewechselt, indem die erste Menüzeile des [BEMAßEN]-Menüs, welche die aktuelle Bemaßungsart anzeigt, aktiviert wird. Durch zyklisches Umschalten stellen Sie die jeweils erforderliche Bemaßungsart ein. Die im Anschluß daran erzeugte Bemaßung erfolgt dann immer in der zuletzt gewählten Art.

In der Standardeinstellung ist die Art Einzelbemaßung gewählt. Einzelmaße sind Maße, die in keinem Zusammenhang mit anderen zu bemaßenden Elementen stehen. Durchmesser-, Radien- und Winkelbemaßungen sind immer mit der Funktion Einzelbemaßung zu erzeugen. Bei der Einzelbemaßung muß für jedes zu bemaßende Element der Anfangs- und Endpunkt des Maßes sowie die Position der Maßlinie (evtl. auch die Position der Maßzahl) mit Hilfe des Punktdefinitionsmenüs oder des Cursors festgelegt werden.

Durch Umschaltung der Bemaßungsart wird die Kettenbemaßung eingestellt. Kettenmaße werden sowohl im Maschinenbau wie auch in der Architektur häufig verwendet. Die CADdy-Funktion Kettenbemaßung ist nur bei Strecken möglich, wobei Strecken auch Abstände zwischen Parallelen sein können. Das erste Maß einer Maßkette wird genau wie bei der Einzelbemaßung festgelegt: Es müssen also Anfangs- und Endpunkt sowie die Maßlinienposition bestimmt werden. Für alle weiteren Maße werden nun nur noch die Punkte angetippt, die die Streckenlänge vom Endpunkt des vorhergehenden Maßes aus angeben. Die Maßlinie wird in der Höhe des ersten erzeugten Maßes generiert.

Einzelbemaßung Kettenbemaßung

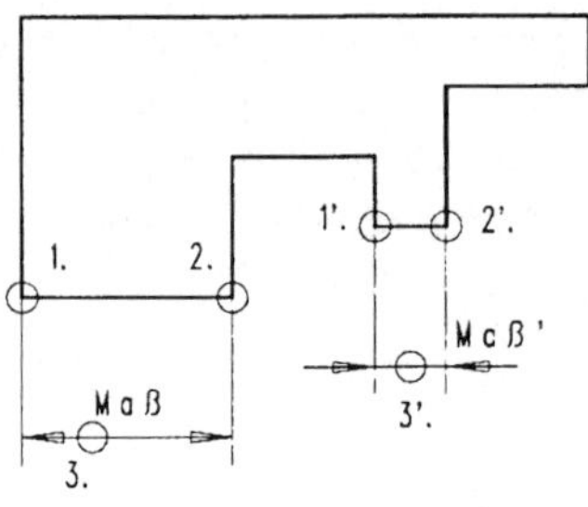

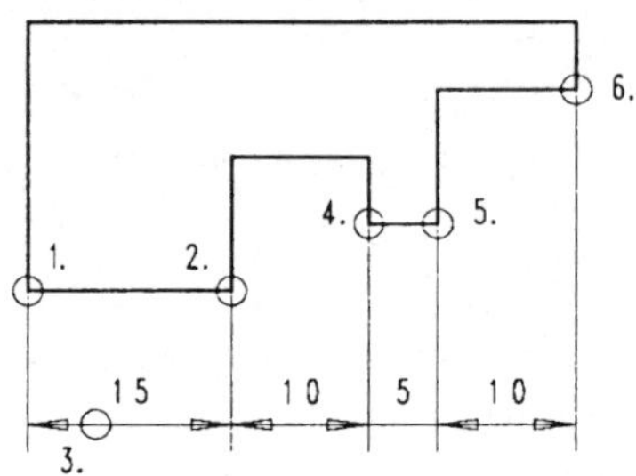

Bild 5-1 Bemaßungsarten 1

Durch erneutes Wählen des Bemaßungsartschalters gelangen Sie in die Auswahl Bezugsbemaßung. Bezugsmaße werden vorwiegend im Maschinenbau angewandt, da hieraus Hinweise auf die Herstellung der Bauteile möglich sind. Bezugsbemaßungen sind nur bei Strecken bzw. Abstandsangaben möglich. Das erste Maß wird wie bei der Einzelbemaßung festgelegt: Es müssen Anfangs- und Endpunkt des Abstandes sowie die Position der Maßlinie angegeben werden. Alle weiteren Maße sind durch die Definition des Abstandsendpunkts zu bestimmen. Nachdem der Endpunkt des zweiten Maßes positioniert ist, wird automatisch mit einem voreingestellten Abstand eine neue Maßlinie zur vorherigen Maßlinie erzeugt und der neue Abstand vom Anfangspunkt des ersten Maßes zum Endpunkt des zweiten Maßes bemaßt. Alle nacheinander zu definierenden Maßangaben beziehen sich auf dieselbe Bezugskante.

NC-Bemaßung ist die vierte und letzte Bemaßungsart. Sie wird meist genutzt, um Zeichnungen zu fertigen, die NC-Programmierern als Grundlage zur Erstellung von NC-Programmen dienen. Die NC-Bemaßung zeichnet sich durch eine Kombination von Eigenschaften der Ketten- und Bezugsbemaßung aus. Wie bei der Kettenbemaßung wird nur eine Maßlinie vom ersten bis zum letzten Maß erzeugt. Von der Bezugsbemaßung wurde der Bezugspunkt übernommen. Alle Maße beziehen sich auf den zuerst definierten Punkt. Die Maßzahlen werden diesmal nicht direkt auf der Maßlinie positioniert, sondern befinden sich auf der Verlängerung der Maßhilfslinie des damit bemaßten Punktes.

Bezugsbemaßung

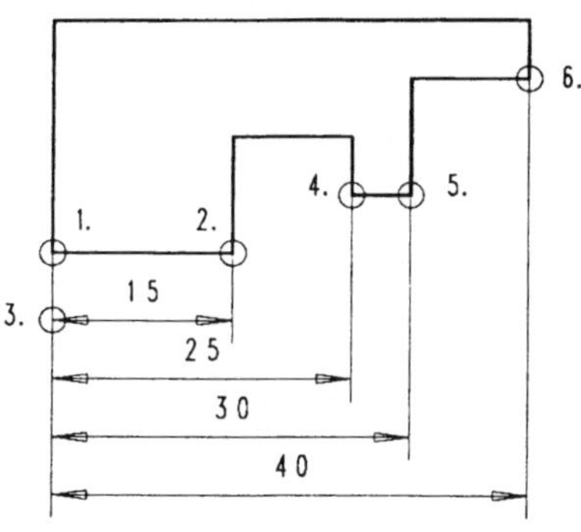

NC-Bemaßung

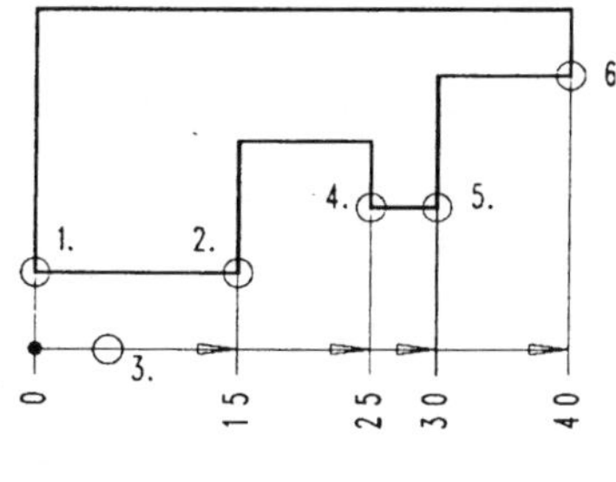

Bild 5-2 Bemaßungsarten 2

5.1.1 Strecken- und Kreisbemaßung

Bei dem Aktivieren des Bemaßungsmenüs werden Sie zuerst mit einer Auswahl konfrontiert, in der Sie entscheiden können, ob die Maßlinie mit dem Cursor oder mit der Punktdefinition plaziert werden soll. Wählen Sie für alle Beispiele und Projektzeichnungen immer die Auswahl [PUNKT-DEF.].

Die meistgenutzte Bemaßungsmethode ist die Streckenbemaßung. Um sich mit dieser Möglichkeit vertraut zu machen, lesen Sie die Zeichnung „BSP01“ ein. Es ist der im vorhergehenden Kapitel komplettierte Übungsteil. Stellen Sie die Bemaßungsart für die ersten Maße auf [EINZELBEM.].

Nach dem Aufruf der Bemaßungsvariante [STRECKE] gelangen Sie in ein Menü, mit dem Sie die Lage der Maßlinie festlegen können. Bei der Auswahl [WAAGERECHT] wird von zwei nachfolgend zu definierenden Punkten der Abstand entlang der X-Achse ermittelt und als Maß angezeigt.

Ähnlich verhält es sich mit dem Schalter [SENKRECHT], nur daß dabei die Y-Werte ermittelt werden. Wenn Sie den wahren Abstand zweier Punkte bemaßen möchten und diese sich nicht genau senkrecht oder waagerecht nebeneinander befinden, ist die Auswahl [PUNKT-PUNKT] aus dem Menü [BEMAßEN] [STRECKE] zu wählen. Je nach eingestellter Bemaßungsart werden nun ein oder mehrere Maße nacheinander erzeugt. Zu Beginn sind immer zwei Punkte mit Hilfe des Punktdefinitionsmenüs zu wählen, die das Maß, welches bemaßt werden soll, durch ihre Position bestimmen. Im Falle der Zeichnung „BSP01“ sind dies die Punkte 1 und 2 in der Abbildung 5-3. Diese Punkte werden mit der Fangmethode [ENDPUNKT] definiert.

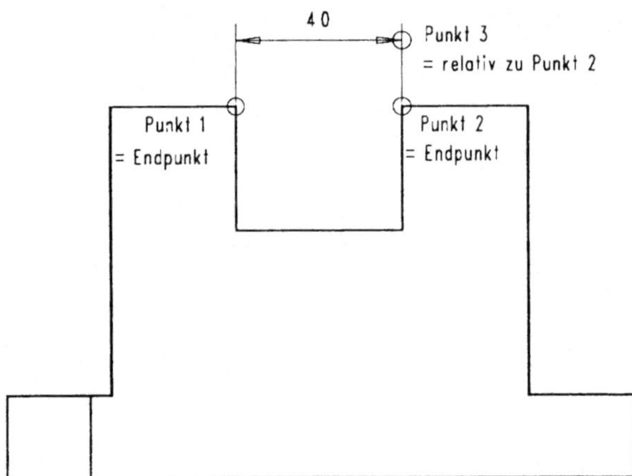

Bild 5-3 Streckenbemaßung

Zum Abschluß der ersten Maßangabe muß noch die Position der Maßlinie festgelegt werden. Da diese 10 mm von der Außenkante entfernt sein soll, empfiehlt es sich, den Positionspunkt relativ zu einem Punkt der Außenkontur zu erzeugen. Rufen Sie die Menüfolge [RELATIV BEL.][ENDPUNKT] auf. Tippen Sie den Punkt 2 als Ausgangspunkt an, und geben Sie den Abstand in Richtung Y-Achse mit dem Wert 10 ein.

Die Parallelenbemaßung ermöglicht es, Abstände zwischen parallelen Strecken zu bemaßen. Die Maßlinie wird immer lotrecht zu den identifizierten Strecken erzeugt. Der Vorteil der Parallelenbemaßung besteht darin, daß die Strecken nur angetippt werden müssen und keine genaue Punktdefinition erforderlich ist. Trotzdem sollten Sie darauf achten, daß die Parallelen an dem der Maßlinie nächstliegenden Endpunkt identifiziert werden. Dies vermeidet eine Überlagerung von Maßhilfslinie und Körperkante, denn CADdy zieht die Maßhilfslinie vom identifizierten Endpunkt aus bis zur Maßlinienposition. Sollen Bohrungsdurchmesser in der Seitenansicht bemaßt werden, so bietet sich dazu die Parallelenbemaßung geradezu an.

Die Kreisbemaßung weist zwei Varianten auf. An einem Kreis oder Kreisbogen lassen sich bestimmte Werte bemaßen. Dies sind der [RADIUS] und der [DURCHMESSER]. Die Durchmesserbemaßung wird meist verwendet, wenn ein Kreis als Vollkreis dargestellt wird und eine Bohrung oder einen Teilkreis darstellt. Die Radienbemaßung findet man an gerundeten Außenkanten oder anderen Ausrundungen. Bei beiden Bemaßungen besteht die Möglichkeit, mit dem Fangcursor einen Kreis oder Kreisbogen auszuwählen. Das Antippen des Kreises kann dabei von außen oder von innen erfolgen; je nachdem wird auch eine Außen- oder Innenbemaßung erzeugt.

Bei der Innenbemaßung ist nun noch die Eingabe eines Punktes erforderlich, der sich innerhalb des Kreises befindet und der den Winkel, unter dem die Maßlinie verlaufen soll, bestimmt. Die Positionierung der Maßlinie bei der Außenbemaßung ist zuerst durch die Wahl der Winkellage mit den Menüpunkten [WAAGERECHT], [SENKRECHT] oder [EINGABE] festzulegen. Meist werden die waagerechte und senkrechte Ausrichtung bevorzugt. Anschließend bestimmen Sie wieder mittels des Punktdefinitionsmenüs, in welchem Abstand von der Körperkante sich die Maßlinie befinden soll.

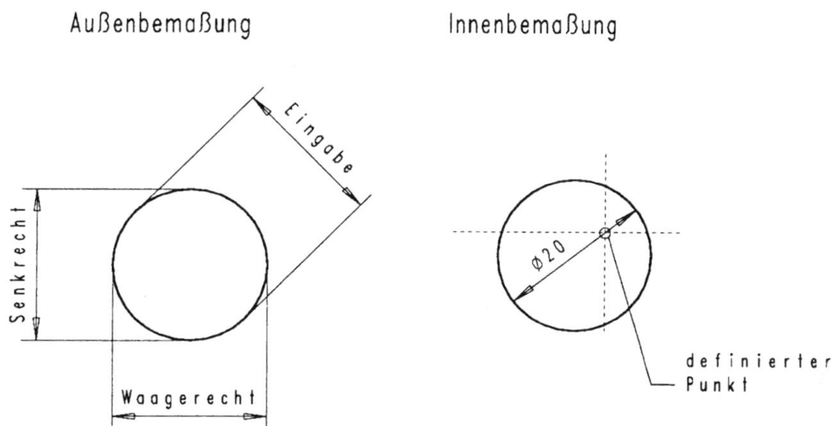

Bild 5-4 Durchmesserbemaßung

Die Radienbemaßung ist genauso aufgeteilt wie die Durchmesserbemaßung. Die Festlegung der Maßlinie bei Innenbemaßung ist aber etwas abgewandelt. Hier müssen Sie einen Punkt festlegen, der zwischen dem Mittelpunkt und dem Punkt auf dem Umfang des Kreises, auf den der Maßpfeil zeigen soll, liegt. Bei der Außenbemaßung geben Sie mittels eines zu definierenden Punktes den Ort an, an dem die Maßlinie beginnen soll. Die Maßlinie zeigt immer in Richtung des Mittelpunktes. Der Maßpfeil wird von außen an den Kreisbogen angebracht.

Alle sichtbaren Kreise, die durch eine Durchmesserbemaßung bezeichnet werden, erhalten als Maßzahl *kein* Durchmesserzeichen. Dieses kann aber vor der Maßzahl positioniert werden, wenn der Durchmesser nicht klar erkennbar ist. Ein solcher Fall ist immer dann gegeben, wenn eine seitliche Blickrichtung auf eine Bohrung gegeben ist. Mittels der Durchmesserbemaßung und der Auswahl zweier Parallelen, die die Außenkanten einer Bohrung darstellen, kann eine Maßzahlenangabe mit vorgestelltem Durchmesserzeichen erzeugt werden. Sollte Ihnen ein Maß nicht sofort an der richtigen Stelle entstehen, können Sie alle Elemente der Bemaßung mit dem Funktionsschalter [LÖSCHEN] im Bemaßen-Menü entfernen lassen. Zur Auswahl des Maßes tippen Sie die Maßzahl an.

Nutzen Sie die Funktion der Durchmesserbemaßung, um eine Außenbemaßung an den Kreisen in der Ansicht von oben herzustellen.

5.1.2 Winkel- und Bogenmaße

Um eine Winkelbemaßung zu erzeugen, benötigen Sie entweder zwei Strecken, die den zu bemaßenden Winkel darstellen, oder drei Punkte, mit denen ein Winkel definiert werden kann. Bei der ersten Methode müssen Sie nur zwei Strecken auswählen, die einen Winkel einschließen. Der Winkel darf nicht 0° betragen. Der Schnittpunkt der Strecken wird als Scheitelpunkt des Winkels übernommen. Beim Auswählen der beiden Strecken müssen Sie diese entgegengesetzt zum Uhrzeigersinn antippen.

Die zweite Möglichkeit besteht darin, drei Punkte zu definieren, von denen der erste der Scheitelpunkt des Winkels ist und die beiden nachfolgenden den Winkel beschreiben (siehe auch Bild 5-5).

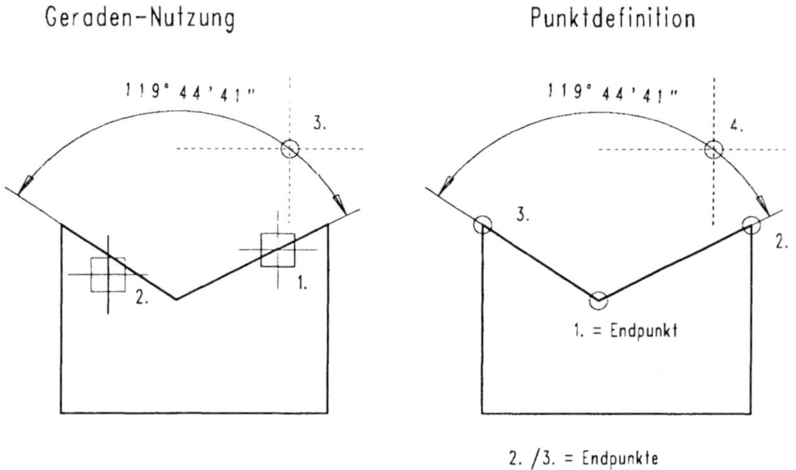

Bild 5-5 Winkelbemaßung

Das Bogenmaß ist ein Wert, den Sie von Kreisen oder Kreisbögen ermitteln lassen können. Um die Bemaßung durchzuführen, identifizieren Sie ein solches Element und bestimmen danach mittels Punktdefinitionsmenü den Anfangs- und Endpunkt des Bogens auf dem Kreis oder Kreisbogen. Dabei muß wieder die Richtung entgegen dem Uhrzeigersinn beachtet werden.

5.1.3 Assoziativbemaßung

Durch Antippen des Menüschalters [ASSOZIAT. J/N] wird die Assoziativbemaßung eingeschaltet. Es erscheint ein etwas verändertes Bemaßungsmenü. Die Funktionen des Menüs ermöglichen die automatische Anpassung von Maßen an eine geänderte geometrische Form.

Die wenigen zur Verfügung stehenden Bemaßungsfunktionen im Menü sind mit der Standardbemaßung nahezu identisch. Alle standardmäßigen Bemaßungsarten (außer der NC-Bemaßung) werden unterstützt. Es besteht eine direkte Verbindung zwischen vorhandenen Geometrien und zu erzeugender Bemaßung, so daß eine Änderung der Geometrie eine Anpassung der Maße nach sich zieht.

Erzeugen Sie zur Nutzung dieser Funktion auf einer leeren Zeichenfläche die in Abbildung 5-6 dargestellte Geometrie. Aktivieren Sie nachfolgend die Assoziativbemaßung, und bemaßen Sie die Geometrie. Die Position der Maßlinie muß mit der Punktdefinition erfolgen, da sonst das Anpassen der Positionen der Maßlinien nicht korrekt ausgeführt wird.

Zu empfehlen ist die Positionierung über die Menüfolge [RELATIV] [ENDPUNKT]. Der auszuwählende Endpunkt muß dann auf der Außenkante des Werkstückes liegen. Durch den Abstand der Maßlinie zu dieser Außenkante ist auch dieser Betrag assoziativ erfaßt und wird bei der Änderung dieser Außenkante mitgeführt.

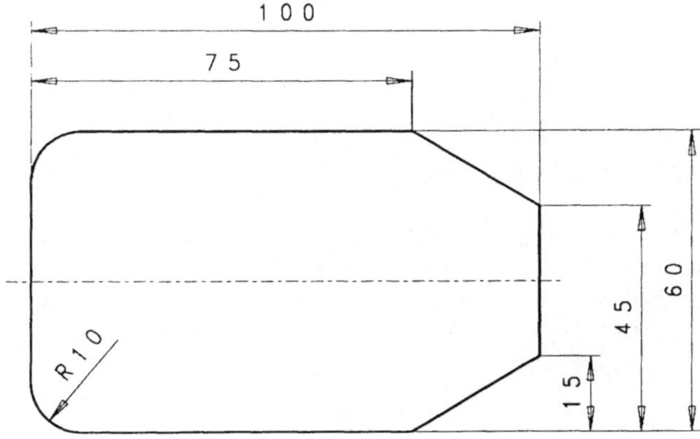

Bild 5-6 Assoziativbemaßung 1

Durch eine Veränderung der Geometrie mit Hilfe der Funktion [SKALIEREN] mit einem Faktor von 0.5 und dem Fixpunkt in der unteren linken Ecke des Werkstückes erkennen Sie die Vorteile der Assoziativbemaßung.
Üblicherweise müßten nach einer solchen Veränderung die Maße gelöscht und neu eingegeben werden.
Mit Hilfe der eingeschalteten Assoziativität der Maße zu bestimmten Elementpunkten kann die Bemaßung jedoch durch Aufruf des Menüschalters [REGEN] angepaßt, d. h. regeneriert werden.
Mit der Funktion Regenerieren können nur solche Maße angepaßt werden, die mit eingeschalteter Assoziativbemaßung erzeugt wurden.

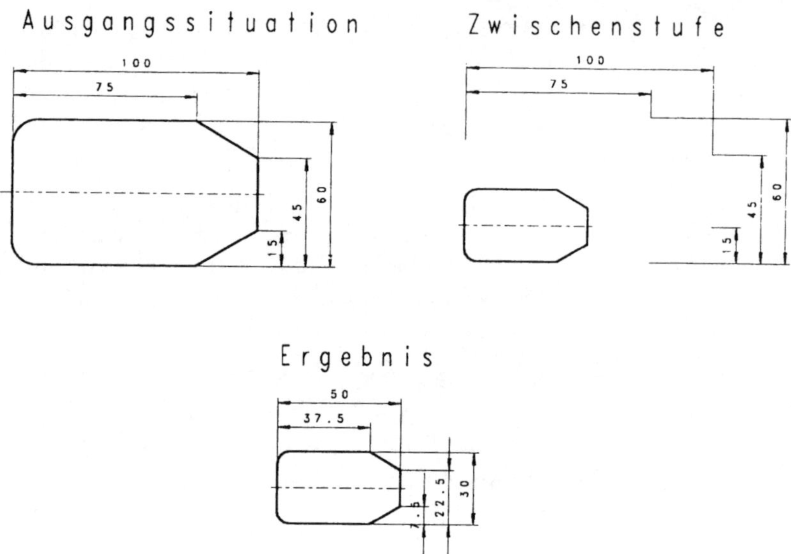

Bild 5-7 Assoziativbemaßung 2

5.2 Toleranzen und Sonderzeichen

Toleranzen sind Maßangaben, die sich in zwei Einzelinformationen unterteilen lassen: das obere und das untere Abmaß eines Maßes. Diese beiden Angaben können an eine bestehende Maßzahl angefügt werden bzw. es kann eine schon bestehende Toleranzangabe mit der Menüfolge [BEM TEXT] [TOLERANZEN] geändert werden. Dabei ist die Maßzahl auszuwählen, die diese Toleranzangaben tragen soll. In einem Eingabefeld fragt das Programm nach dieser Toleranzangabe. Da zwei Angaben innerhalb einer Zeile definiert werden müssen, gibt es bestimmte Optionen und Eingabezeichen, die das Trennen des unteren vom oberen Abmaß erlauben. Dieses Trennzeichen ist das Semikolon (;). Alle Texte, die vor diesem Trennzeichen in diese Zeile eingetragen werden, gelten als unteres Abmaß; alles, was danach als Text in dieser Zeile enthalten ist, wird zum oberen Abmaß. Dabei gelten nachfolgende Regeln.

Toleranzangabe	Eingabe
unten	+0.2
oben	;+0.5
unten+oben	+0.2;+0.5
mit ±-Zeichen	_+0.1
mit /-Zeichen	/+0.1

Tabelle 1 Übersicht über die Toleranzangaben

Durch Editieren lassen sich alle Maßtexte durch andere Zeichenfolgen ersetzen oder abändern. Mit dem Funktionsschalter [EDITIEREN] im Menü [BEM-TEXT] kann ein Maßtext ausgewählt werden, der anschließend verändert werden kann. Auch Sonderzeichen können in diesem Text enthalten sein. Eine Übersicht über verfügbare Sonderzeichen und deren Eingabeform finden Sie im Anhang dieses Buches.

5.3 Einbringen von Texten in die Zeichnung

Bemaßungstexte und erläuternde Beschriftungen sind wesentliche Informationen in einer technischen Zeichnung. Auch mit dem CAD-System CADdy können beliebige Texte neu in eine Zeichnung eingebracht oder bereits vorhandene Texte in Lage, Form und Inhalt geändert werden.

Texte in Konstruktionen können z.B. Schriftfelder, Tabellen, Stücklisten, Erläuterungen und Legenden sein.

5.3.1 Erstellen von Texten

Bei der Texteingabe ist die Position des Referenzpunkts ausschlaggebend. Der Referenzpunkt liegt entweder links, rechts oder in der Mitte einer Textzeile und ermöglicht die linksbündige, rechtsbündige oder zentrierte Eingabe. Im Unterschied zum Referenzpunkt eines Textes liegt dessen Identifizierpunkt immer links unten vor dem ersten Buchstaben. Dieser Punkt wird dann zum Ausführen der Änderungsfunktionen benutzt.

Alle Texte werden automatisch auf der voreingestellten Textfolie abgelegt. Vor dem Erzeugen des Textes müssen Sie die Einstellungen für Größe und Aussehen des Textes kontrollieren und gegebenenfalls verändern. Diese Einstellungen finden Sie im [BESCHRIFTEN]-Menü unter dem Menü [PARAMETER]. Hier lassen sich, wie schon beschrieben, alle Voreinstellungen für die Darstellung von neu zu erzeugenden Texten abändern.

Im [BESCHRIFTEN]-Menü stehen Ihnen unter der Überschrift [EINGEBEN] verschiedene Varianten zur Verfügung, mit denen Sie die Position des einzugebenden Textes vor dessen Erzeugung festlegen können. Mit dem Schalter [BEL POS.] können Texte beliebig auf der Zeichenfläche positioniert werden.

Durch die Wahl der Funktion [EINGEPAßT] können Sie mittels einer Hilfsstrecke Lage und Gesamtlänge des Textes definieren. Buchstabenbreite und Buchstabenabstand werden so angepaßt, daß der neue Text auf der erzeugten Strecke liegt.

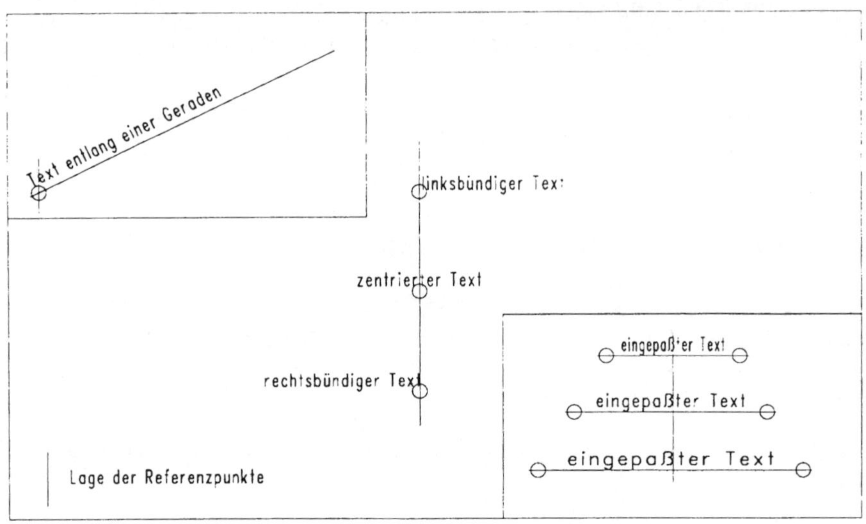

Bild 5-8 Erzeugung von Texten

5.3.2 Ändern vorhandener Texte

Texte können sowohl in ihrem Inhalt als auch in ihrer Darstellung verändert werden. Ersteres ermöglicht die Funktion [EDITIEREN]. Sie ist mit der gleichnamigen Funktion im Menü [BEMAßEN] identisch. Auch hier können Sie nach dem Identifizieren eines Textes seinen Inhalt ändern. Sobald Sie die Änderung mit der ENTER-Taste bestätigen, wird der Text auf der Zeichnung verändert dargestellt. Die zweite Gruppe betrifft Änderungen von Lage und Größe eines Textes. Die Lage eines vorhandenen Textes läßt sich mit Hilfe der Funktion [VERSCHIEBEN] im [TEXT BEARB.] verändern. Nach dem Antippen des Textes wird der Text an den Cursor „angeheftet" und kann dynamisch an eine andere Stelle der Zeichnung bewegt werden. Wenn Sie den Originaltext an der ursprünglichen Stelle erhalten wollen, wählen Sie die Funktion [KOPIEREN] aus demselben Menü.

Eine weitere Methode, Texte abzuändern, besteht darin, die zum Text gespeicherten Werte zu verändern. Wählen Sie dazu aus dem [BESCHRIFTEN]-Menü den Menüpunkt [TEXT-WERTE]. Tippen Sie mit dem daraufhin erscheinenden Cursor den zu ändernden Text an. Alle Einstellungen für diesen einen Text werden in einer speziellen Maske angeboten. Hier können alle Werte, die mit dem Cursor erreichbar sind, geändert werden. Nach dem Verändern der Werte werden sie mit dem Schalter [ENDE] in den gewählten Text übernommen. Sollen die Werte in der Text-Parametermaske ebenfalls denen des geänderten Textes entsprechen, so tippen Sie vor Verlassen der Maske den Schalter [ÜBERNEHMEN] an. Mit den im Untermenü [NEU ZEICHN.] verfügbaren Funktionen können Sie außerdem vorhandene Texte mit den neuen Einstellungen formatieren.

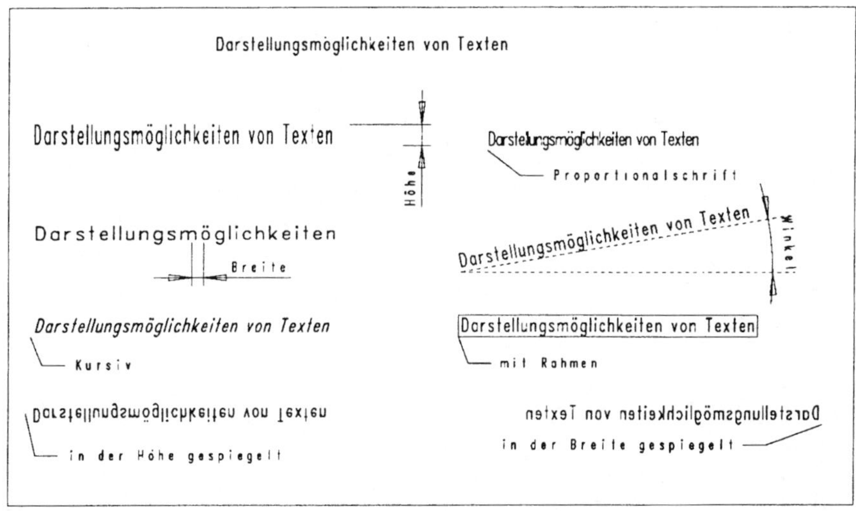

Bild 5-9 Mögliche Veränderungen eines Textes

5.4 Praxisfall

Aktivieren Sie das Projekt OPTIKA, und lesen Sie die Zeichnung des Teiles 01 ein. Diese Einzelteildarstellung soll durch das Einbringen der nötigen Bemaßung erweitert werden. Die Darstellung dieser und nachfolgender Zeichnungen finden Sie in diesem Kapitel. Speichern Sie nach erfolgtem Bemaßen diese Zeichnung unter demselben Namen wieder ab.

Auch das Einzelteil 02 soll durch eine Bemaßung erweitert werden. Zum Schluß, bei der Bemaßung des Einzelteils 03, der Scheibe, müssen Sie die Bemaßungsparameter etwas abändern. Da die Darstellung des Teils vergrößert erfolgt, muß für die Bemaßung ein Umrechnungsfaktor für die Zeichenmaße vergeben werden; dieser beträgt 0.5. Da am Bildschirm die doppelte Länge der Strecke angezeigt wird, muß dieser Betrag halbiert werden, damit das Programm die richtige Maßzahl in die Zeichnung einträgt.

Erzeugen Sie nun alle Bemaßungen auch auf dieser Zeichnung, und speichern Sie den letzten Zustand wieder ab.

Beenden Sie dann die Arbeit mit dem Projekt durch einen Klick auf [KEIN PROJEKT].

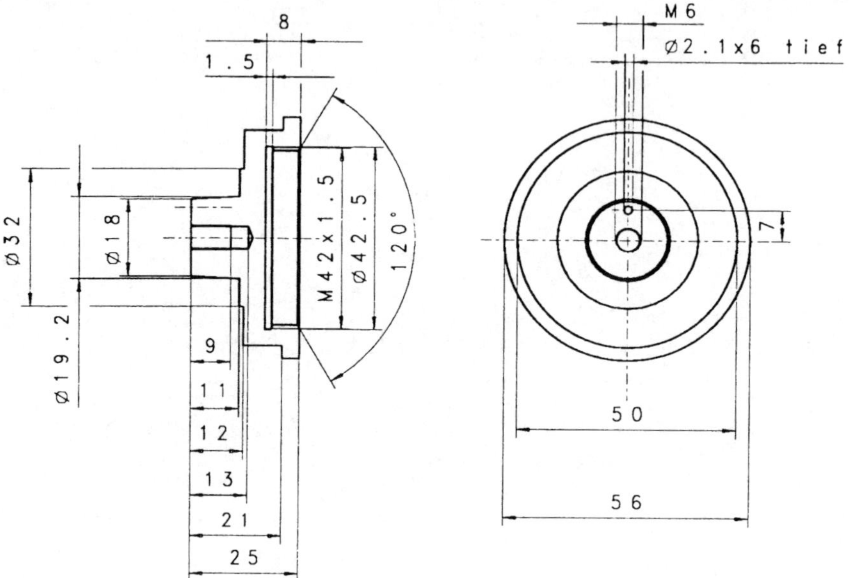

Bild 5-10 Teil01 mit Bemaßung

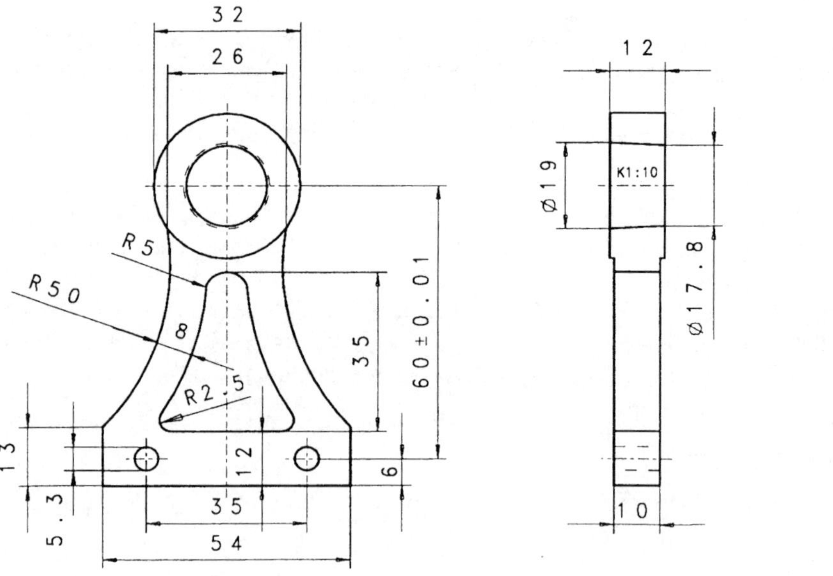

Bild 5-11 Bemaßungswerte für Teil02

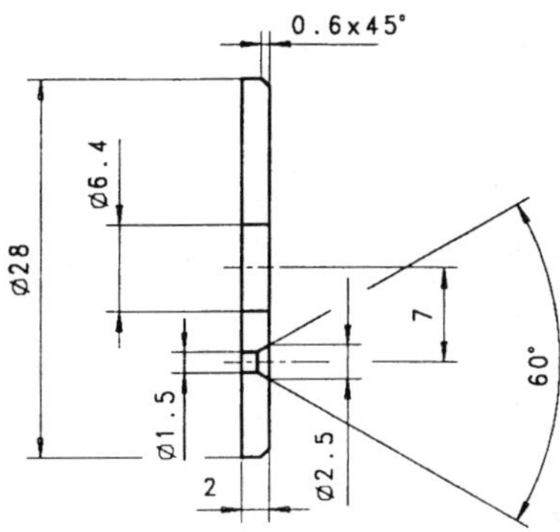

Bild 5-12 Einzelteil Scheibe mit integrierter Bemaßung

5.5 Aufgaben

1. Was ist bei der Bemaßung von im Maßstab 2:1 vergrößerten Darstellungen zu beachten?
2. Welche Besonderheiten bietet die Assoziativbemaßung gegenüber der herkömmlichen Bemaßung?
3. In einer Zeichnung sind alle Bemaßungstexte schon eingebracht. Vor der Zeichnungsausgabe stellen Sie fest, daß die Textgröße verändert werden muß. Wie gehen Sie vor?

5.5.1 Lösungen

1. In Bemaßungsparameter ist der Bemaßungsfaktor auf 0.5 (1:2) einzustellen.

2. Wurde die Bemaßung als assoziative Bemaßung erzeugt, kann nach einer Änderung des bemaßten Elementes die neue Lage und der Wert der Bemaßung mit der Funktion [REGENERIEREN] dem geänderten Element angepaßt werden.

3. Es gibt zwei Möglichkeiten, die Textgröße zu verändern.

   - In den Bemaßungsparametern kann die gewünschte Textgröße eingestellt werden.

   - Im Menü [BEMAßEN] werden mit der Funktion

     [BEM. TEXT]

     [PARAMETER AKTUALISIEREN]

     [ALLE TEXTE]

   die Bemaßungstexte neu gezeichnet.

6 Gestaltungsmöglichkeiten technischer Zeichnungen

In den vorangegangenen Kapiteln haben Sie Zeichnungen komplett konstruiert und abgeändert. Alle Konturen sind dargestellt, die Bemaßung ist erzeugt und Mittellinien wurden eingebracht. Wenn eine Zeichnung so in den Bereich der Fertigung gelangen würde, gäbe es aber immer noch Kritik: Es fehlen Angaben über Fertigungsverfahren und Oberflächengüte. Die Darstellung ist teilweise nicht realitätsnah (Schnittdarstellungen), und der Name des Teils wird bislang nirgends auf dem Bild dargestellt. Über die ersten Angaben soll dieses Kapitel informieren. Es geht um die Einbringung von Rauhheitszeichen, um das Schraffieren von Schnittflächen und um die Möglichkeit, die Arbeit mit CADdy noch effektiver zu gestalten.

6.1 Symboltechnik

In das Symbol-Menü gelangen Sie vom Hauptmenü aus durch Klick auf den Schalter [SYMBOLE]. Symbole sind in voneinander unabhängigen Dateien gespeichert und bestehen aus beliebig vielen Grundelementen oder zuvor erstellten Symbolen. Dabei darf ein Symbol niemals sich selbst enthalten. Es ist nicht möglich, auf die einzelnen Grundelemente eines Symbols nach dessen Abspeicherung zurückzugreifen. Symbole werden einmal erzeugt und können dann über ihren Dateinamen beliebig oft in eine oder mehrere Zeichnungen eingebunden werden. Die Geometrie ist nicht vom Zeichnungsmaßstab abhängig. Symbole werden in einem gesonderten Pfad (einer Symbolbibliothek) auf der Festplatte abgelegt. Dies ist vor allem dann zu beachten, wenn Zeichnungen auf Disketten verschiedenen Anwendern zur Verfügung gestellt werden sollen.

In CADdy sind Zeichnung und die darin enthaltenen Symbole in getrennten Dateien gespeichert. Die Zeichnung enthält lediglich einen Verweis, wo und unter welchem Dateinamen das Symbol zu finden ist. Dies ist vergleichbar mit Textverarbeitungsprogrammen, bei denen Text und darin eingebettete Grafiken getrennt gespeichert sind und erst bei der Bearbeitung am Bildschirm oder für den Ausdruck zusammengeführt werden.

Wird daher die Zeichnungsdatei aus dem [DOS-FENSTER] von der Festplatte auf eine Diskette kopiert, so enthält die Zeichnung auf der Diskette nur den Platzhalter für das Symbol, nicht aber die Symbolgeometrie. Sollen also Zeichnungen, die Symbole enthalten, auf externen Datenträgern weitergegeben werden, müssen die Symbole zusätzlich auf dem Datenträger abgelegt werden. Vor dem Einlesen der Zeichnung von Diskette muß in der aktuellen DEF-Datei unter dem Menüpfad [VERZEICHNISSE] [A-SYMBOLE] und [B-SYMBOLE] das Diskettenlaufwerk und das eventuell angelegte Verzeichnis, in dem sich die Symbole befinden, eingetragen werden, damit CADdy auf die Symbolgeometrie zugreift.

Eine etwas einfachere Methode der Datenübergabe ist das Archivieren von Zeichnungen. Diesen Menüpunkt finden Sie unter [ANWENDUNGEN] [HILFSPROG.] [ARCHIV].

Mit dieser Funktion können CADdy-Dateien inklusive aller enthaltenen Symbole auf Diskette archiviert werden. Die Originaldateien und die Ausgangssymbole werden im aktuellen Verzeichnis automatisch gelöscht, wenn dies gewünscht wird.

Sie können mehrere Zeichnungen auf einmal archivieren. Sollte der Speicherplatz auf dem Datenträger nicht ausreichen, fordert CADdy weitere Disketten an. Die Archivierungsdiskette sollte leer sein, weil CADdy Sie sonst mehrmals darauf hinweist, daß sich schon Daten auf der Diskette befinden. Wollen Sie trotzdem eine teilweise beschriebene Diskette zum Archivieren verwenden, so übergehen Sie alle Hinweise mit [ENTER].

Die Verwendung von Symbolen hat verschiedene Vorteile. Zum einen verringert sich der Speicherplatzbedarf, da jede Zeichnung nur Hinweise auf den Dateinamen und den Referenzpunkt der in ihr enthaltenen Symbole aufweist. Das Symbol beansprucht, gleichgültig wie oft es in der Zeichnung vorhanden ist, nur den Speicherplatz für die einfache Geometrie, da es nur einmal in den Arbeitsspeicher geladen wird. Das Einlesen und Abspeichern sowie der Bildschirmneuaufbau werden bei der Verwendung von Symbolen gleichfalls beschleunigt. Zum zweiten wird das Konstruieren selbst vereinfacht, da komplizierte Geometrieformen nur einmal erzeugt werden müssen und danach immer wieder zur Verfügung stehen.

Im allgemeinen sollten nur solche Grundelemente zu einem Symbol zusammengefaßt werden, die mehrmals in Zeichnungen vorkommen. Das gilt z.B. für Oberflächen- und Bearbeitungszeichen im Maschinenbau, für symbolartige Darstellungen von Einrichtungsgegenständen im Bauwesen und für Bauteile in der Elektrotechnik. CADdy bietet eine Reihe von Symbolbibliotheken für verschiedene Branchen an. Darüber hinaus besteht jederzeit die Möglichkeit, neue Symbole zu erstellen.

Jedes Symbol erhält vom Anwender einen Referenzpunkt zum Plazieren bzw. Editieren des Symbols. Der Referenzpunkt ist ein fester Punkt innerhalb des Symbols, der mehrere Aufgaben hat: Er identifiziert bzw. positioniert das Symbol innerhalb der Zeichnung. Gleichzeitig dient er auch als Fixpunkt bei Maßstabsänderungen, Drehungen und Spiegelungen. Der Referenzpunkt ist zusammen mit dem Symbolnamen der Platzhalter des Symbols innerhalb der Zeichnung. Auf dessen Geometrie kann über den Referenzpunkt zugegriffen werden.

6.1.1 Symbolarten

Bedingt durch die verschiedenen Einsatzbereiche, in denen Symbole genutzt werden können, kennt CADdy zwei verschiedene Symbolarten: Symbole vom Typ A können aus den verschiedenen Grundelementen in beliebiger Form zusammengesetzt werden; ebenso kann ein A-Symbol andere Symbole enthalten. A-Symbole können nur als Ganzes bearbeitet werden. Der Zugriff erfolgt über den Referenzpunkt. Soll der Inhalt eines A-Symbols geändert werden, so muß dieses vorher in seine Einzelteile zerlegt werden. Ein A-Symbol zerfällt beim Zerlegen in seine Grundelemente; zwischen den einzelnen Elementen bestehen nach der Zerlegung keinerlei Zusammenhänge mehr. Die Funktion [ZERLEGEN] finden Sie im Symbol-Menü.

Die zweite Gruppe wird B-Symbole genannt. B-Symbole können aus mehreren Grundelementen bestehen. Dies können beliebige Geometrieelemente sein, mehrere A-Symbole oder A-Symbole mit zusätzlichen Texten. Die Symbole sind als Einheit abgespeichert. Nach der Positionierung des B-Symbols in der Zeichnung wird die Einheit um eine Stufe zurückgesetzt, so daß die einzelnen Grundelemente wieder verfügbar sind.

Besteht also ein B-Symbol aus Text und A-Symbol, so kann nach dem Aufruf der Text editiert werden, ohne daß die Zusammenhänge zwischen den Grundelementen des A-Symbols verlorengehen. Das A-Symbol kann weiterhin als Ganzes durch Bezugnahme auf seinen Referenzpunkt bearbeitet werden. Beginnen Texte eines B-Symbols mit einem Fragezeichen („?“), so werden diese beim Einlesen automatisch zum Editieren in der Eingabezeile angeboten.

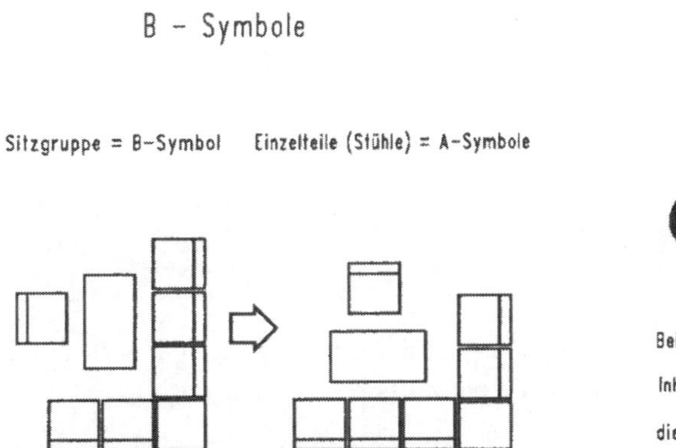

Bild 6-1 Symbolarten

Symbole werden auf der Festplatte in den dafür vorgesehenen Verzeichnissen (SYB für A-Symbole und BSY für B-Symbole) abgelegt, sofern diese Pfade in der Definitionsdatei eingetragen wurden. Beim Einlesen eines Bildes, welches Symbole enthält, sucht sie das Programm im vordefinierten Pfad und lädt sie in den Arbeitsspeicher. Sind die Symbole nicht zu finden, setzt CADdy an die Stelle der Referenzpunkte deutlich sichtbare Marken.

Bevor ein Symbol aufgerufen oder abgespeichert werden kann, muß der Symboltyp A oder B über den Schalter [TYP A/(B)] im Symbolmenü eingestellt werden, damit das Programm den Symbolnamen im richtigen Verzeichnis suchen oder abspeichern kann.

Um ein vorhandenes Symbol in eine Zeichnung einzubringen, wird zunächst bestimmt, ob dies mit dem [CURSOR] oder mit der [PUNKT-DEF] positioniert werden soll. Bei Aufruf des Symbols mit der Voreinstellung [CURSOR] wird es nach jedem Plazieren erneut angeboten, bis der Symbolaufruf durch Klick auf die rechte Maustaste abgebrochen wird. Mit Hilfe der nachfolgend aufgelisteten Tastatureingaben kann das Symbol mit dem Cursor bearbeitet werden.

Cursorbefehle zum Bearbeiten von Symbolen

Tastatureingabe	Bewegungsmodus
b	Box Mode, Bewegen des Symbols als Rechteck
d	DREHEN, Symbol wird dynamisch gedreht
z	ZOOMEN, Symbol wird dynamisch gezoomt
x	X-SPIEGELN
y	Y-SPIEGELN
+ -	DREHEN um 90° vom momentanen Winkel ausgehend bei + entgegen dem Uhrzeigersinn, bei - im Uhrzeigersinn
!	Drehwinkel wird erfragt
*	Zoomfaktoren werden für X/Y getrennt erfragt

Bild 6-2 Cursorbefehle für das Bearbeiten von Symbolen

Beim Plazieren mit der Punktdefinition erscheinen mehrere Untermenüs zum Vervielfältigen sowie zur Lage-, Orts- oder Größenänderung des aufgerufenen Symbols.

Beim Abspeichern von Symbolen gilt es eine gewisse Systematik zu beachten: Zuerst muß die abzuspeichernde Geometrie mit den bekannten Erzeugungsfunktionen erzeugt, dann die Art des Symbols mit dem Schalter [TYP A/(B)] bestimmt werden. Nach dem Aufruf des Funktionsschalters [SPEICHERN] im Symbolmenü fragt Sie CADdy nach der Art, mit der Sie den Referenzpunkt des Symbols festlegen möchten ([CURSOR], [PUNKT-DEF.]). Im darauffolgenden Menü erfolgt die Auswahl der Geometrieelemente und der Folienaufteilung. Im unteren Teil des Menüpunkts [SYMBOL] [SPEICHERN] sind Angaben zum [OFFSET] zu machen. Um diesen Begriff richtig verstehen und diesen Menüteil nutzen zu können, ist folgendes zu beachten: Die Grundelemente eines Symbols (Geometrien, Symbole, Texte) sind in der Regel auf verschiedenen Folien gespeichert, das Symbol selbst wird aber als Einheit betrachtet. Mit dem [OFFSET] kann gewählt werden, auf welchen Folien die Elemente des Symbols abgelegt werden. In vielen Praxisfällen sind die drei folgenden Möglichkeiten ausreichend.

1. Die Auswahl [ABSOLUT] bewirkt, daß alle Elemente nach dem Aufruf des Symbols auf denselben Folien wie beim Abspeichern zu finden sind.
2. Die Einstellung [OHNE] bewirkt, daß alle Elemente des Symbols beim Einlesen der momentan aktuellen Arbeitsfolie zugeordnet werden.

3. Die letzte wichtige Auswahl ist [RELATIV], d.h., daß der ursprüngliche Abstand der Foliennummern der einzelnen Elemente (z.B. Folie 1, 12, 22) erhalten bleibt, wenn als aktuelle Arbeitsfolie eine andere Nummer gefunden wurde (z.B. 32: es gilt dann die Folie 32, 43, 53).

Die zum Symbol gehörigen Elemente können wahlweise als beliebige Elemente einzeln angetippt, über eine bestehende Folge oder über einen festzulegenden Ausschnitt bzw. über die belegten Folien identifiziert werden. Wurden die Folienaufteilung und die Elementidentifizierung abgeschlossen, kann das Menü durch Mausklick auf Ende [WEITER] verlassen werden. Was verbleibt ist, den Referenzpunkt für das abzuspeichernde Symbol festzulegen, mit dessen Hilfe das Symbol beim späteren Aufruf in der Zeichnung plaziert wird.

Als letzter Schritt wird der Dateiname des eben definierten Symbols abgefragt. Soll das Symbol in einem speziellem Verzeichnis gespeichert werden, ist dem Dateinamen der Pfad hinzuzufügen.

Für die Vergabe von Symbolnamen gelten die gleichen Regeln wie für Dateinamen. Je nach eingestelltem Symboltyp vergibt CADdy die Dateinamenserweiterungen SYB oder BSY. Beachten Sie dabei bitte, daß das erzeugte Symbol nur mit [AUFRUF NAME] aktiviert wird. Die auf dem Bildschirm befindliche Geometrie ist nach wie vor kein Symbol.

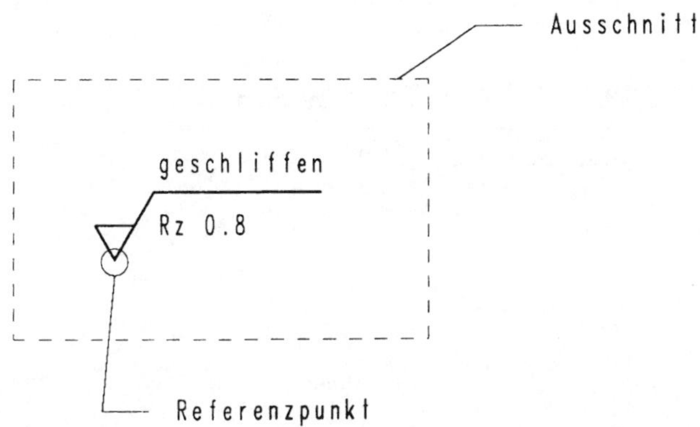

Bild 6-3 Speicherung eines Symbols

6.1.2 Zeichnungshilfen

Aus den Namen der mitgelieferten oder selbsterstellten Symbole sind häufig keine hinreichenden Rückschlüsse auf das Aussehen der Symbole möglich. Damit wird die Erzeugung und Einbringung von Rauhheitszeichen oder Lage- und Formabweichungen erschwert. CADdy integriert deshalb in einem eigenen Menüpunkt [ZEICHN.HILF] unter [KONSTRUKT.] diejenigen Funktionen, die auf bereits vorhandene Symbole zugreifen und diese nach Angaben, die in Masken definiert werden, anpassen und in eine geladene Zeichnung einfügen.

Eine wichtige Aufgabe beim Konstruieren ist das Definieren und Einfügen von Oberflächen-Rauhheitszeichen in eine Maschinenbauzeichnung. Der Schalter [OBERFLÄCHE] stellt in CADdy diese umfangreiche Funktionalität mit vielen Options- und Auswahlmöglichkeiten zur Gestaltung der Oberflächenzeichen nach DIN ISO 1302 zur Verfügung. Die folgende Abbildung stellt die wichtigsten Auswahlmöglichkeiten in dieser Bildschirmmaske vor. Sollten Sie eine der angebotenen Möglichkeiten nicht benötigen, wählen Sie die Ausschrift [KEINE], [OHNE] [-] oder [0.00], um diese Angabe zu ignorieren.

Die vielfältigen Einstellmöglichkeiten der Maske "Oberflächenrauhheiten" sind entsprechend den Erfordernissen des gezeichneten Werkstücks einzutragen. Wurde in dem Maskenpunkt „Rauhheitsangabe" die Option [EINZELRAUHHEIT] gewählt, ist in der Zeichnung mit dem Fangcursor die Fläche zu identifizieren, an der das Oberflächenzeichen positioniert werden soll. Das Funktionsfeld [ZEICHNEN] macht den Fangcursor zugänglich. Gilt die Oberflächenbeschaffenheit für das gesamte Werkstück, ist in dem genannten Maskenpunkt die Option [GESAMTRAUHHEIT] zu wählen. Nach dem Anklicken des Funktionsfeldes [ZEICHNEN] ist mit Hilfe des Punktdefinitionsmenüs der Referenzpunkt für das Rauhheitssymbol zu bestimmen und das Symbol zu positionieren. Einstellungen zur Schriftart und -größe, die ebenso für das Oberflächensymbol gelten, sind in dem Menü [BEMAßEN] [PARAMETER] vorzunehmen.

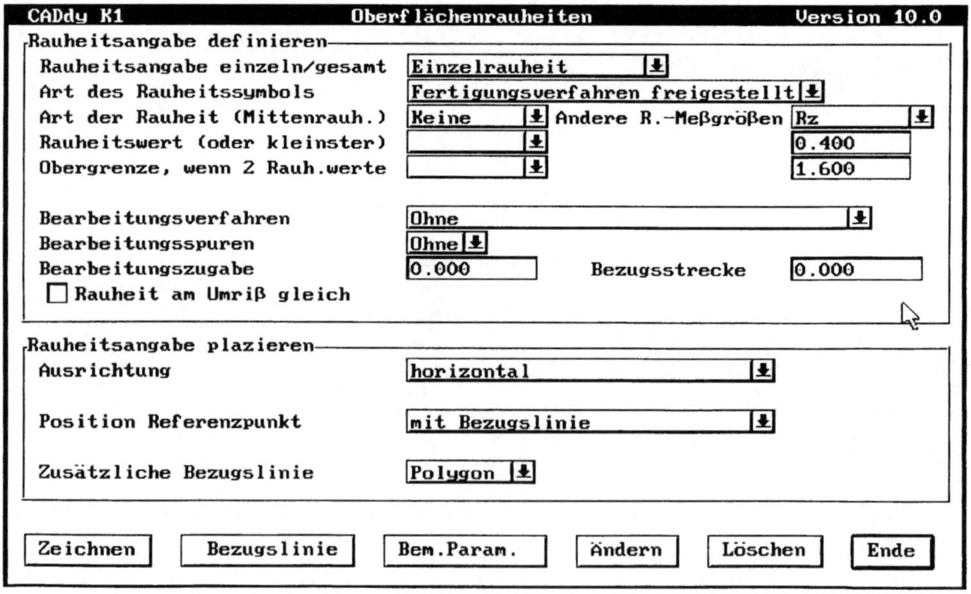

CADdy K1 Oberflächenrauheiten Version 10.0
Rauheitsangabe definieren
Rauheitsangabe einzeln/gesamt: Einzelrauheit
Art des Rauheitssymbols: Fertigungsverfahren freigestellt
Art der Rauheit (Mittenrauh.): Keine — Andere R.-Meßgrößen: Rz
Rauheitswert (oder kleinster): 0.400
Obergrenze, wenn 2 Rauh.werte: 1.600
Bearbeitungsverfahren: Ohne
Bearbeitungsspuren: Ohne
Bearbeitungszugabe: 0.000 — Bezugsstrecke: 0.000
Rauheit am Umriß gleich
Rauheitsangabe plazieren
Ausrichtung: horizontal
Position Referenzpunkt: mit Bezugslinie
Zusätzliche Bezugslinie: Polygon
Zeichnen | Bezugslinie | Bem.Param. | Ändern | Löschen | Ende

Bild 6-4 Eingabemaske Oberflächenangaben

6.2 Schraffieren und Füllen von Flächen

Das Schraffieren und das Füllen von Flächen ist meist die abschließende Tätigkeit beim Konstruieren. Eine Schraffur kennzeichnet in der Regel Schnittflächen.

CADdy stellt im Menü [ERZEUGEN] mit den Menüpunkten [SCHRAFFUR] und [FÜLLUNG] die oben genannten Funktionen zur Verfügung. Um eine Schraffur zu erzeugen, können Sie in CADdy unter vier verschiedenen Möglichkeiten wählen:

1. Die Erzeugung einer Punktschraffur innerhalb einer Fläche. Dabei werden keine Strecken erzeugt, sondern Punkte unter einem zu definierenden Winkel und Abstand auf die Fläche aufgebracht. Nach Angabe dieser zwei numerischen Werte wird der Bildschirmausschnitt um den Winkel gedreht, den Sie für die Schraffur vorgesehen hatten. Diese auf den ersten Blick ungewöhliche Methode dient zur schnelleren Berechnung der Schraffur. Da die gedrehte Zeichnung auch immer verkleinert dargestellt wird und Sie danach die zu schraffierende Flächen definieren müssen, sollte vor dem Schraffieren immer ein vergrößerter Ausschnitt dieser Fläche erzeugt werden. Um die Schraffur zu erzeugen, tippen Sie mit dem Fadenkreuz in die zu schraffierenden Fläche: Die Schraffur wird erzeugt, die Ansicht zurückgeschwenkt, und alle Elemente der Schraffur werden nachbehandelt. Das Programm kontrolliert somit, ob alle Strecken der Schraffur an der richtigen Stelle beginnen und enden.

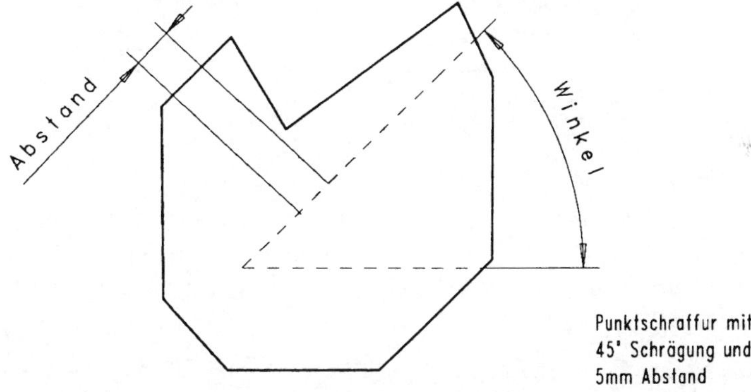

Bild 6-5 Punktschraffur

Mit einer Parametereinstellung, die in der Zeichenparametermaske [PARAMETER] [ZEICHEN PARAMETER] unter der Rubrik „Schraffur“ zu finden ist, können Sie auf diese Nachbearbeitung Einfluß nehmen.

Die Option „Nachbesserung (0..8,n)“ bestimmt, wie präzise der Rechner alle Strecken einer Schraffur nachkontrolliert. Je höher der Wert (maximal 8), desto genauer und rechenzeitintensiver ist diese Funktion.

In diesem Maskenteil der Zeichenparameter-Maske können Sie auch unmittelbar entscheiden, auf welcher Folie die Schraffur abgelegt wird. Des weiteren kann angegeben werden, ob die Schraffur aus zwei alternierenden Linien gebildet wird und welche Linien dafür verwendet werden. Zu diesem Zweck aktivieren Sie das weiße Optionsfeld neben der Ausschrift „alternierende Linien" und definieren Sie die gewünschten Linien in dem Auswahlfeld der Maske.

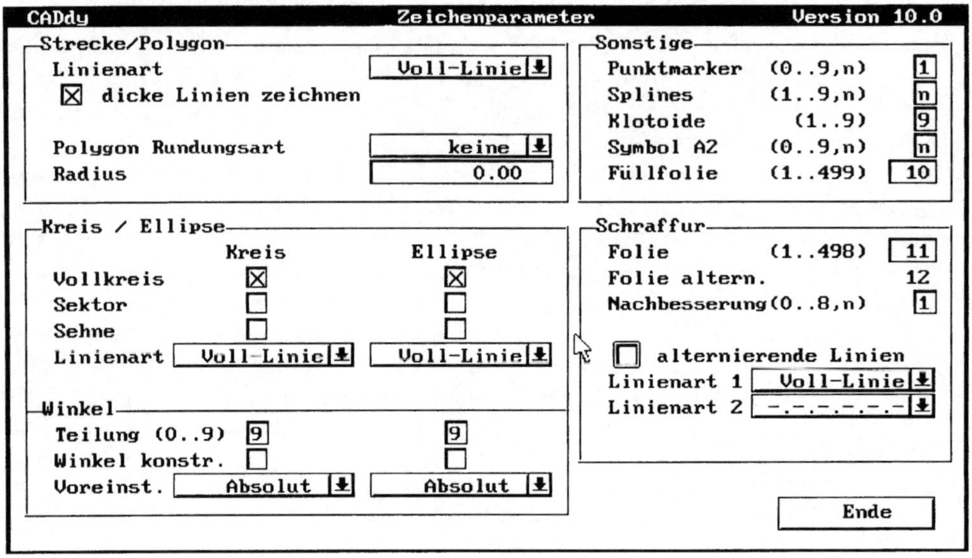

```
CADdy                      Zeichenparameter                     Version 10.0
Strecke/Polygon                                  Sonstige
 Linienart                    Voll-Linie          Punktmarker   (0..9,n)    1
 [X] dicke Linien zeichnen                        Splines       (1..9,n)    n
                                                  Klotoide       (1..9)     9
 Polygon Rundungsart          keine               Symbol A2     (0..9,n)    n
 Radius                       0.00                Füllfolie     (1..499)   10

Kreis / Ellipse                                  Schraffur
                 Kreis          Ellipse           Folie         (1..498)   11
 Vollkreis       [X]            [X]               Folie altern.            12
 Sektor          [ ]            [ ]               Nachbesserung(0..8,n)     1
 Sehne           [ ]            [ ]
 Linienart    Voll-Linie     Voll-Linie           [ ] alternierende Linien
                                                  Linienart 1  Voll-Linie
Winkel                                            Linienart 2  -.-.-.-.-.-
 Teilung (0..9)   9              9
 Winkel konstr.  [ ]            [ ]
 Voreinst.     Absolut        Absolut
                                                              Ende
```

Bild 6-6 Parametereinstellungen für die Schraffur

2. Die zweite Variante, eine Schraffur zu erzeugen, steht mit der Funktion [FLÄCHE] zur Verfügung. Wie bei der Punktschraffur fragt das Programm nach den gewünschten Werten und erzeugt eine dementsprechende Schraffur, diesmal jedoch in Form von Strecken.

   Diese Strecken werden exakt von den Linien der zu schraffierenden Fläche begrenzt. Sollten also z.B. Maßhilfslinien in die zu schraffierende Fläche hineinreichen, muß die Bemaßungsfolie vor Einbringen der Schraffur ausgeschaltet werden, da ihre Schraffurlinien sonst von der Maßhilfslinie begrenzt würden.

3. Die dritte und vierte Möglichkeit, Schraffuren zu definieren, ist etwas umfangreicher. Mit dem Schalter [KONTUR] erzeugen Sie eine Konturschraffur. Mit dieser Funktion werden geschlossene Konturen mit Linien gleichen Abstands schraffiert, wobei die Begrenzungen der zu schraffierenden Kontur teilweise automatisch ermittelt werden. Es ist möglich, nacheinander mehrere Konturen auszuwählen und diese unter demselben Winkel zu schraffieren. Überschneiden sich dabei Konturen ganz oder teilweise, werden die Überdeckungsflächen ausgespart.

Nach dem Anklicken des Menüpunkts [KONTUR] im Menü [ERZEUGEN] [SCHRAFFUR] ist die Kontur der zu schraffierenden Fläche zu identifizieren. Der Winkel wird in dem folgenden Winkel-Definitionsmenü erfragt. Dabei können Sie die Winkellage einer am Bildschirm sichtbaren Strecke übernehmen, indem Sie den Schalter [ANTIPPEN] aktivieren. Ebenso ist eine Direkteingabe des Winkelwertes mit dem Schalter [EINLESEN] möglich. Die dritte Variante, die zur Verfügung steht, ist eine Kombination der beiden vorhergehenden [BEIDES]. Dabei übernehmen Sie zuerst den Winkel einer vorhandenen Strecke und geben zu diesem noch einen absoluten Differenzbetrag ein. Nachdem Sie dann den Abstand zwischen den Schraffurlinien eingegeben haben, müssen Sie noch festlegen, wo die Schraffur erzeugt werden soll.

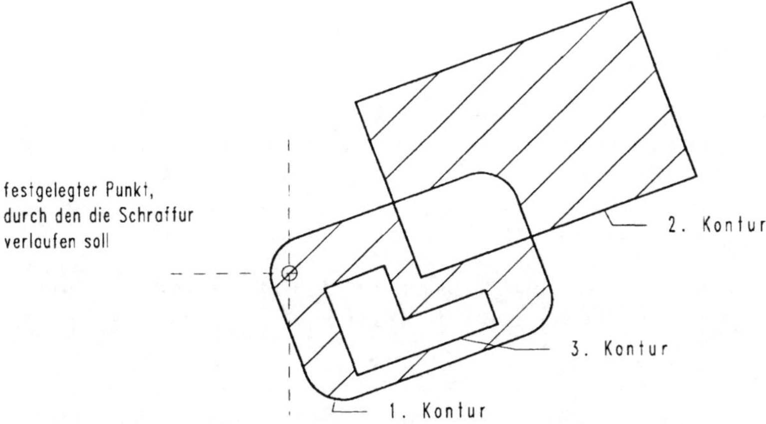

Bild 6-7 Konturschraffur

4. Die vierte Schraffurdefinition [POLYGON] unterscheidet sich von der dritten nur in Hinblick auf die Flächenfestlegung. Hierbei müssen Sie die Fläche nacheinander durch Auswählen der Einzelelementen beschreiben. Sobald die rechte Maustaste gedrückt wird, gelangen Sie aus dem Flächendefinitionsmenü zum nächsten Schritt der Schraffurdefinition.

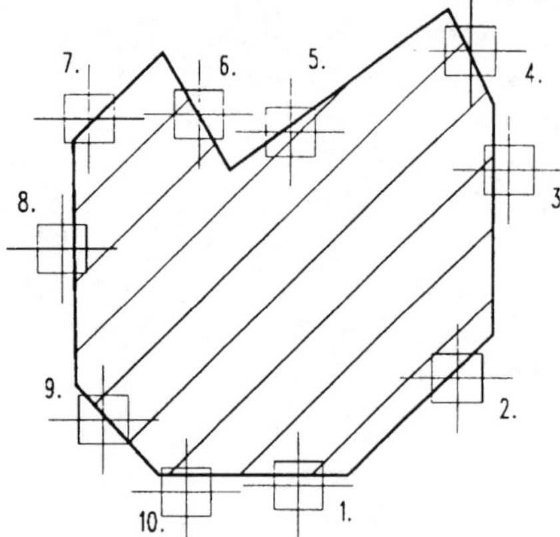

Bild 6-8
Polygonschraffur

Mit diesen Funktionen können Sie sich anhand des bereits erzeugten Beispiels „BSP01" vertraut machen. In zwei Ansichten des Bauteils fehlen noch Schraffuren. Diese können Sie mittels der Flächenschraffur erzeugen. Wählen Sie für den Winkel 45° und als Abstand einen Wert zwischen 3 und 5 mm. Sie haben damit den letzten Schritt zur Komplettierung des Übungsteils durchgeführt.

Zur Erzeugung einer Füllung werden keine Angaben über Winkel und Abstand benötigt, da eine [FÜLLUNG] vordefinierte Werte benutzt. Eine Füllung wird als sehr dichte Schraffur erzeugt. Die Dichte der Füllungslinien hängt von der momentan gewählten Bildschirmvergrößerung ab. Je höher die Vergrößerung, desto dichter die Füllinien. Wählen Sie deshalb den Bildschirmausschnitt immer so, daß die auszufüllende Fläche den gesamten Bildschirm einnimmt. Die einfachste Möglichkeit, eine Füllung zu erstellen, besteht darin, zuerst den Funktionsschalter [BELIEBIG] im Menü [ERZEUGEN] [FÜLLUNG], danach die zu füllende Fläche anzutippen. Es ist zu beachten, daß die zu füllende Fläche durch Vollinien begrenzt sein muß. Füllungen können nicht skaliert oder gedreht werden, da sie nicht über numerische Koordinaten gespeichert werden. Füllungen werden mit den Daten des Bildwiederholspeichers des Rechners (das entspricht dem momentan dargestellten Bild) konstruiert.

6.3 Vereinfachen der Zeichenarbeit

CADdy stellt sehr viele Funktionen zur Verfügung, die Ihnen schnell und einfach bei der Erzeugung und Abänderung von Konstruktionszeichnungen helfen. Die meisten Funktionen können aber noch optimiert werden, und zwar durch Funktionen, die bestimmte Arbeitsschritte miteinander verknüpfen. Um beispielsweise eine Bohrung zu konstruieren, muß zunächst ein Kreis erzeugt, dieser im Menü [MITTELLINIE] durch ein Mittelkreuz komplettiert und zum Schluß, wenn nötig, noch kopiert werden. Diese gesamte Funktionsfolge wurde in CADdy zusammengefaßt und steht als [BOHRUNG] im Branchenmodul [KONSTRUKT.] zur Verfügung.

6.3.1 Das Bohrungsmenü

Das Bohrungsmenü bietet ein bequemes Verfahren, Einzel- und Mehrfachborungen zu konstruieren. Die Mehrfachbohrungen können automatisch entlang einer Geraden oder in Kreisform angeordnet werden.

Wie die Bohrungen gestaltet werden, kann im unteren Teil des Menüs [BOHRUNGEN] festgelegt werden. Dazu zählen die Linienart der Bohrungen, die Folie, auf der sie gespeichert werden sollen, ob die Bohrungen mit Mittellinienkreuz versehen sind und ob diese Kreuze in der Kreuzform gedreht werden sollen.

Mit Hilfe der Funktion [GERADE] können Bohrungen auf einer bestimmten Länge gleichmäßig verteilt werden. Dazu müssen nacheinander die Werte für Bohrungsdurchmesser, Anzahl der Bohrungen, Winkel, unter dem die Gerade gegenüber der X-Achse verlaufen soll, Länge der Gesamtstrecke, auf der die Bohrungen gleichmäßig verteilt werden sowie Mittelpunkt der ersten Bohrung eingegeben werden.

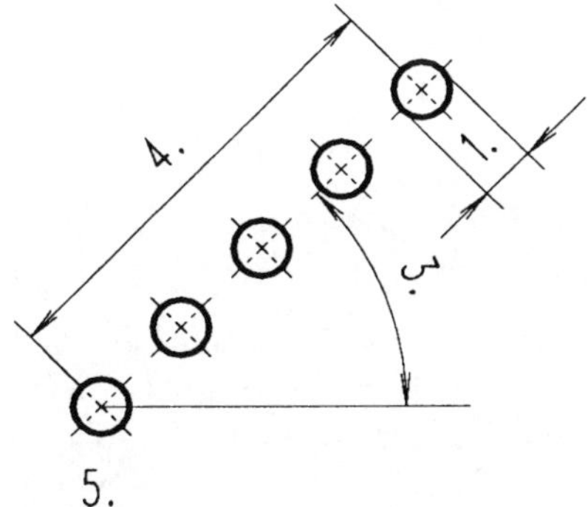

Bild 6-9 Bohrungsanordnung auf einer Geraden

Mit der Funktion [KREIS] im Bohrungsmenü werden die Bohrungen kreisförmig angeordnet. Der Beginn ist der gleiche wie bei der Auswahl [GERADE]. Nach der Angabe des Bohrungsdurchmessers folgen die Anzahl der Bohrungen, der Gesamtwinkel des Teilkreises, auf dem die Bohrungen gleichwinklig liegen sollen, der Mittelpunkt des Teilkreises sowie der Mittelpunkt der ersten Bohrung.

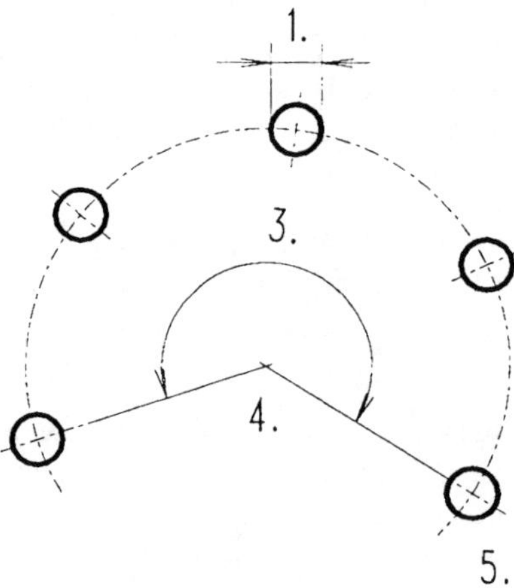

Bild 6-10 Bohrungsanordnung auf einem Kreis

6.3.2 Übernahme von Geometriedaten

Zur Übernahme von Geometriedaten dient das Tipp-Menü. Es ist, wie auch das Punktdefinitions-, Was?- und Fixpunkt-Menü, kein „echtes" Menü, d. h. es kann nicht vom Hauptmenü aus aufgerufen werden. Das Tipp-Menü erscheint, wenn Sie in der Eingabezeile ein „T" oder „t" eingeben, während Sie zur Eingabe eines numerischen Wertes aufgefordert sind. Dies kann z.B. bei der Festlegung eines Punktes oder bei der Eingabe eines Winkels der Fall sein.

Das Tipp-Menü ermöglicht es, Geometriedaten von CADdy-Objekten, die im Bild vorhanden sind (wie beispielsweise Elementtyp, Koordinatenwerte von Endpunkten, Längen existierender Strecken und Kreisbögen, Neigungswinkel von Strecken usw.), als Ausgangswerte für weitere Konstruktionen zu übernehmen.

Zuerst muß ausgewählt werden, von welchem Geometrietyp Daten übernommen werden sollen. Es stehen Strecke, Kreis, Ellipse, Referenz und Punkt zur Verfügung. Der ausgewählte Typ ist durch "*" gekennzeichnet. Je nach ausgewähltem Typ werden im unteren Teil des Tipp-Menüs unterschiedliche Geometriedaten zur Auswahl angeboten. Zur genauen Spezifikation der übernahmefähigen Geometriedaten muß auf das CADdy-Handbuch (Kapitel "Punktdefinition") verwiesen werden.

Nach der Wahl eines Datentyps ist mit dem Fangcursor das Geometrieelement zu identifizieren. Im unteren Teil des Tipp-Menüs ist das Geometriedatum (X, Y, Länge, Winkel etc.) zu wählen, das übernommen werden soll. Es kann aber auch durch Antippen einer Maßzahl im Auswahlpunkt [ZAHL/MASS] deren Wert als Zahlenwert übernommen werden. Die Funktion [MIN.ABSTAND] ermittelt den minimalen Abstand zwischen

Punkten oder Objekten. Dabei kann es sich um den Abstand zwischen zwei Punkten [PUNKT-PUNKT], zwischen einem Punkt und einem Objekt [PUNKT-OBJEKT] oder zwischen zwei Objekten [OBJEKT-OBJEKT] handeln. Der Abstand der gewählten Kombination wird als Zahlenwert ermittelt und der gerade aktiven Funktion übergeben.

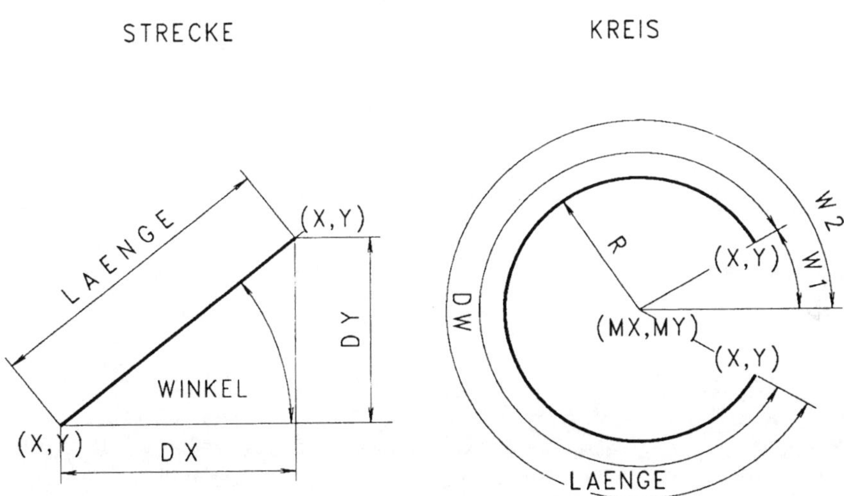

Bild 6-11 Geometriedaten verschiedener Elemente

6.3.3 Entwerfen einer Zeichnung

Entwürfe sind Hilfestellungen bei der Konstruktion. Um im Entwurfsmodus die Zeichengeschwindigkeit zu erhöhen, ist es ratsam, den Schalter [PUNKT-KONSTR.] im Menüpfad [PARAMETER] [GRUNDEINSTELLUNGEN] auf „Cursor“ zu stellen.

Vor allem bei Gußteilen treten oft nicht genau zu definierende Rundungen auf. Auch bei anderen Konstruktionen treten Radien auf, die keinen funktionellen Wert besitzen, sondern nur der Sicherheit dienen.

Für solche im voraus nicht exakt zu bestimmende Radien bietet CADdy eine Funktion zum dynamischen Runden [DYN. RUNDEN] im Menü [ENTWURF] des Branchenmoduls Konstruktion an.

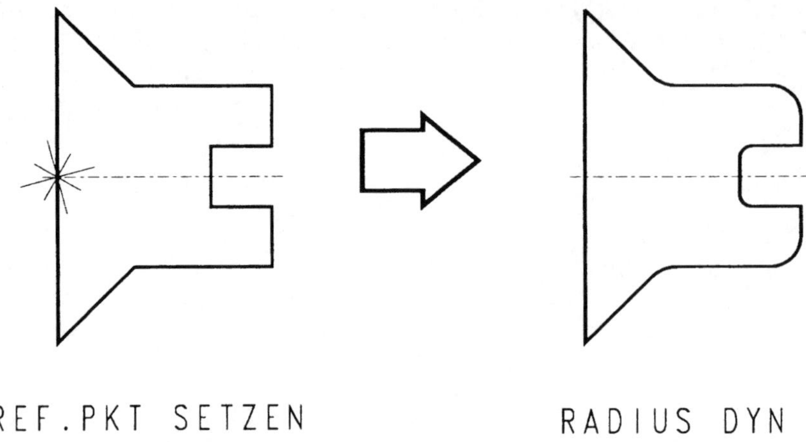

Bild 6-12 Dynamisches Runden

Die den Radius begrenzenden Strecken müssen entweder mit Hilfe des gemeinsamen Endpunkts, eines zwischen den Strecken liegenden Punktes oder durch Antippen der beiden Strecken identifiziert werden. Der Kreisbogen kann sodann dynamisch aufgezogen und bestätigt werden. Der dabei in der Eingabezeile angebotene Radienwert kann wahlweise mit [RETURN] übernommen oder durch Tastatureingabe geändert werden. Die den Radius tangierenden Strecken werden je nach Radienlage verlängert oder gekürzt.

Das dynamische Verändern von Ecken kann auch mit dem Schalter [DYN. FASEN] erfolgen. Dabei werden jeweils symmetrische Fasen erzeugt. Die Vorgehensweise ist die gleiche wie bei dem dynamischen Runden.

Zum Entwurf einer Zeichnung gehört auch die Entwurfsbemaßung oder die Erzeugung von Punktmaßen zu einer Skizze. Handelt es sich um den Entwurf für eine NC-Zeichnung, kann mit [REF.PKT] [SETZEN] der Werkstücknullpunkt definiert und durch die Auswahl eines Symbols markiert werden. (Dieses Symbol sollte nur mit der in diesem Menü enthaltenen Funktion [LÖSCHEN] wieder entfernt werden.) Alle Entwurfsbemaßungen in x- oder y-Richtung [ENTW. BEM.] [X-KOORD.] bzw. [Y-KOORD.] beziehen sich auf diesen Referenzpunkt oder auf den Bildnullpunkt in der linken unteren Ecke. Um eine Entwurfsbemaßung zu erzeugen, muß zunächst eine Hilfslinie für das Positionieren der Maße gewählt werden. Anschließend werden Objektpunkte (Endpunkte) durch Antippen identifiziert und die Maßzahlen plaziert.

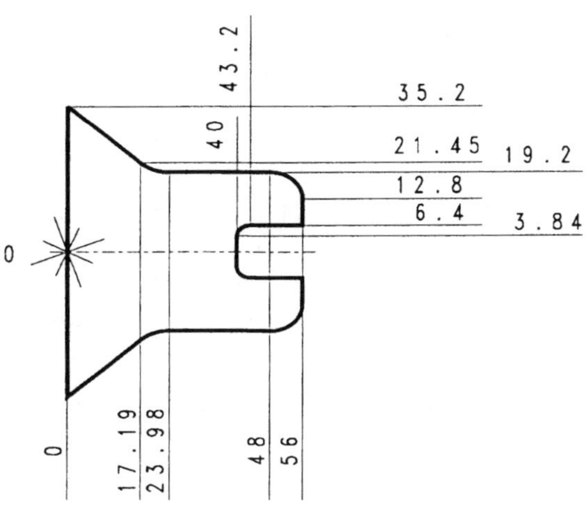

Bild 6-13 Entwurfsbemaßung

Mit der eben beschriebenen Funktion "Entwurfsbemaßung" [ENTW.BEM.] können für verschiedene Punkte einer Geometrie X- und Y-Werte ermittelt werden. Diese gewonnenen Koordinaten können nun wiederum zur Konstruktion einer Kontur dienen.

Eine solche Kontur kann mit der Funktion "Reinzeichnen" im Menü [ENTWURF] [REINZEICHNEN] des Branchenmoduls Konstruktion angefertigt werden. Diese Funktion ermöglicht es, eine spezielle Polygonkonstruktion zu erstellen. Die Eingabe der Koordinaten kann je nach Wahl beim Aufruf des Entwurfmenüs mit dem Cursor oder mit dem Punktdefinitionsmenü erfolgen, oder es werden Angaben zum Winkel und zur Länge einer Strecke oder zu den Absolut- oder Relativkoordinaten gemacht.

Es ist zuerst der Startpunkt, dann der Endpunkt der ersten Strecke zu definieren. In der Eingabezeile werden nacheinander der Winkel und die Länge der Strecke angezeigt und können nochmals editiert oder mit [RETURN] akzeptiert werden. Nun können weitere Strecken konstruiert werden. Mit [ESC] bzw. der rechten Maustaste wird die Polygonerzeugung beendet. Mit Hilfe des nun folgenden Menüs kann das Polygon nochmals bearbeitet werden. Mit [ENDE] wird das "Reinzeichnen"-Menü verlassen.

6.3.4 Benutzerdefinierte Linienarten

CADdy verfügt standardmäßig über sechs Linienarten und bietet damit für fast jeden Anwendungsfall im Maschinenbau die richtige Auswahl. Sollten Sie dennoch zusätzliche Linienarten benötigen, können Sie dieses Standardangebot mit dem Funktionsschalter „Linienarten“ in der [PARAMETER]-Maske Ihren Erfordernissen anpassen und erweitern. Hier steht Ihnen ein Linieneditor zur Verfügung, mit dem Sie auf einfache Weise bis zu 16 neue Linienarten kreieren können. Für jede Linienart muß eine Bezeichnung festgelegt werden, die in das oberste freie Feld auf der linken Seite der Maske eingetragen wird. In dem Feld rechts daneben legen Sie das Aussehen der neuen Linie fest: Durch Antippen erreichen Sie eine weitere Maske, in der Sie aus 16 Objekten ([SEGMENT 1...16]) die Bestandteile, aus denen sich die neue Linie zusammensetzt, wählen können. Verfügbare Objekte sind Strecken mit einer bestimmten Länge und Breite, eine freie Stelle mit eine Länge, ein einbindbares Symbol, ein Text oder ein Kreis mit einem frei wählbaren Radienwert. Eine Vorschau auf das Aussehen der neuen Linienart erzeugen Sie am Bildschirm, indem Sie zur Linienartenmaske zurückkehren und dort den Schalter [ZEIGEN] neben der betreffenden Linienart anwählen. Sobald Sie nun zwei Punkte einer Strecke mit dem Cursor am Bildschirm definiert haben, wird diese in der neuen Linienart dargestellt.

Die neue Linienart kann in einer INF-Datei gespeichert und auch in die Folien-Linienaufteilung eingebracht werden. Wählen Sie zu dem Zweck bei Linienart die Auswahl [BELIEBIG] an, und tippen Sie dann auf den von Ihnen vergebenen Liniennamen. Den entsprechenden Menüpunkt finden Sie in der Menüfolge [PARAMETER] [FOLIEN] [EINSTELLUNGEN] [LINIENART].

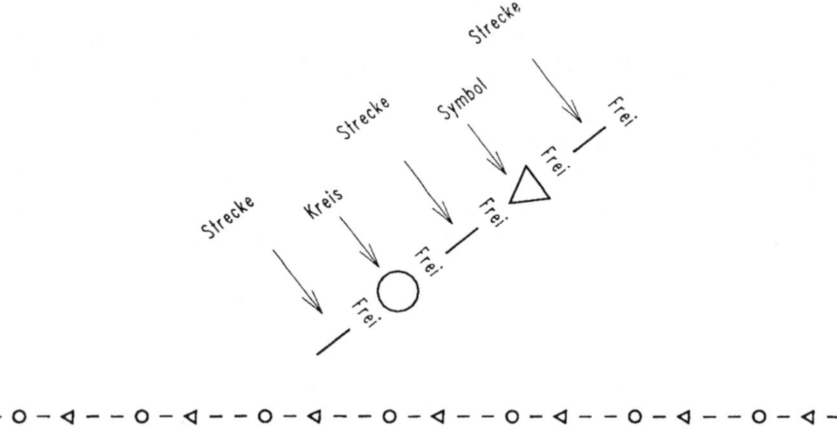

Bild 6-14 Benutzerdefinierbare Linienart

6.4 Berechnungen mit CADdy

Der Menüpunkt [BERECHNEN] im CADdy-Hauptmenü enthält Funktionen, mit deren Hilfe sich mathematische Gleichungen, Berechnungen von Umfangslängen und Flächeninhalte von Konturen auf dem Bildschirm, Linien-, Flächenschwerpunkte und Momente berechnen lassen. Die dabei ermittelten Werte können zur weiteren Verarbeitung in Dateien zwischengespeichert werden.

Darüber hinaus existiert eine ganze Reihe von Funktionen zur Berechnung der trigonometrischen Funktionen sinus, cosinus, tangens und cotangens, zur Berechnung von Wurzeln sowie von Koordinatenwerten und Längen, deren Werte gespeichert und analog zum Tipp-Menü in andere Anwendungen (z.B. Konstruktion, Architektur etc.; siehe Menü [ANWENDUNGEN]) übernommen werden können. Eine Übersicht über diese Funktionen geben Ihnen die folgenden Tabellen.

CADdy-Funktionen

Trigonometrische Funktionen

Argumente bzw. Ergebnis in Altgrad (360°-*Winkel-System*):

gradsin (x) bzw. gsin(x)	sinus von x
gradcos (x) bzw. gcos(x)	cosinus von x
gradtan (x) bzw. gtan(x)	tangens von x
gradcot (x) bzw. gcot(x)	cotangens von x
gradarctan (x) bzw. garctan(x)	arcustangens von x

Argument bzw. Ergebnis in Bogenmaß

sin (x)	sinus von x
cos (x)	cosinus von x
tan (x)	tangens von x
cot (x)	cotangens von x
arctan (x)	arcustangens von x

Umrechnungsfunktionen

radian (x)	rechnet Altgrad in Bogenmaß um
grad (x)	rechnet Bogenmaß in Altgrad um

Tipp-Funktionen

t ?	ruft Tipp-Menü auf
tx ?	bestimmt x-Koordinate eines Streckenpunkts
ty ?	bestimmt y-Koordinate eines Streckenpunkts
tdx ?	bestimmt Länge einer Strecke in x-Richtung
tdy ?	bestimmt Länge einer Strecke in y-Richtung
tl ?	bestimmt Länge einer Strecke
tarc ?	bestimmt Neigungswinkel einer Strecke
tr ?	bestimmt Radius eines Kreises oder Länge der langen Halbachse einer Ellipse
tarc0 ?	bestimmt Anfangswinkel eines Kreises/einer Ellipse
tarc1 ?	bestimmt Endwinkel eines Kreises/einer Ellipse
tarc01 ?	bestimmt Winkeldifferenz eines Kreises/einer Ellipse (Öffnungswinkel eines Kreisbogens)

Sonstige Funktionen

abs (x)	Absoluter Betrag von x
sqr (x)	Quadrat von x
sqrt (x)	Quadratwurzel aus x
exp (x)	Exponentialfunktion zur Basis e
ln (x)	Natürlicher Logarithmus

Diese Funktionen können sowohl mit dem „CADdy-Taschenrechner", der nach Wahl der Menüfolge [BERECHNEN] [RECHNEN] erscheint, wie auch an jeder beliebigen anderen Stelle in CADdy berechnet werden. Letzteres ist besonders dann vorteilhaft, wenn numerische Eingaben über die Tastatur erfolgen müssen: Anstatt den Wert 1,414 als Ergebnis der Quadratwurzel von 2 einzugeben, setzen Sie die Funktion sqrt(2) ein, die das Ergebnis zudem mit der auf Ihrem Computer größtmöglichen Genauigkeit berechnet.

In mathematischen Ausdrücken können alle Funktionen mit Hilfe der üblichen Operatoren sowohl miteinander als auch mit Zahlen verbunden werden. Eine zusätzliche Hilfe bei der Berechnung von Formeln sind die Symbole für Zahlen und Operatorzeichen auf dem grafisch gestalteten Taschenrechner von CADdy, den Sie mit der Menüfolge [BERECHNEN] [KALKULATOR] aufrufen.

Eine weitere Möglichkeit, Berechnungen anzustellen und Zwischenwerte zu speichern, stellen die Varianten [REGISTER] und [FORMELN] dar.

Register sind Speicher, in denen feste Werte (reelle Zahlen) abgelegt werden. Diese bleiben während der gesamten Zeitdauer einer CADdy-Arbeitssitzung erhalten, bei Speicherung in einer Datei auch beliebig lang danach (wählen Sie dazu die Maske Register und das Funktionsfeld [SPEICHERN]). Die in der Maske Register eingegebenen und gespeicherten Werte können Ausgangsgrößen für die Berechnung von Formeln sein oder bei der Berechnung von Formeln selbst entstehen.

Mathematische Ausdrücke und die daraus ermittelten Ergebnisse werden mit dem Menüpunkt [BERECHNEN] [FORMELN] in das Register übertragen. Wie in einem „echten" Register stehen 26, mit A bis Z bezeichnete Formelblöcke zur Verfügung, deren jeder maximal 10 Formeln aufnehmen kann. Durch Eingabe des betreffenden Buchstabens im Feld [FORMELBLOCK] greifen Sie gezielt auf die gewünschte Registerseite zu.

Um die Möglichkeiten dieses Verfahrens voll auszuschöpfen, sei Ihnen an dieser Stelle ein Blick in den entsprechenden Abschnitt des CADdy-Handbuchs empfohlen.

6.5 Cursorfangfunktionen

Bei der Konstruktion einer Geometrie stehen grundsätzlich zwei Arbeitsmodi zur Verfügung: die Konstruktion mit dem Punktdefinitionsmenü oder mit dem Cursor. Das Punktdefinitionsmenü hat den Vorteil der größeren Genauigkeit, aber den Nachteil, langwieriger zu sein, da nach jeder Teilkonstruktion erneut die nächsten zwei Punkte mit Hilfe des Menüs definiert werden müssen. Die Konstruktion mit dem Cursor hat dagegen den Vorteil, daß Geometrien sehr schnell durch Mausklick erzeugen werden können, Präzisionsansprüche werden aber kaum erfüllt.

Die Genauigkeit der Konstruktion mit dem Cursor kann jedoch erhöht werden, wenn zusätzlich durch Tastatureingaben definierbare Punkte einer bestehenden Geometrie angegeben werden.

Die folgende Liste zeigt diese Tastatureingaben. Damit kann man einerseits beständig am Bildschirm die Konstruktion erstellen und hat doch die Kriterien einer höheren Genauigkeit erreicht. Das Arbeiten mit dieser "Cursorfangfunktion" setzt allerdings voraus, daß sich bereits eine Geometrie auf dem Bildschirm befindet, an der sich an definierte Punkte anknüpfen läßt. Diese Tastenfunktionen müssen nach jeder Teilkonstruktion erneut aufgerufen werden, der Cursor bleibt jedoch am Bildschirm zur Verfügung. Am unteren Ende des rechten Menüblocks wird die ausgewählte Tastenfunktion nochmals angezeigt.

Taste	Fangfunktion
E	Endpunkt
S	Schnittpunkt
F	Punkt auf dem nächstgelegenen Element
M	Mitte
H	relativ in horizontaler Richtung vom zuletzt gesetzten Punkt
V	relativ in vertikaler Richtung vom zuletzt gesetzten Punkt
O	Objektpunkt

Tabelle 6-6

6.6 Praxisfall

Das Projekt OPTIKA, zur Zeit bestehend aus 3 Zeichnungen, wird in diesem Arbeitsgang mit Oberflächenzeichen und Schraffuren vervollständigt. Öffnen Sie das Projekt zunächst im Menü [PROJEKTVERWALTUNG].

Als erstes soll Teil01 verändert werden. In der folgenden Zeichnung erkennen Sie, daß zwei Oberflächenzeichen einzufügen sind.

Ein Rauhheitszeichen befindet sich an der Ansicht von oben und eines ist über dem Schriftfeld als Gesamtrauhheitsangabe dargestellt. Das erste dieser Rauhheitszeichen soll nun erzeugt werden. Rufen Sie dazu die Funktion [OBERFLÄCHE] aus dem Menü [ZEICHN. HILF] des Branchenmoduls Konstruktion auf. Benutzen Sie als [ART DES RAUHHEITSSYMBOLS] die Auswahl „durch Trennen hergestellt"; die [ART DER RAUHHEIT] ist „Ra" mit dem [RAUHHEITSWERT] 1.6.

Weiterhin ist die [AUSRICHTUNG] des Rauhheitssymbols anzugeben. Da es sich direkt an einem schräg auf der Zeichenfläche liegenden Element befindet, müssen Sie „parallel zum Bezugselement" wählen. Die [POSITION REFERENZPUNKT] ist „auf Bezugselement" einzustellen. Die restlichen Felder sind mit den Ausschriften „KEINE", „OHNE", „0.00" oder „–" zu füllen.

Erzeugen Sie nun mit dem Schalter [ZEICHNEN] die Rauhheitsangabe an Ihrem Bezugselement. Die Gesamtrauhheit über dem Schriftfeld wird im nächsten Kapitel angefügt, da dafür die Lage des Schriftfeldes von Bedeutung ist.

Schraffieren Sie schließlich noch die in Bild 6-15 gezeigten Flächen, und speichern Sie die Zeichnung erneut.

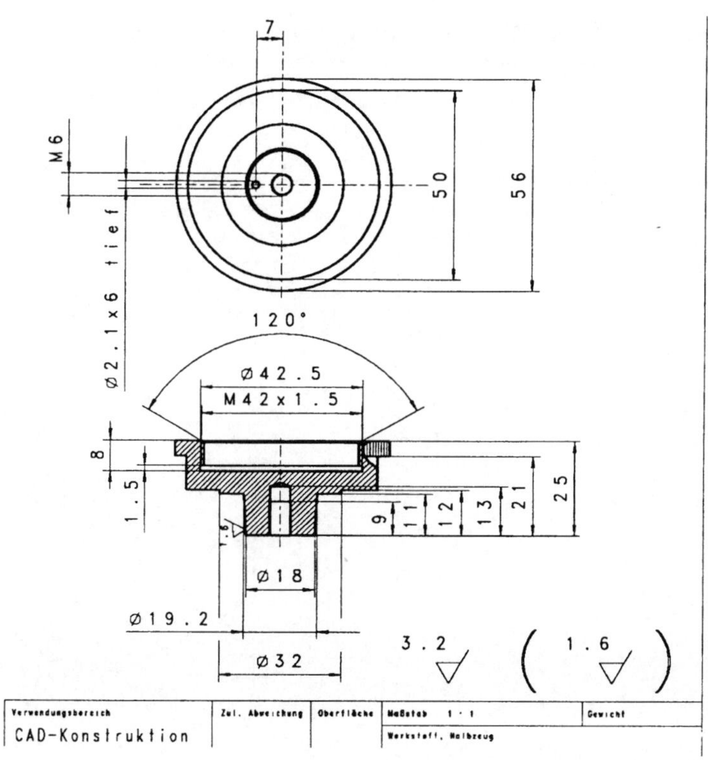

Bild 6-15 Schraubfassung komplett

Auf dem zweiten Teil, dem Aufnahmebock, müssen noch ein Oberflächensymbol und eine Schraffur in der Ansicht von links eingebracht werden. Die untere Schraffur in der Ansicht von links wird vorerst nicht berücksichtigt (vgl. den Praxisfall im Kapitel 7).

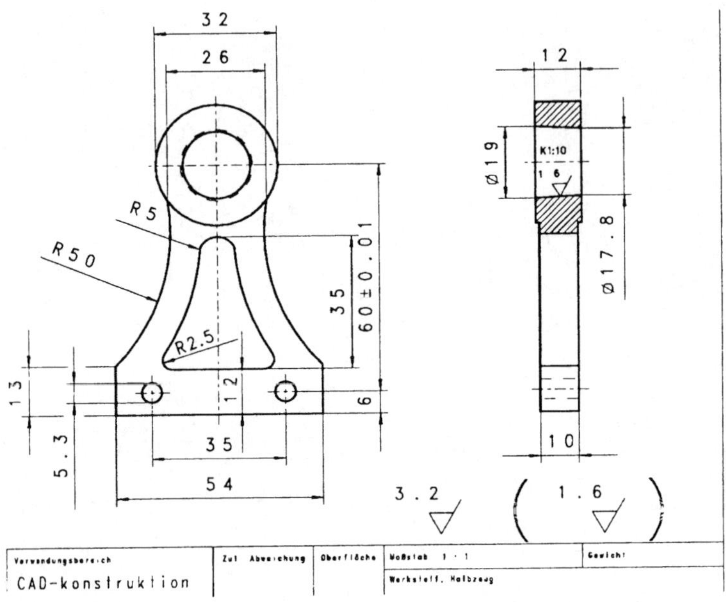

Bild 6-16 Aufnahmebock komplett

Auch das Werkstück „Scheibe“ (Einzelteilzeichnung Teil03) soll mit einer Schraffur versehen werden. Erzeugen Sie diese, und speichern Sie dann die Zeichnung. Die Gesamtrauhheit bleibt auch hier unberücksichtigt.

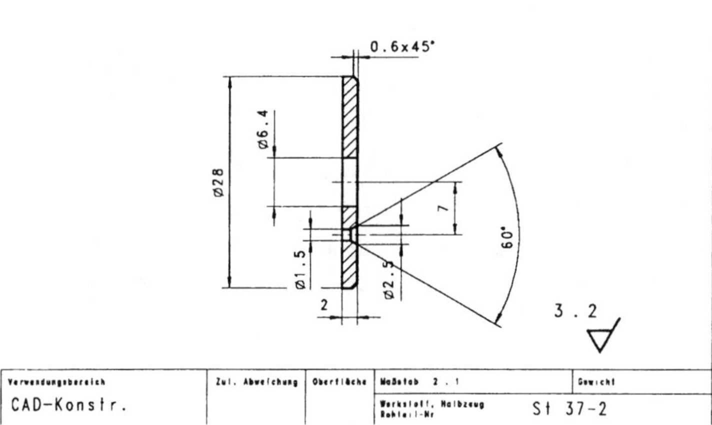

Bild 6-17 Scheibe komplett

6.7 Aufgaben

1. Welcher wesentliche Unterschied besteht zwischen A- und B-Symbolen?
2. Was muß bei der Datenausgabe auf Diskette beachtet werden, wenn die Zeichnung Symbole enthält?
3. Wie können für die Erzeugung von Elementen die geometrischen Eigenschaften (z.B. Winkel, Länge) von vorhandenen Elementen benutzt werden?

6.7.1 Lösungen

1. A-Symbole bleiben nach dem Plazieren auf der Zeichnung als eine Einheit erhalten, ein B-Symbol wird nach dem Plazieren in grafische Grundelemente zerlegt, ein eventuell darin vorhandenes A-Symbol bleibt erhalten.

2. Es muß die Funktion [ARCHIVIEREN] benutzt werden, oder die benutzten Symbole sind mit auf die Diskette zu kopieren.

3. Bei der Abfrage von geometrischen Werten kann durch Eingabe von „t?“ das Tipp-Menü zur Übernahme von vorhandenen Geometriewerten aufgerufen werden.

7 Organisation und Ausgabe von Zeichnungen

Die ständig steigende Flut von Informationen und neuen Werkstücken, das wachsende Tempo der Forschung, die Abänderungen von Teilen und Zeichnungen und somit eine steigende Zahl von Einzelteilen nach sich zieht, bedingen eine sorgfältige Verwaltung und Aufteilung dieser Objekte in den Betrieben. Die Organisation von Zeichnungen als Dateien und Papiervorlagen ist die Voraussetzung für eine gute Informationsübergabe. Langes Suchen nach Zeichnungen, die zu einem Projekt oder einer Baugruppe gehören, kann unter Umständen sehr gravierende wirtschaftliche Auswirkungen haben. Deshalb sollten alle Informationen so abgelegt sein, daß ein schneller Zugriff darauf gewährleistet ist. CADdy unterstützt diese Organisation mit einer Reihe von Funktionen, so z.B mit dem Programm Zeichnungsverwaltung, das das schnelle Auffinden von Zeichnungen und zugehöriger Daten erleichtert.

Die zweite Möglichkeit der Datenorganisation in CADdy ist die schon beschriebene Projektverwaltung. Auch sie erleichtert das Organisieren von Zeichnungen, die zu einem Projekt gehören. Mit ihrer Hilfe können Zeichnungen rasch aktiviert, abgeändert oder ausgegeben werden.

Der dritte Verwaltungsassistent, den CADdy bereitstellt, ist die Zeichnungsorganisation.

7.1 Zeichnungsorganisation

Die Zeichnungsorganisation ist in das Anwendungsmodul Konstruktion integriert und hilft Ihnen, Einzelteilzeichnungen zu einer Zusammenstellungszeichnung zu komplettieren oder auch verschiedene Erzeugungs- oder Änderungsstufen einer Zeichnung zu verwalten. Diese einzelnen Bilder (Zeichnungen) werden gewissermaßen gleichzeitig zur Verfügung gestellt und sind wie die einzelnen Folien ein- und ausblendbar.

Das Erzeugen oder Ändern von Bildelementen geschieht dabei immer auf einer speziellen Zeichnung, die Arbeits-Teilzeichnung genannt wird. Da alle Zeichnungen zu einer großen Zeichnung zusammengefaßt sind, werden alle einzelnen Zeichnungen Teilzeichnungen genannt. Alle Funktionen, die Sie aus den vorangegangenen Kapiteln kennen, können weiterhin genutzt werden. Die Erzeugung und Änderung von Teilzeichnungen wird durch die neue Form nicht beeinflußt: Im Gegenteil, sie bietet mehr Möglichkeiten und Manipulationsfunktionen an.

In der Arbeits-Teilzeichnung [ZEICHN.-ORG] [ÜBERSICHT] können nicht aktive Teilzeichnungen weder gelöscht noch verändert werden. Eine Ausnahme stellt die Funktion [LÖSCHEN ALLE] dar: Sie wirkt sich auf alle Folien aller Teilzeichnungen aus.

Für jede einzelne Teilzeichnungen kann festgelegt werden, ob diese sichtbar sein sollen. Dies ist z.B. von Vorteil, wenn Sie verschiedene Veränderungsstufen einer Konstruktion dokumentieren wollen.

Eine weitere Einstellung, die für Teilzeichnungen vereinbart werden kann, betrifft die Zugriffsrechte [ZUGRIFF] auf eingeblendete Elemente. Bei dem Status [NUR LESEN] können Funktionen, die Kopien von Einzelelementen liefern, auch auf Elemente angewandt werden, die nicht auf der Arbeits-Teilzeichnung liegen. Damit können z.B. Geometriedaten in andere Teilzeichnungen übernommen werden. Alle Fangfunktionen des Punktdefinitionsmenüs können ebenso auf die sichtbaren Teilzeichnungselemente angewandt werden, wenn Zugriffsrecht besteht.

Auf diese Weise können Sie eine einmal erzeugte Geometrie wie mit einer Transparenzfolie abzeichnen. Jeder Teilzeichnung kann eine beliebige Bezeichnung zugeordnet werden; sie kann bis zu 40 Zeichen lang sein und auch Leer- und Sonderzeichen enthalten. Gebräuchliche Bezeichnungen sind z.B. der Name des Einzelteils oder dessen Änderungsdatum mit einer stichpunktartigen Beschreibung der Änderung.

Die Möglichkeiten, welche Ihnen mit der Zeichnungsorganisation zur Verfügung stehen, können Sie am besten erproben, indem Sie das Beispiel BSP01 in das Modul Konstruktion einlesen. Alle Ansichten sollen auf Teilzeichnungen positioniert werden. Diese Vorgehensweise empfiehlt sich, wenn Sie Einzelansichten getrennt behandeln möchten. Diese Lösung sollte jedoch nicht gewählt werden, wenn das betreffende Teil in allen drei Ansichten noch ausgedruckt werden soll. Beim Drucken oder Plotten wird nur die jeweilige Arbeits-Teilzeichnung ausgegeben.

Sie aktivieren die Zeichnungsorganisation im Konstruktionsmenü mit dem Menüpunkt [ZEICHN.-ORG.]. Dieses Menü hat die Funktionsnummer 11016, mit der Sie die Zeichnungsorganisation auch als Icon oder Pulldown-Menü aufrufen können.

Im Zeichnungsorganisationsmenü finden Sie drei Funktionengruppen: die Gruppe [TEILZEICH.], die Teilzeichnungen verwaltet und anzeigt, die Gruppe [EDITIEREN], in der Sie Funktionen zum Verändern oder Übertragen von Elementen von und nach Teilzeichnungen finden, und den Menüpunkt [ÜBERSICHT].

In der Maske [ÜBERSICHT] werden alle Voreinstellungen für die Arbeit mit Teilzeichnungen getroffen. Für die erste und zur Zeit einzige Teilzeichnung (das zuvor gelesene BSP01) wurde noch kein Name vergeben; deshalb führt sie CADdy unter der Bezeichnung des eingelesenen Bildes. Sie wird beim Aufruf zur aktiven Arbeits-Teilzeichnung. Diese Information kann in dem oberen Maskenteil abgelesen werden. Um Ihrer Teilzeichnung einen Namen zu geben, müssen Sie diese Zeichnung zuerst auswählen. Bewegen Sie dazu den Mauszeiger auf die Bezeichnung im mittleren Maskenteil, und tippen Sie einmal die linke Maustaste. Daraufhin wird die gewählte Zeichnung markiert.

Im unteren Teil der Maske finden Sie den Funktionsschalter [BEZEICHNUNG]. Nach seiner Anwahl erscheint ein Feld zur Eingabe der neuen Bezeichnung. Vergeben Sie die Bezeichnung „Gesamtansicht", bestätigen Sie diese Eingabe, und tippen Sie den Schalter [ENDE] an. Die Bezeichnung wird sofort in der Zeile der Teilzeichnung und bei der Anzeige der Arbeits-Teilzeichnung angezeigt.

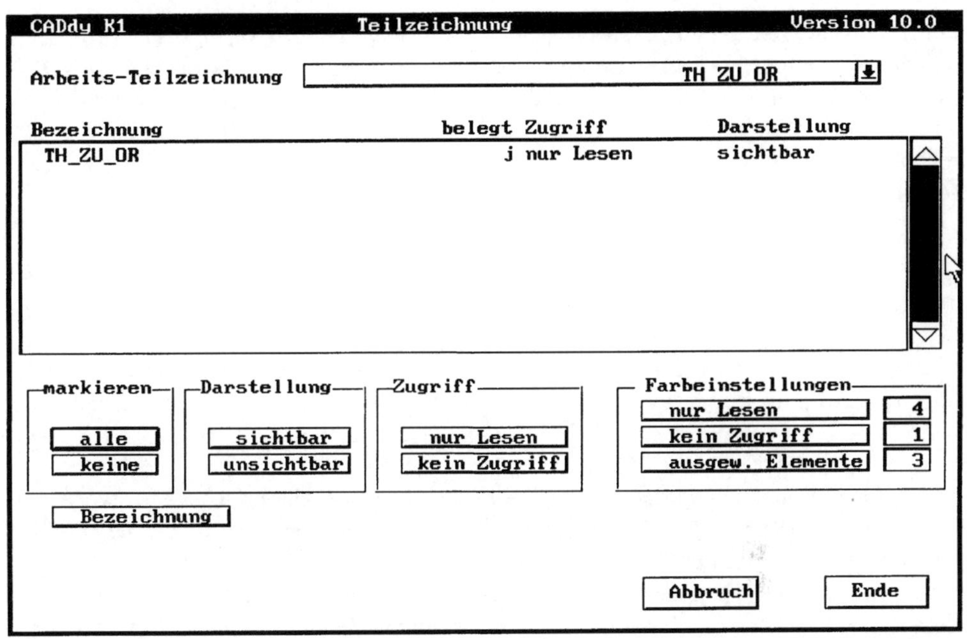

Bild 7-1 Übersicht-Maske der Zeichnungsorganisation

Weitere Einstellungen, die hier noch festgelegt werden können, werden später behandelt. Verlassen Sie diese Maske durch Anklicken des Schalters [ENDE]. Die Bezeichnung der Teilzeichnung wird auf dem CADdy-Bildschirm nicht angezeigt, läßt sich aber mit dem Funktionsbalken [BEZEICHN.] in der Eingabezeile am Bildschirm links unten darstellen. Dort haben Sie die Möglichkeit, den Namen zu ändern. Damit die Einzelansichten auf unterschiedlichen Teilzeichnungen abgelegt werden können, müssen diese Ablageorte zuerst angelegt werden. Rufen Sie deshalb die Funktion zum Neuanlegen von Teilzeichnungen auf, indem Sie den Schalter [ANLEGEN] anklicken. CADdy fragt Sie nach der Bezeichnung der neuen Teilzeichnung, die Sie beispielsweise „Ansicht von oben" nennen. Nachdem Sie den Namen bestätigt haben, wird sie zur Arbeits-Teilzeichnung erklärt. Um alle Teilzeichnungen verfügbar zu haben, aktivieren Sie diesen Menüpunkt ein zweites Mal und vergeben den Namen „Ansicht von vorn". Nutzen Sie diese Methode auch, um eine Teilzeichnung für die Ansicht von links zu erstellen.

Es sind nun vier Teilzeichnungen vorhanden, die Sie mit der Projektverwaltung verwalten können. Alle Teilzeichnungen sind beim Neuanlegen immer sichtbar und mit Zugriffsrecht versehen. Um die Teilzeichnung „Gesamtansicht" wieder zur Arbeits-Teilzeichnung zu machen, sind verschiedene Vorgehensweisen möglich: Die erste wird mit dem Menüschalter [GEHE ZU] aktiviert. Hier können Sie mit dem Fangcursor ein Element derjenigen Teilzeichnung auswählen, die Sie zur Arbeits-Teilzeichnung erklären möchten. Tippen Sie eines der Elemente an. Wenn Sie kein Element auswählen, sondern die rechte Maustaste betätigen, sehen Sie eine Übersicht über alle verfügbaren Teilzeichnungen. Hier können Sie eine Bezeichnung auswählen und mit dem Schalter [ENDE] bestätigen. Die ausgewählte Teilzeichnung wird für die Arbeit aktiviert. Sie erkennen, daß die Farbe der Elemente wiederhergestellt wurde. Dies ist auf die Parametereinstellung für nicht aktivierte Teilzeichnungen zurückzuführen. Rufen Sie wieder den Menüpunkt [ÜBERSICHT] auf.

Sie haben nun die Kontrolle über alle Einstellungen der einzelnen Teilzeichnungen. In der rechten unteren Maskenhälfte finden Sie Zahlenwerte für bestimmte [FARB-EINSTELLUNGEN]. Die Farben für Elemente auf nicht aktivierten Teilzeichnungen [BELEGT N] werden nach dem vergebenen Zugriffsrecht getrennt zugeordnet. Je nach dem Zugriffsstatus einer Teilzeichnung ist die Farbe neben der Ausschrift [NUR LESEN] gültig. Sobald kein Zugriffsrecht mehr besteht, wird die Farbe neben der Bezeichnung [KEIN ZUGRIFF] genutzt, um alle Elemente dieser Zeichnung darzustellen. Nur die aktive Arbeits-Teilzeichnung [BELEGT J] wird mit der Farbzuordnung dargestellt, die den einzelnen Folien zugeordnet wurde. Sie haben zwei Einstellmöglichkeiten: Wenn die Zahlwerte der Farben bekannt sind, können Sie diese direkt in das entsprechende Feld eingeben, anderenfalls tippen Sie auf den Schalter, der das Zugriffsrecht der Teilzeichnung, dessen Farbe Sie ändern möchten, zeigt. Daraufhin erscheint eine Anzeige aller Farben, aus denen Sie durch Antippen wählen können. Stellen Sie für die Option [NUR LESEN] z.B. die Farbe GRAU und für die Einstellung [KEIN ZUGRIFF] die Farbe dunkles Hellblau ein. Die [AUSGEWÄHLTEN OBJEKTE] sollen dunkelrot dargestellt werden.

Die Einstellung der Farbzuordung kann in einer INF-Datei gespeichert werden. Falls die Einstellungen permanent wirksam sein sollen, speichern Sie sie in der Datei K.INF.

Die Aufteilung der Elemente jeder einzelnen Ansicht erfolgt nun in zwei Schritten: Zuerst müssen Elemente in einen Zwischenspeicher verbracht werden, und von dort aus können sie in eine andere Teilzeichnung eingefügt werden. Dieser Zwischenspeicher kann mit Elementen aus verschiedenen Teilzeichnungen, die nacheinander zur Arbeits-Teilzeichnung erklärt werden, gefüllt werden. Erst nachdem der Inhalt übertragen wurde, wird der Zwischenspeicher gelöscht.

Damit die Elemente der Ansicht von vorn auf die Teilzeichnung mit Namen „Ansicht von vorn“ übertragen werden, wählen Sie zuerst mit dem Menüpunkt [GEHE ZU] die Arbeitsteilzeichnung „Gesamtansicht“ und dann die Funktion [KOPIEREN] im Zeichnungsorganisationsmenü aus. Wählen Sie alle Elemente, die Sie kopieren möchten. Dazu stehen verschiedene Wahlmöglichkeiten in der rechten Menüleiste zur Verfügung. Die Funktionen unterhalb der Ausschrift [AUSWÄHLEN] bewirken, daß alle gewählten Elemente in den Zwischenspeicher kopiert werden. Irrtümlich gewählte Folien oder Elemente demarkieren Sie mit dem gleichnamigen Schalter im Menüpunkt [ZURÜCK]. Die ausgewählten Objekte werden in der zuvor im Menü [ÜBERSICHT] eingestellten Farbe – in unserem Beispiel dunkelrot – angezeigt. Alle Elemente, die Sie z.B. mit [AUSSCHNITT] oder [BEL.ELEM.] auswählen, ändern ihre Farbe. Nutzen Sie eine der Varianten aus der Rubrik [AUSWÄHLEN], um alle Elemente der Ansicht von vorn zu markieren. Die Bemaßung soll mit kopiert werden. Der erste Schritt ist somit ausgeführt. Der zweite Schritt faßt das Wählen des Zielorts und das Einfügen der Elemente aus dem Zwischenspeicher in die neue Arbeits-Teilzeichnung zusammen.

Der Zielort der kopierten Elemente soll die Teilzeichnung „Ansicht von vorn" sein. Dazu ist die Teilzeichnung „Ansicht von vorn" als Arbeits-Teilzeichnung zu definieren. Öffnen Sie deshalb die [ÜBERSICHT]-Maske. In der obersten Zeile dieses Optionsfensters finden Sie den Namen der Arbeits-Teilzeichnung. Wenn Sie den Auswahlschalter neben dieser Ausschrift anwählen, werden alle Teilzeichnungen aufgelistet. Tippen Sie auf den Namen der zu aktivierenden Zeichnung, und verlassen Sie die Maske durch Klick auf [ENDE]. Dies ist die dritte Möglichkeit, eine Teilzeichnung als Arbeits-Teilzeichnung zu definieren. Alle Elemente der vorher aktivierten Teilzeichnung ändern wieder ihre Farbe. Wechseln Sie nun von der aktuellen Teilzeichnung „Gesamtansicht" zu der eben aktivierten Teilzeichnung mit dem Menüpunkt [GEHE ZU], und wählen Sie den Schalter [EINFÜGEN]: Alle vorher ausgewählten Elemente wurden in die soeben aktivierte Teilzeichnung übertragen und in der Originalfarbe dargestellt. Die restlichen Elemente werden weiterhin in der definierten Farbe dargestellt.

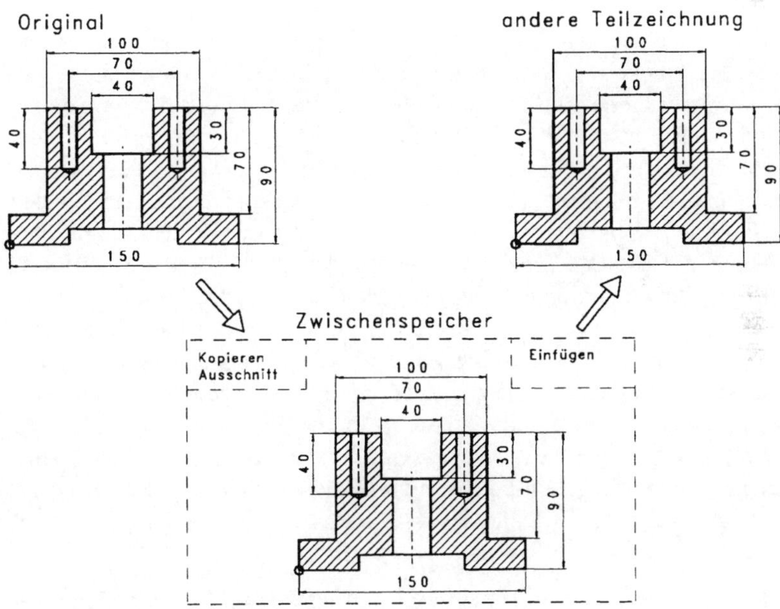

Bild 7-2 Kopieren und Verschieben in der Zeichnungsorganisation

Sollen Zeichnungselemente von der Arbeits-Teilzeichnung ausgeschnitten und auf andere Teilzeichnungen übertragen werden, muß das Editiermenü [AUSSCHN.] gewählt werden. Die Elemente werden in diesem Fall nicht markiert, sondern verschwinden sofort vom Bildschirm. Diese Funktion ist besonders vorteilhaft, wenn Sie aus einer Zeichnung ausgewählte Teile, z.B. die Bemaßung, ausschneiden und in eine separate Teilzeichnung ablegen möchten. So kann die Zeichnung, beispielsweise aus Gründen der Übersichtlichkeit, ohne störende Zusatzinformationen verwendet werden.

Aktivieren Sie wieder die Teilzeichnung „Gesamtansicht". Wählen Sie nun alle Elemente der Ansicht von oben für die Funktion [KOPIEREN] aus, und fügen Sie diese in die Teilzeichnung „Ansicht von oben" ein. Das gleiche wiederholen Sie noch mit allen Elementen der Ansicht von links.

Sie haben nun vier Teilzeichnungen erzeugt, die hintereinander dargestellt werden. Um zu kontrollieren, ob die gewünschten Elemente auch tatsächlich enthalten sind, wählen Sie in der Zeichnungsorganisation den Schalter [VORWÄRTS] unter der Überschrift [BLÄTTERN]. Auf diese Weise werden alle in der Teilzeichnung enthaltenen Elemente dargestellt und ihre Bezeichnung erscheint in der Eingabezeile. Durch Klick auf den Schalter [VORWÄRTS] bzw. [RÜCKWÄRTS] blättern Sie in diesen Teilzeichnungen. Dies ist gleichzeitig die vierte Variante, um eine Teilzeichnung zur Arbeits-Teilzeichnung zu erklären. Beachten Sie jedoch, daß das Blättern sehr zeitaufwendig sein kann, besonders, wenn viele Teilzeichnungen angelegt wurden.

Die nächste Aufgabe ist das Ausschneiden aller Bemaßungen in den Teilzeichnungen, die nur eine Ansicht beinhalten, und das Einbringen dieser Elemente in eine neue Teilzeichnung. Erzeugen Sie zu diesem Zweck eine neue Teilzeichnung mit der Benennung „Bemaßung". Aktivieren Sie dann die Teilzeichnung „Ansicht von vorn" mit einer der genannten Möglichkeiten. Nutzen Sie den Schalter [AUSSCHN.] und die Auswahl [FOLIEN], um die Bemaßungselemente auszuwählen. Alle Elemente der Bemaßung sind mit der Auswahl [BEM.FO] zu kennzeichnen. Verlassen Sie dieses Folien-Definitionsmenü über den Menüpunkt [ENDE]. Nach Beendigung des [AUSWAHL]-Menüs verschwinden alle zur Bemaßung gehörenden Elemente der Arbeits-Teilzeichnung. Blättern Sie in Ihren Teilzeichnungen zur Ansicht von oben. Die Auswahl der Bemaßungselemente kann auch mit der Variante [FOLGE] vorgenommen werden. Nutzen Sie diese Möglichkeit zum Auswählen, und tippen Sie nacheinander alle Bemaßungen an. Bemaßungselemente werden gemeinsam erzeugt und sind somit immer zu einer Folge vereinigt. Wiederholen Sie die Auswahl in der Teilzeichnung mit der Ansicht von links. Jetzt wurden alle Bemaßungen in den Zwischenspeicher transportiert. Aktivieren Sie die Teilzeichnung „Bemaßung", und fügen Sie alle ausgeschnittenen Elemente wieder mit der Funktion [EINFÜGEN] ein.

Da schon sehr viele Änderungen vorgenommen worden sind, kehren Sie zum Hauptmenü zurück und wählen [EIN/AUSGABE] [BILD SPEICH]. Die verschiedenen Teilzeichnungen dieses Bildes werden in einer Auswahlmaske angezeigt. Hier können Sie die zu speichernden Teilzeichnungen auswählen. Alle anderen Zeichnungen gehen verloren, wenn Sie CADdy beenden. Haben Sie nur eine Teilzeichnung gewählt, erscheint das Foliendefinitionsmenü zur Auswahl der abzuspeichernden Folien. Da Sie alle Folien in allen Teilzeichnungen abspeichern wollen, tippen Sie auf den Schalter [ALLE] und danach auf [ENDE]. Durch Bestätigung oder Neueingabe des Dateinamens werden alle gewählten Objekte auf diesen Speicherort geschrieben.

Im Menü [ZEICHN.-ORG.] finden Sie ebenfalls eine Funktion [LÖSCHEN], mit der Sie nicht mehr benötigte Teilzeichnungen tilgen können. Nach Anwahl dieser Funktion erscheint ein Auswahlfenster, in dem Sie die zu löschende Zeichnung markieren können. Nach Klick auf den Schalter [ENDE] und Bestätigung der Sicherheitsabfrage [LÖSCHEN] wird die ausgewählte Teilzeichnung entfernt.

Um aus Einzelzeichnungen verschiedene Ansichten desselben Teils zu erzeugen, dient der Menüschalter [ZUS.FASSEN]. Nach Anwahl dieses Menüpunkts gelangen Sie in die Auswahlmaske für Teilzeichnungen. Durch Antippen werden die einzelnen Teilzeichnungen in der zuletzt markierten zusammengefaßt; alle anderen Zeichnungen werden entfernt. Mit der Auswahl [ALLE] markieren Sie alle Einzelzeichnungen und bestimmen die aktuelle Arbeits-Teilzeichnung als Ziel. Nutzen Sie die Möglichkeit, einzelne Teilzeichnungen durch Antippen zu markieren, und wählen Sie nacheinander „Ansicht von vorn", „Ansicht von oben" und „Ansicht von links". Nach Beenden der Funktion über [ENDE] werden die Teilzeichnungen in die zuletzt gewählte übertragen. Ändern Sie die Bezeichnung dieser Teilzeichnung in „Ansicht ohne Bemaßung".

7.2 Datenaustausch mit anderen Systemen

Die Verwendung unterschiedlicher CAD-Systeme, zum Teil sogar in ein und demselben Unternehmen, führt dazu, daß Zeichnungen in verschiedenen Datenformaten vorliegen. Die Art der Datenspeicherung in CADdy unterscheidet sich z.B. wesentlich von der vergleichbarer Programme. Um trotzdem einen Datenaustausch zwischen verschiedenen Systemen zu ermöglichen, verfügt jedes CAD-Programm über sogenannte Konverter. Dies sind Übersetzungsprogramme, die die Daten einer Datei, z.B. einer Zeichnung, in ein Format umwandeln, das andere Programme lesen und verwerten können.

7.2.1 DXF-Format

Das DXF-Format ist ein standardisiertes Übertragungsformat für Vektordateien; in ihnen werden Informationen über Elemente in Form von Vektoren gespeichert.

Die Menüpunkte [DXF →CADDY] und [CADDY →DXF] im Menü [ANWENDUNGEN] [KONVERTER] wandeln Zeichnungen in das Übertragungsformat DXF um bzw. übernehmen Daten dieses Formats zur Weiterverarbeitung in CADdy.

Nach Aufruf des Menüpunkts [CADDY→DXF] müssen Sie zunächst Quell- und Zielverzeichnis in den Feldern [QUELLVERZEICHNIS (CADDY)] und [ZIELVERZEICHNIS (DXF)] bestimmen und den Namen der zu konvertierenden Datei wählen. Tippen Sie dazu in das Feld neben der Ausschrift [CADDY-DATEI]. Sie können an dieser Stelle

Wählen Sie den Pfad \CADDY\OPTIKA\K1\ und daraus die Datei „TEIL01.PIC“. Mit [ENDE] gelangen Sie wieder in die Konvertermaske. Sie werden feststellen, daß das Feld [DXF-DATEI] bereits ausgefüllt und das Quellverzeichnis angepaßt wurde. Wenn Sie mehr als eine Datei ausgewählt hätten, würde in den Feld [CADDY-DATEI] „$MASKE“ eingetragen sein. In Ihrem Fall wurde die Bezeichnung sofort übernommen und auch der DXF-Dateiname angeboten. Wenn Sie den Namen ändern möchten, haben Sie an dieser Stelle noch Gelegenheit.

Die Übersetzung der Datei beginnt, nachdem Sie den Schalter [START] aktiviert haben. Der Konverter erkennt aufgetretene Fehler und zeigt diese in einer Protokolldatei an. Weitere Einstellungen und Vordefinitionen finden Sie im Benutzerhandbuch.

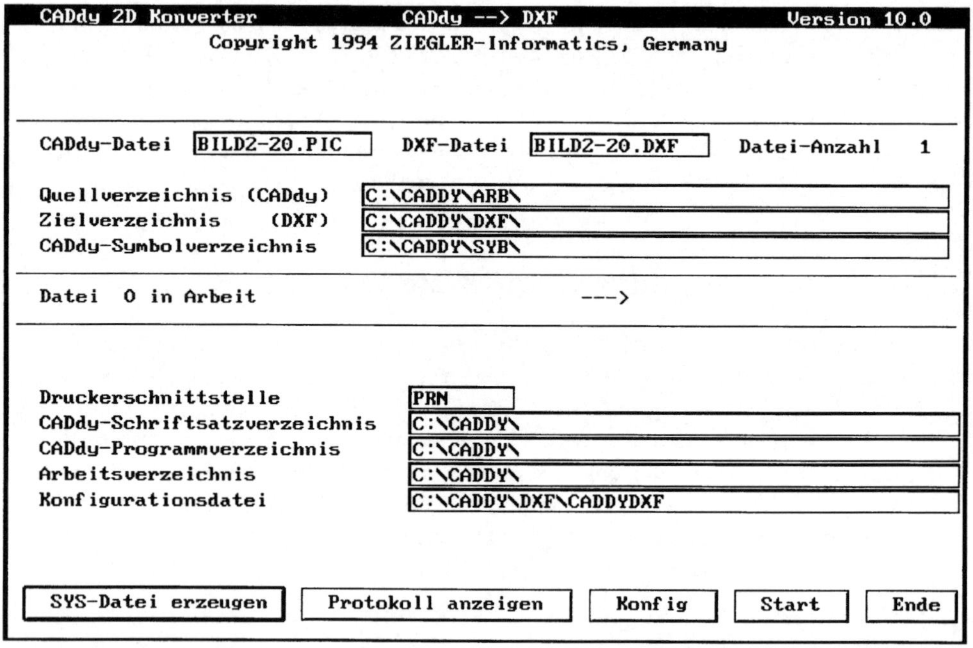

```
CADdy 2D Konverter            CADdy --> DXF                    Version 10.0
                  Copyright 1994 ZIEGLER-Informatics, Germany

CADdy-Datei  BILD2-20.PIC    DXF-Datei  BILD2-20.DXF    Datei-Anzahl   1

Quellverzeichnis (CADdy)      C:\CADDY\ARB\
Zielverzeichnis     (DXF)     C:\CADDY\DXF\
CADdy-Symbolverzeichnis       C:\CADDY\SYB\

Datei  0 in Arbeit                        --->

Druckerschnittstelle            PRN
CADdy-Schriftsatzverzeichnis    C:\CADDY\
CADdy-Programmverzeichnis       C:\CADDY\
Arbeitsverzeichnis              C:\CADDY\
Konfigurationsdatei             C:\CADDY\DXF\CADDYDXF

[SYS-Datei erzeugen] [Protokoll anzeigen] [Konfig] [Start] [Ende]
```

Bild 7-3 DXF-Umsetzung

7.2.2 IGES-Format

Dieser Konverter gehört nicht zum Standardlieferumfang von CADdy. Er dient aber genauso wie der DXF-Konverter zur Übertragung und zum Empfang von Zeichnungsinformationen nach und von CAD-Programmen.

Die zwei Konverter können bei einigen Verknüpfungen von unterschiedlichen CAD-Programmen Fehler bei der Übersetzung zeigen. Diese können durch unterschiedliche

Versionen der verwendeten Programme herrühren. Man sollte möglichst immer mit der neuesten Version dieser Konverter arbeiten, da aufgetretene Fehler meist in neuen Programmversionen beseitigt wurden.

7.3 Maßstabsgerechte Zeichnungsausgabe

CAD-Programme erzeugen, ändern und komplettieren nicht nur Zeichnungen, sondern geben diese auch auf verschiedenen Medien aus. Durch exaktes Einhalten von Koordinaten ist die Qualität bei mehrfachen Ausdrucken immer gewährleistet. Für die Ausgabe müssen die Zeichnungen mit einem Schriftfeld versehen und verschiedene Einstellungen verändert werden Zuvor jedoch muß eine Zeichnung auf mögliche Fehler überprüft werden. Die Funktion, die Ihnen dies ermöglicht, finden Sie im Hauptmenü unter dem Schalter [INFORMATION].

7.3.1 Informationen über Zeichnungsdaten

Mit den Funktionen des Menüs [INFORMATIONEN] können Daten von Bildelementen, die in der Zeichnung vorhanden sind, gewählt, angezeigt und geändert werden. Die Punkte [BEL.ELEMENT] und [DEF. ELEMENT] dienen zur Auswahl eines beliebigen bzw. eines definierten Elements (Strecke, Kreis etc) und zeigen nicht nur konstruktionsrelevante Daten ausgewählter Elemente an, sondern auch Folienzuordnungen, Attribute wie Linienart und -breite etc. und ermöglichen es, diese in einer eigenen Maske zu verändern. Im Falle einer Änderung wird diese nach Betätigen des Schalters [ENDE] für das betreffende Element wirksam. Versehentliche Unterbrechungen von Kreisen etc. können so noch unmittelbar vor der Ausgabe berichtigt werden.

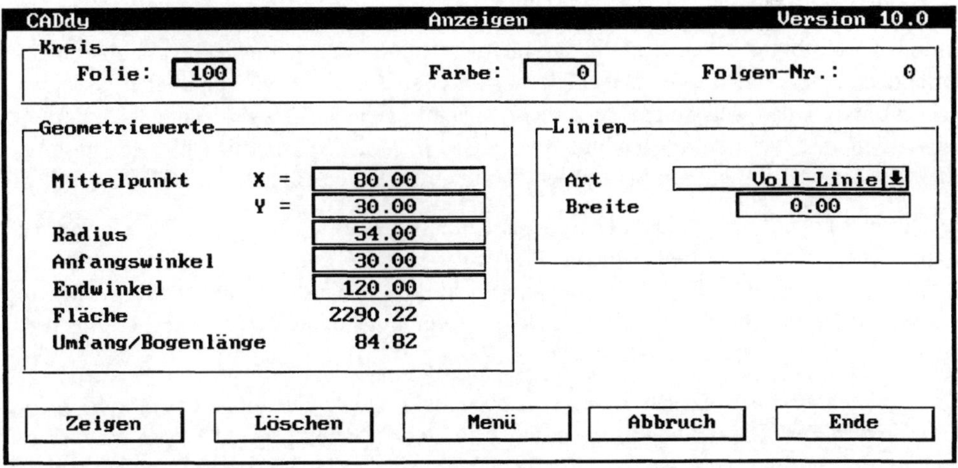

Bild 7-4 Informationen zu Bildelementdaten

Bild 7-4 Informationen zu Bildelementdaten

Durch Funktionen wie Kopieren, Verschieben, Skalieren usw. kann es leicht geschehen, daß Zeichnungselemente außerhalb des sichtbaren Bildschirmbereichs geraten und vom Anwender nicht mehr berücksichtigt werden. Für CADdy sind sie jedoch nach wie vor Bestandteil der Zeichnung. Um diese äußeren Elemente aufzudecken, dient der Funktionsschalter [ZEIGE ALLES]. In der Anzeige, die nach dessen Aufruf auf dem Bildschirm erscheint, wird ist der eigentliche Bildbereich hell unterlegt.

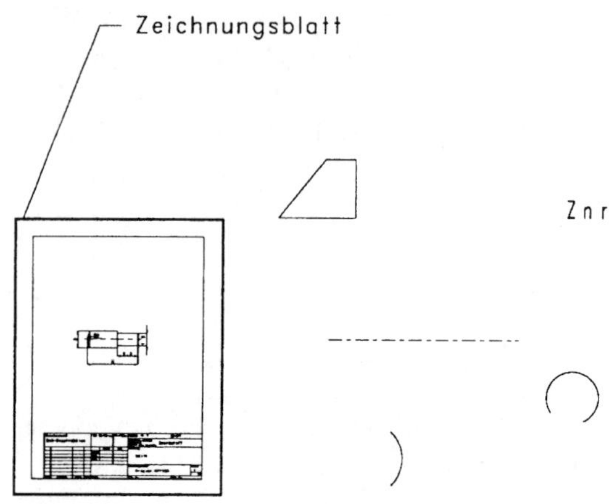

Bild 7-5 Zeige Alles

Durch die nachfolgende Wahl [LÖSCHEN] [ALLES ÄUßERE] können Sie den Raum außerhalb der sichtbaren Bildmaße bereinigen lassen.

Eine weitere mögliche Fehlerquelle, auf die diese Funktion Sie hinweist, sind übereinanderliegende Elemente, die entstehen, wenn Sie beim Erzeugen von parallelen Objekten oder Konturen das Ausgangsobjekt mehrmals mit gleicher Abstandsangabe antippen. Diese Elemente werden mit der Funktion [KOMPL.ALLES] am Bildschirm dargestellt. Mit [KOMPL. BILD] kehren Sie wieder zum ursprünglichen Bildschirm zurück.

Bei dieser Darstellung werden alle Bildelemente noch einmal erzeugt, so daß nur einmal vorhandene nicht dargestellt werden (INVERTIERUNG). An Stellen, wo Elemente trotzdem noch dargestellt werden, liegen Objekte übereinander. Wählen Sie in diesem Fall die Funktion [DOPP.LÖSCH] aus dem Informationsmenü. Mit ihr löschen Sie Elemente, die identisch übereinanderliegen.

Diese genannten Fälle müssen Sie einzeln behandeln, indem Sie zuerst das eine Element in der invertierten Darstellung löschen, das Bild neu aufbauen [Taste F1] und kontrollieren, ob sich darunter ein weiteres Element befindet. Ändern Sie das übriggebliebene

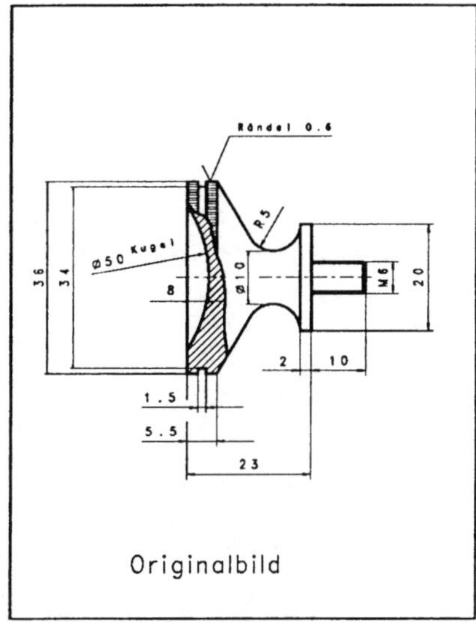

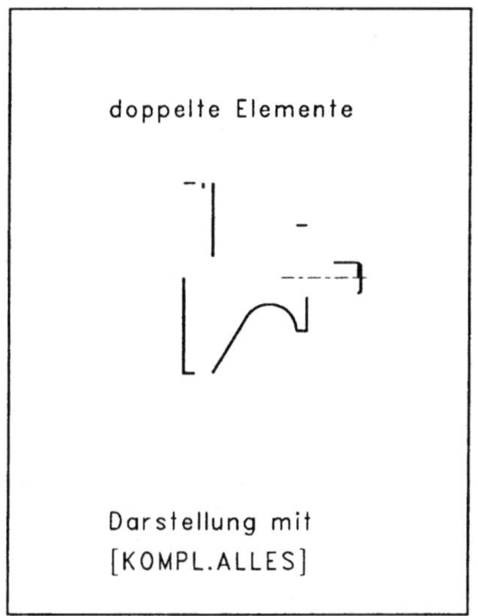

Bild 7-6 Wirkungsweise der Funktion [KOMPL.ALLES]

7.3.2 Normblatterstellung (Bildmaße, Schriftfelder)

Das Beispielteil „BSP01" wurde im Blattformat A3 erstellt. Um diese Zeichnung mit einem Schriftfeld zu versehen, muß die Lage aller Objekte auf der Zeichnung angepaßt werden. Das Schriftfeld wird DIN-gerecht in der rechten unteren Ecke eingeblendet, gleichzeitig wird ein Rahmen um das Normblatt erzeugt. Rufen Sie die [PARAMETER]-Maske auf, und wählen Sie die Rubrik [BILDMAßE]. Darin sollten jetzt von oben nach unten alle Standardnormblätter von A4 bis A0 aufgelistet sein. Wenn dies nicht der Fall ist, gehen Sie wie schon beschrieben vor und definieren erneut die Normblattaufteilung (vgl. 1.5.4).

Für die Auswahl eines Normblatts wählen Sie das Format A3 (klicken Sie den Schalter links neben dem Normblatt an) und aktivieren den Schalter [NORMBLATT LESEN]. Beim Verlassen der Parametermaske beantworten Sie die Frage „Altes Bild löschen" mit „n". Verlassen Sie die Parametermaske mit [ENDE]; damit werden die aktive Zeichnung und das Normblatt übereinander gelegt.

Da vorher mit der Zeichnungsorganisation gearbeitet wurde (vgl. 7.1), ist für das Normblatt eine neue Teilzeichnung erstellt worden. Damit beide Teilzeichnungen wieder zusammenkommen, rufen Sie die Funktion [ZUSAMMENFASSEN] in der [ZEICHNUNGSORGANISATION] auf.

Zum Normblatt wurde auch bereits ein Schriftfeld erzeugt. Die Einträge in den einzelnen Feldern können durch die Menüfolge [BESCHRIFTEN] [EDITIEREN] verändert werden. Wählen Sie nun nacheinander die einzelnen Einträge, die mit „#“ gekennzeichnet sind, und ändern diese wie in den Ausschriften in Abbildung 7-8 ab. Damit Sie Einzelheiten des Schriftfeldes besser erkennen können, wählen Sie zuvor mit [AUSSCHNITT] [ZOOMEN] einen geeigneten Ausschnitt am Bildschirm.

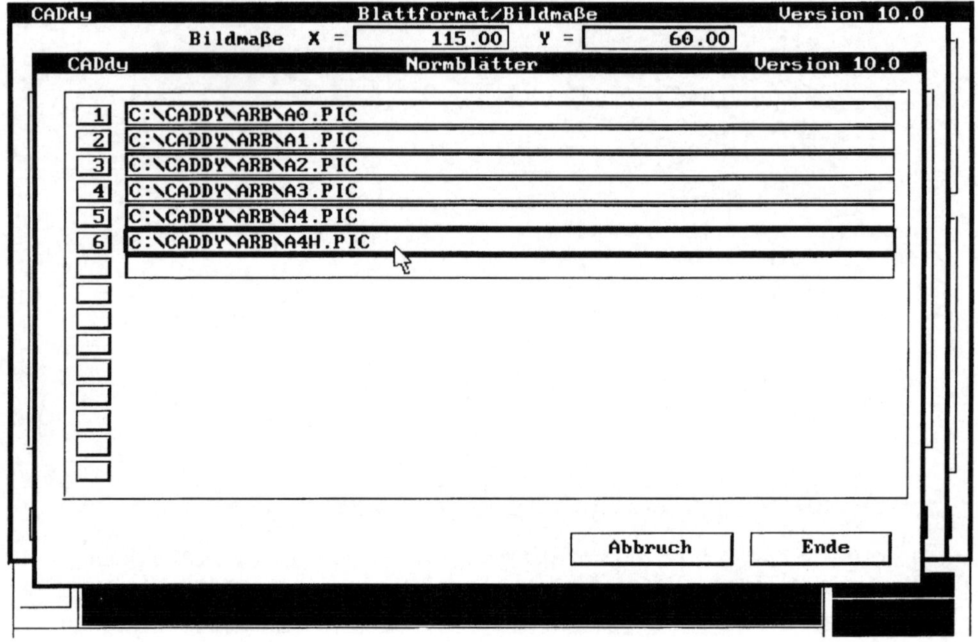

Bild 7-7 Standardnormblätter

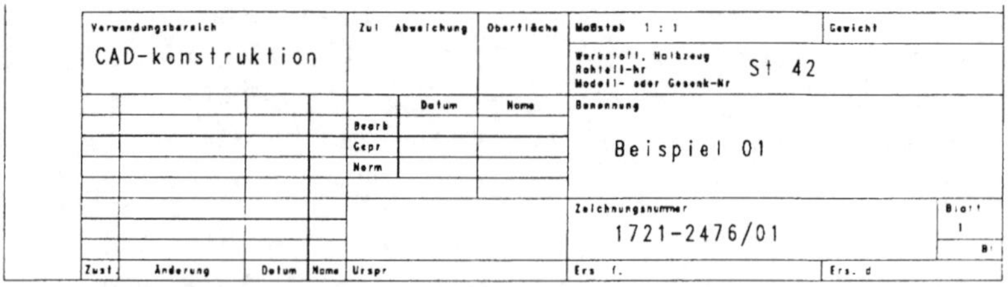

Verwendungsbereich: CAD-konstruktion
Zul Abweichung
Oberfläche
Maßstab 1 : 1
Gewicht
Werkstoff, Halbzeug / Rohteil-Nr / Modell- oder Gesenk-Nr: St 42
Datum | Name
Bearb
Gepr
Norm
Benennung: Beispiel 01
Zeichnungsnummer: 1721-2476/01
Blatt 1
Bl
Zust. | Änderung | Datum | Name | Urspr | Ers f. | Ers. d

Bild 7-8 Schriftfeld Beispiel „BSP01“

Für dieses Beispiel muß für eine Plotterausgabe eine Parametereinstellung getroffen werden: die Folien-Stift-Zuordnung. Diese Einstellung finden Sie in der Rubrik [FOLIEN] bei [PARAMETER]. In der rechten unteren Ecke befindet sich der Umschalter [FOLIEN-STIFT-ZUORDNUNG]. Klicken Sie das nebenstehende Kästchen an. Für die 512 Folien kann nun eine Stiftzuordnung getroffen werden. Im oberen Teil der Maske werden in der Spalte [STIFT] die aktuell gültigen Plotterstifte angezeigt.

Eine weitere Art festzulegen, wie breit Elemente auf Papier oder anderem Ausgabegerät erscheinen sollen, ist die Vergabe von Attributen. Diese wirken nur, wenn die Folien-Stift- und Folien-Linien-Zuordnung ausgeschaltet sind. Diese Attribute legen Sie im [ÄNDERN]-Menü unter dem Menüschalter [ATTRIBUTE] fest.

Attribute sind Eigenschaften, die das Aussehen von Elementen beeinflussen, wie z.B. ihre Farbe, ihre Linienart und Linienbreite. Die Vergabe dieser Zuordnungen ist relativ einfach. Wählen Sie z.B. den Menüpunkt [LINIENART]. Für alle Elemente auf Folie 4 (Mittellinien) soll die Linienart „-·-·-·-·-·-·-“ gelten. Aktivieren Sie zuvor mit dem Menüpunkt [VOREINST.] die [FOLIEN]. Wählen Sie dann die Linienart aus, und definieren Sie mit dem Foliendefinitionsmenü [FOLIEN] [EINZELN] und Eingabe von „4“ die Folie Nummer 4.

Von nun an werden alle Elemente dieser geänderten Folie mit der neu zugewiesenen Linienart gezeichnet. Das Attribut „Linienart“ wirkt sich nur dann aus, wenn die „Folien-Linien-Zuordnung“ ausgeschaltet ist. Die Linienbreite wird in Millimeter angegeben. Für Konturlinien können Sie eine Breite von 0.5 mm vergeben, für andere Vollinien eine Breite von 0.2 bis 0.3 mm. Alle Formlinien (z.B. strichpunktierte) sollten mit der Standardbreite ausgegeben werden, da sonst die kleinen Zwischenstellen (freie Stellen) überschrieben werden und durchgängige Linien entstehen. Sollen die Formlinien auch breit ausgegeben werden, empfiehlt es sich, eigene, breitere Linienarten zu definieren. Um zu kontrollieren, ob sich alle Elemente auf der richtigen Folie befinden, rufen Sie das Menü [FOLIEN] im CADdy-Hauptmenü auf und wählen die Option [BLÄTTERN]. Damit können Sie jede einzelne Folie inspizieren und mit Klick auf einen der Schalter [WEITER] oder [ZURÜCK] zwischen belegten Folien blättern.

7.3.3 Plotten / Drucken

Zeichnungen werden mit dem Menüschalter [EIN/AUSGABE] [PLOTTEN] zum Plotten vorbereitet.

Sie können dabei zwischen zwei Möglichkeiten wählen: der Ausgabe des aktuellen Bildes oder der Ausgabe einer beliebig zusammengestellten Reihe von Zeichnungen. Letztere Option ist besonders dann sehr nützlich, wenn Pausenzeiten zur Ausgabe größerer Datenmengen genutzt werden sollen. Nicht aktive Zeichnungen werden mit dem Schalter [HINZUFÜGEN] in den Druckauftrag eingebunden. Wenn die Installation korrekt vorgenommen wurde, findet sich in Feld [PLN-DATEI] ein Eintrag, der Ihren Plotter anspricht. Im Feld „Ausgabe“ muß eine Angabe über die verwendete Drucker- oder Plotterschnittstelle vorhanden sein; mögliche Angaben sind LPT1 – LPT3 oder COM1 – 4.

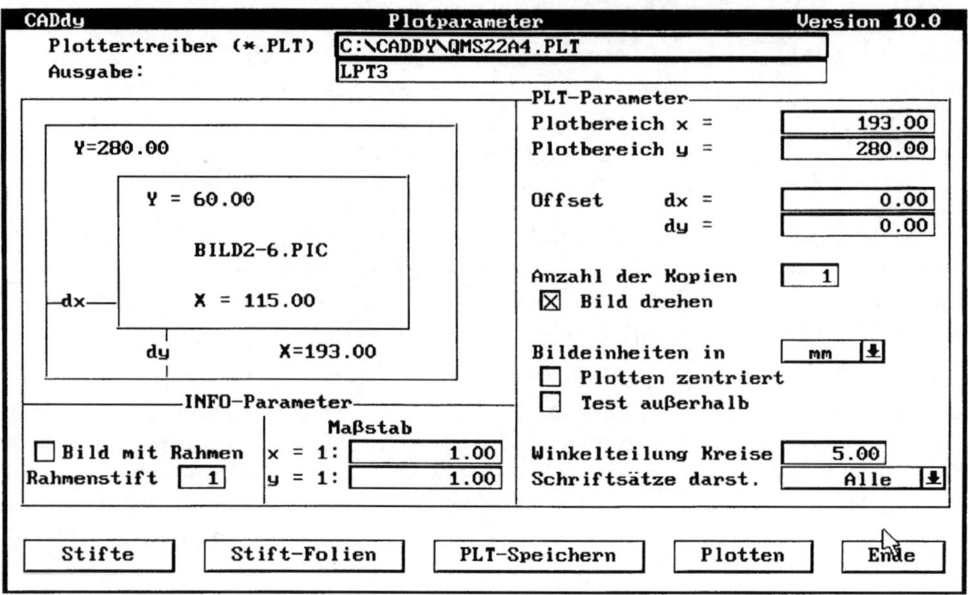

Bild 7-9 Plottmaske

Soll die Zeichnung nicht auf Papier, sondern zur Weiterverarbeitung z.B. mit einem Text- oder DTP-Programm in eine Datei gespeichert werden, müssen Sie in das Feld [AUSGABE] ein Dateinamen eingeben, der automatisch die Extension PLO erhält. Zum jetzigen Zeitpunkt besteht auch die Möglichkeit, Ihre bei der Programminstallation getroffenen Voreinstellungen für Plotter oder Drucker noch zu verändern. Eine Einstellung, die Sie vor dem Drucken in jedem Fall mit dem Schalter [BLATTFORMAT] vornehmen sollten, ist die Größe des Ausgabeformats. Der bei den üblichen A3- und A4-Formaten nutzbare Plotbereich wird von CADdy automatisch angepaßt, kann aber auch verändert werden, wenn Platz für Kopfbögen etc. freigehalten werden muß.

Die Wahl der auszugebenden Folien treffen Sie mit dem Auswahlschalter [FOLIEN]. Hier können Sie die Einstellung [ALLES] selektieren, aber auch eine [AUSWAHL] im Foliendefinitionsmenü vornehmen. Um die Lage und Größe des Ausdrucks auf dem Blatt festzulegen, gibt es zwei Varianten: Zum einen die direkte Zahlenwerteingabe bei [OFFSET] und [MAßSTAB], oder das dynamisch interaktive Verändern mit dem Schalter [VORSCHAU]. Im unteren Teil der rechten Spalte können Sie zwischen zwei Darstellungsformen für die Zeichnung wählen: [RAHMEN] läßt nur die äußere Begrenzung der Zeichnung zu, wobei [KOMPLETT] Aufschluß über die Lage der Elemente in der Zeichnung gibt. Alle Funktionen dieses Vorschaumenüs können die Größe des Bildes dynamisch skalieren bzw. verschieben.

Wenn die Zeichnungen in der Vorschau zu Ihrer Zufriedenheit erscheinen, starten Sie die Plotterausgabe mit dem Schalter [PLOTTEN] in der Plottparameter-Maske.

7.4 Praxisfall

Die in diesem Kapitel beschriebene Reihenfolge bei der Druckausgabe soll nun auf unser Beispielprojekt angewandt werden. Da Sie drei Einzelzeichnungen haben, die zu einem Projekt gehören, mithin im Schriftfeld einige identisch ausgefüllte Felder aufweisen, wird zuerst ein für alle drei Zeichnungen gültiges Normblatt erzeugt.

Nachdem Sie das Projekt OPTIKA aktiviert haben, lesen Sie das Normblatt „A4H.PIC" aus dem Verzeichnis „\CADDY\ARB\" ein. In dieser Vorlage ändern Sie durch Editieren alle Felder, deren Inhalt in den drei Teilzeichnungen gleich sein sollen wie z.B. Abteilung, Bearbeiter und Bearbeitungsdatum. Auch das Feld „Maßstab" kann ausgefüllt werden, da zwei der drei Zeichnungen im gleichen Maßstab sind. Speichern Sie diese neue Vorlage als „A4HOPTI" ohne Pfadangabe ab. Diese Vorlage wird als Normblatt definiert. Rufen Sie [PARAMETER] BILDMAßE] auf, und tippen Sie das Funktionsfeld [NORMBLATT] an. In das noch freie Feld geben Sie Pfad und Namen des neuen Normblattes ein. Klicken Sie das freie Feld zweimal an, um in die Dateiauswahlmaske zu gelangen. Wählen Sie hier den Pfad \CADDY\OPTIKA\K1\. Darin befindet sich nun auch die Datei „A4HOPTI.PIC". Wählen Sie diese an, binden Sie das neue Formblatt mit in die Auswahlmaske ein, und speichern Sie diese Einstellung.

Der nächste Schritt ist das Einlesen der Einzelteilzeichnung „Teil01". Kontrollieren Sie, ob im unteren Teil der Zeichnung genügend Platz für das Schriftfeld vorhanden ist. Ist dies nicht der Fall, verändern Sie die Bildmaße unter Benutzung des neu erstellten Normblattes. Lesen Sie dieses ein. Die Frage „Altes Bild löschen" beantworten Sie mit der Eingabe „n". Zum Schluß müssen Sie noch das Schriftfeld komplettieren und als Abschluß der Konstruktion das fehlende Rauhheitszeichen (Gesamtrauhheit mit Ausnahme) erzeugen. Speichern Sie diese komplette Teilzeichnung unter dem gleichen Namen „Teil01" ab.

Die Zeichnung „Teil02" soll ebenfalls komplettiert werden. Gehen Sie genauso vor, wie bei der Zeichnung „Teil01". Kontrollieren Sie die [INFORMATION] der Zeichnung mit dem Schalter [ZEIGE ALLES].

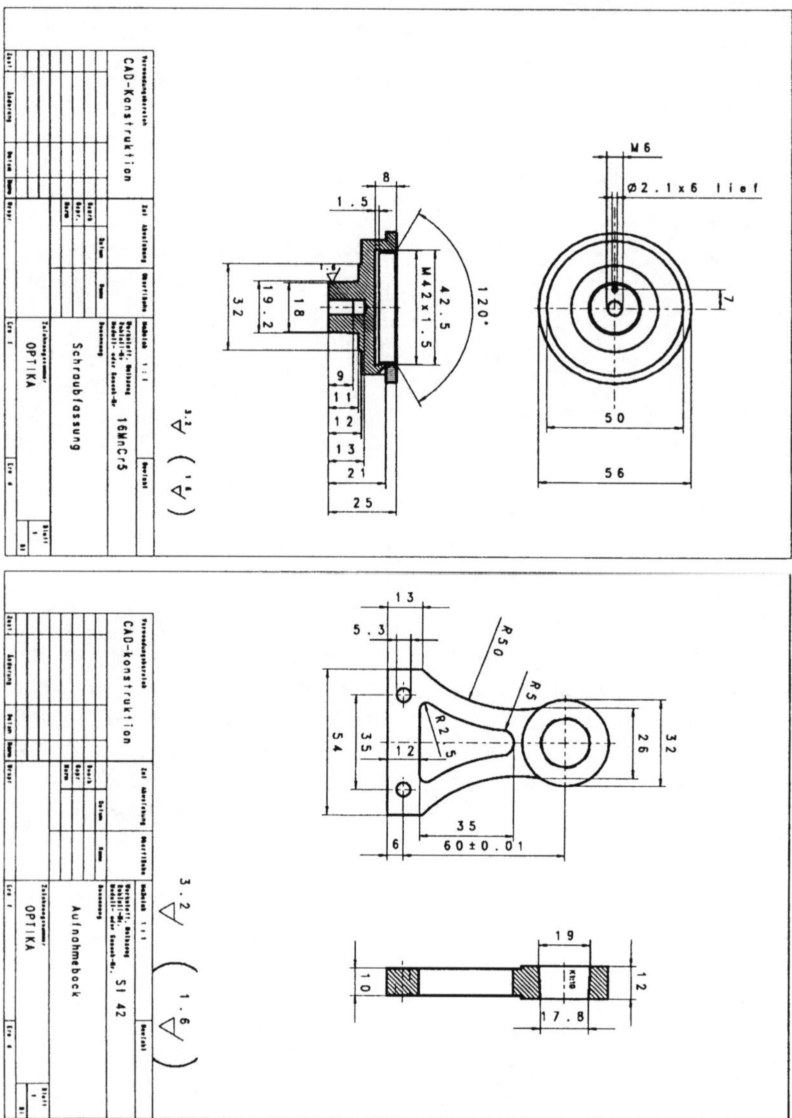

Bild 7-10 Komplettdarstellung „Teil01“ und „Teil02“

Bei der Zeichnung „Teil03“ ist nur das Normblatt einzulesen. Achten Sie bei der Editierung des Schriftfeldes auf Maßstabsangabe.

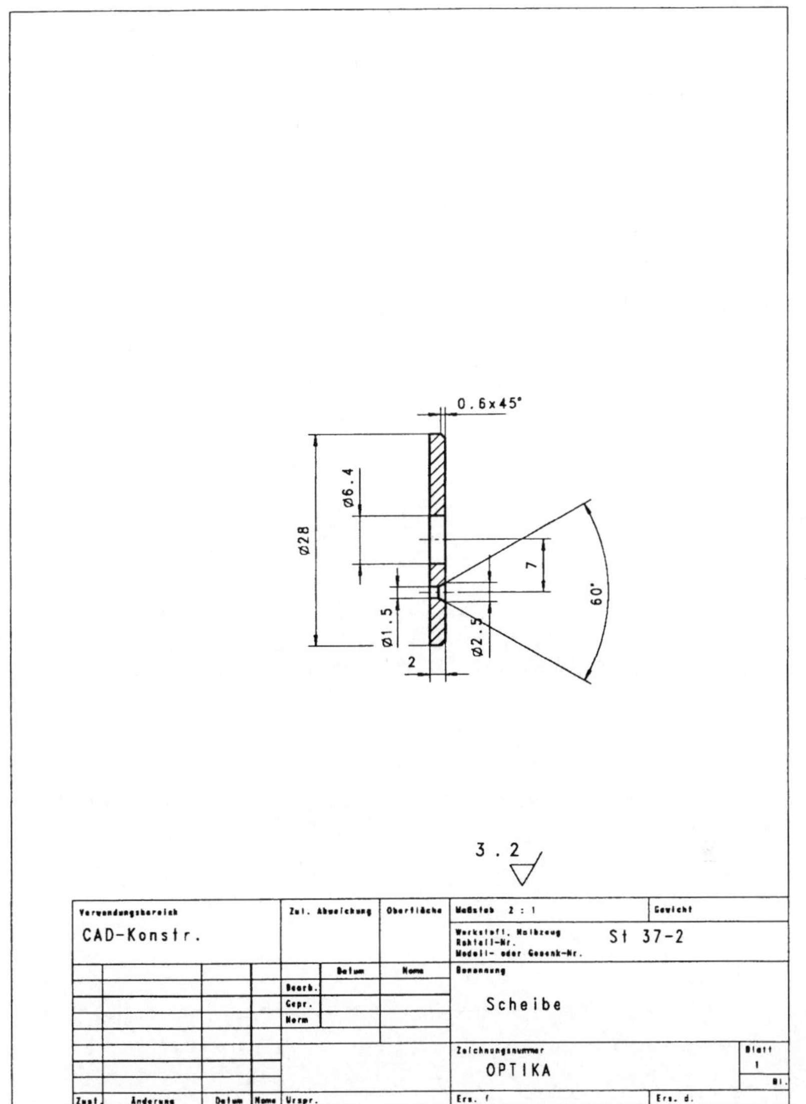

Bild 7-11 Komplettdarstellung „Teil03“

Nachdem alle Zeichnungen geändert, komplettiert, kontrolliert und gespeichert wurden, können diese nun geplottet werden. Wählen Sie die Funktion zur Plottausgabe. Sie können nicht nur die aktive Zeichnung, sondern auch andere Zeichnungen auswählen. Tippen Sie auf den Schalter [HINZUFÜGEN], und Sie erhalten eine Liste aller zum Projekt gehörender Zeichnungen, aus denen Sie beliebig viele durch Markieren auswählen und übernehmen können. Kontrollieren Sie die Einstellungen des Ausgangsformats, und aktivieren Sie die [VORSCHAU]. Damit können Sie nacheinander alle Einzelzeichnungen für die Plottausgabe anpassen. Wählen Sie zum Schluß den Schalter [PLOTTEN], und geben Sie alle drei Einzelzeichnungen aus.

7.5 Aufgaben

1. Welche Elementeigenschaften können über die Folienorganisation vergeben werden?
2. Welche Voreinstellungen sind vor dem Plotten einer Zeichnung zu treffen?
3. Mit CADdy erstellte Zeichnungen sollen in standardisierte Grafik-Datenformate umgewandelt werden. Welches sind die gebräuchlichsten, und mit welcher Menüfolge können die Umwandlungsprogramme in CADdy zugänglich gemacht werden?

7.5.1 Lösungen

1. Mit Hilfe der Folienorganisation können den Elementen einer Zeichnung folgende Eigenschaften zugeordnet werden:
   - Linienfarbe
   - Linienbreite
   - Linienart

   Dabei spielt die Linienfarbe nur für die Darstellung am Bildschirm eine Rolle, jedoch nicht für die Zeichnungsausgabe.
2. Wichtige Parametereinstellungen sind:
   - Auswahl des zum Ausgabegerät passenden Plottertreibers
   - Festlegung des Plottbereichs in X- und Y-Richtung
   - Festlegung des Ausgabemaßstabes
   - Festlegung der Bildeinheiten (mm, cm, m)
   - Stiftstärken und ihre Zuordnung zu Folien
3. Der Datenaustausch kann mit den Formaten IGES oder DXF erfolgen. Die Funktionen können über die Menüfolge [ANWENDUNGEN-KONVERTER] aufgerufen werden.

8 Der Welleneditor

Zur Erzeugung und Veränderung von Wellen oder wellenförmiger Körper stellt CADdy Grundfunktionen sowohl im Grundpaket wie auch im Modul Konstruktion zur Verfügung.

In der Praxis treten meist gleiche oder zumindest ähnliche Wellenformen auf, so daß *eine* Möglichkeit zur Erzeugung von Wellen die Änderung einer bereits bestehenden Welle ist, die aus Grundelementen besteht. Auch um Grundelemente zu verändern, steht im Grund- wie auch im Konstruktionsmodul eine Reihe nützlicher und leicht handzuhabender Funktionen bereit. Ein Nachteil dieser Funktionen ist jedoch, daß das Abändern und Anpassen einer Wellenvorlage mit Hilfe der CADdy-Standardfunktionen wie [ERZEUGEN], [ÄNDERN], [LÖSCHEN] recht zeitaufwendig ist.

In allen Fällen, in denen eine Welle erstellt und durch Änderung dieser Vorlage ähnliche Teile erzeugt werden sollen, ist deshalb das Modul Welleneditor eine hilfreiche Erweiterung des Konstruktionsmoduls.

Der Welleneditor wird im Modul Konstruktion mit dem Menübalken [WELLEN-ED]. aufgerufen. Er umfaßt Funktionen zur Erzeugung von Wellengrundformen, zur Einbringung bestimmter Feinelemente an eine vorhandene Welle, z.B. Fasen oder Freistiche, und erlaubt die Nutzung eines Lagerkatalogs zum schnellen Auswählen und Positionieren von Lagerungen an bestehende Wellenkörper. Alle dabei erzeugten Daten können an andere CADdy-Module, wie beispielsweise das 3D-Volumenmodul zur Präsentationserstellung, weitergegeben werden.

Die mit dem Welleneditor erstellten Wellen werden als Objekte behandelt, die aus einzelnen Grundelementen bestehen. Drei Grundformen werden dabei unterschieden:

1. Grobelemente
2. Feingeometrien
3. Lager

In der gleichen Reihenfolge wird auch die Welle erzeugt.

8.1 Parametereinstellungen

Bevor mit der Erzeugung einer Welle begonnen werden kann, müssen bestimmte Voreinstellungen getroffen werden, die das Aussehen der Welle entscheidend beeinflussen. Diese Einstellungen sind unter dem Menüschalter [PARAMETER] im Welleneditor zu finden.

Alle Wellen werden im Welleneditor automatisch numeriert, so daß alle einzeln erzeugt, verändert oder gelöscht werden können. Diese Regelung ist auch bei der Festlegung der

Parameter entscheidend, da für jede Welle eigene Einstellungen getroffen werden können.

Der wichtigste Punkt einer Welle ist ihre Orientierung auf der Zeichenfläche. Sie bestimmt, ob die Mittellinie der Welle waagerecht oder senkrecht verläuft. Da die meisten Wellen eine waagerechte Ausrichtung besitzen, ist die Voreinstellung dieser Option auch so gewählt. Das Ändern der Orientierung ist nur zu Beginn der Konstruktion möglich.

Weitere Schalter in dieser Maske legen fest, daß die Mittellinie für die neue Welle automatisch miterzeugt wird und wie weit diese (in Millimetern) über die Körperkante der Welle hinausragen soll [ÜBERSTAND [MM]].

Bei der Einbringung von Freistichen kann die Darstellung mit Hilfe der Parametereinstellung [KURZDARSTELLUNG] verändert werden. Bei aktiviertem (auf dem Bildschirm „angekreuztem") Schalter wird der Freistich nur bezeichnet und skizziert, anderenfalls direkt gezeichnet.

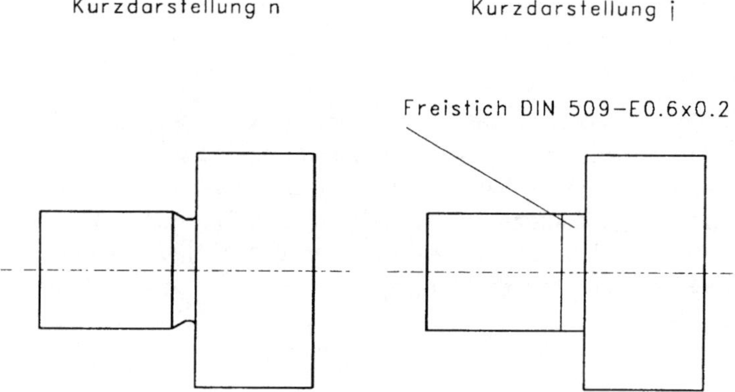

Bild 8-1 Freistichdarstellung

Die Darstellung der einzubringenden Paßfedernuten wird mit der Schalteroption [SCHNITTDARSTELLUNG] verändert. Die Einstellung „n" zeigt die Ansicht der Paßfedernut von oben, sonst gilt in einer Schnittdarstellung der Welle die Darstellung von vorn .

Mit den Optionen der unteren Maskenhälfte legen Sie das Aussehen der zu erzeugenden Welle fest. Da diese aus mehreren Elementen besteht, müssen für jedes Teil Folie, Linientyp, Farbe und Linienbreite vereinbart werden.

Für das im Kapitel 8.8 aufgeführte Projekt füllen Sie diese Felder mit nachstehenden Inhalten aus.

CADdy K1 Welleneditor — Parameter — Version 10.0

Verzeichnis Wellen-Dateien: C:\CADDY\K1\
Verzeichnis Lagerdatenbank: C:\CADDY\K1\DATEN\

Aktuelle Welle: 1 — Orientierung: WAAGERECHT

[X] automatische Mittellinie — Überstand[mm]: 5
[ ] Kurzdarstellung
[ ] Schnittdarstellung

[ ] Stücklisteneinträge — Zuordnung Stücklistenfelder...

	Folie	Linientyp	Farbe	Linienbreite
Grob-Geometrie:	61	――――――	7	0.00
Mittellinie:	64	-.-.-.-.-	4	0.00
Fein-Geometrie:	62	――――――	0	0.00
Lager:	0	――――――	7	0.00
Gewinde-Linien:	65	――――――	5	0.00
unsichtb.Linien:	63	- - - - -	1	0.00

Neue Welle — Abbruch — Speichern

Bild 8-2 Parametermaske des Welleneditors

8.2 Die Grobgeometrie

Mit der Grobgeometrie wird die Grundform einer zu erzeugenden Welle geschaffen. In CADdy können Sie dafür zwischen der Zylinder-, Kegel-, Vierkant-, Sechskant- oder einer frei festlegbaren Form wählen (vgl. auch Bild 8.4). Bei der Erzeugung werden alle Elemente als Vollelemente behandelt, in die jedoch nachträglich Innenformen wie Löcher oder Innenbohrungen eingebracht werden können.

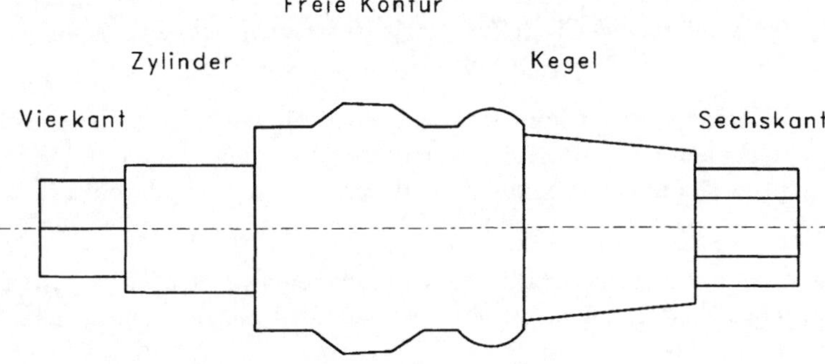

Bild 8-3 Grobgeometrie

Die entstehende Welle wird beim Erzeugen des ersten Grobgeometrieelementes positioniert. Die Lage der Welle ist standardmäßig waagerecht. Dies kann durch Parameterwerte verändert werden (vgl. Kapitel 8.1). Bei der Erstpositionierung legen Sie die linke Seite der Welle fest. Alle nachfolgenden Elemente werden entweder an die jeweils rechte Seite oder zwischen zwei bestehende Grobgeometrien angefügt.

Alle Elemente einer Grobgeometrie sind zu einer Folge vereinigt, so daß eine spätere Nachbearbeitung mit den Funktionen des Grundpakets möglich ist. Veränderungen an Einzelelementen können jedoch nur mit dem Welleneditor vorgenommen werden.

8.2.1 Die Erzeugung der Wellengrundform

Die Form einer Welle oder eines wellenförmigen Körpers kann sehr unterschiedlich ausfallen, doch liegt immer eine bestimmte Grundgeometrie zugrunde. So findet sich bei fast allen Wellen die Form eines Zylinders. Dies ist deshalb die erste Grobgeometrie, die der Welleneditor anbietet.

Vor der Erzeugung eines Zylinders, die an sich ist sehr einfach ist, muß dessen Lage bestimmt werden. Dabei unterscheidet man drei Varianten.

1. Das erste Element einer Welle wird mit Hilfe der Zylinderform festgelegt.

   Dabei ist dem Programm die Lage der gesamten Welle noch nicht bekannt. Deshalb wird die Mitte der linken Zylinderseite über das Punktdefinitionsmenü abgefragt. Durch diesen Punkt legen Sie auch die linke Seite der gesamten Welle fest. Ein nachträgliches Verschieben der Welle, um sie an Blattformate und Blattaufteilung anzupassen, ist aber jederzeit möglich.

2. Das Zylinderelement soll an die rechte Seite einer schon bestehenden Welle angefügt werden. Hierfür genügt es, die rechte Seite der Welle anzutippen. Das Programm erkennt die Lage der Welle und die rechte Begrenzung. Das nachfolgende Zylinderelement wird dann an dieser Seite angefügt.

3. Die Grobgeometrie Zylinder soll zwischen zwei schon bestehenden Grobgeometrien eingefügt werden.

   Diese Variante ähnelt der zweiten Möglichkeit, doch müssen Sie diesmal auf die Begrenzung der beiden Grobgeometrien tippen, zwischen denen der neue Zylinder plaziert werden soll.

Nachdem das neue Zylinderelement positioniert wurde, muß dessen Größe festgelegt werden. Ein Zylinder wird anhand der Werte für Durchmesser und Länge definiert. Diese Werte werden, je nach Installation des Programms, auf dem Alfabildschirm oder dem Grafikmonitor abgefragt.

Die zweite Grobgeometrie, die in eine Welle integriert werden kann, ist der Kegel. Auch bei dieser Geometrieform bestehen verschiedene Möglichkeiten zur Lagebestimmung.

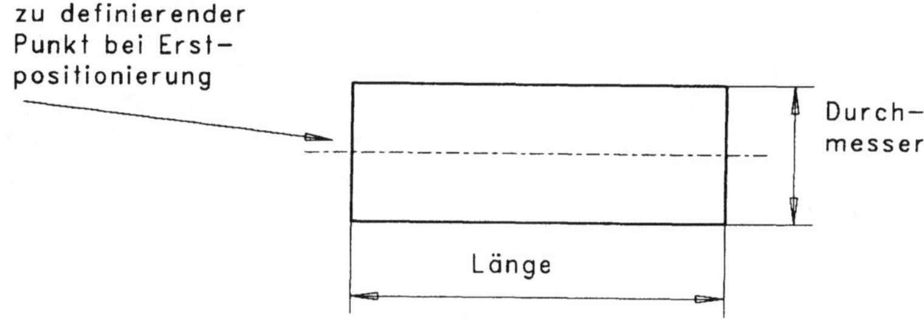

Bild 8-4 Maße an der Zylinderform

1. Ähnlich wie bei der Positionierung des Zylinders wird beim ersten Element der Welle die Mitte der linken Seite des Kegels und damit die Position der Welle festgelegt. In der folgenden Maske sind die Kegelmaße einzugeben. Es sind vier Eingaben möglich, von denen jeweils drei in folgenden Kombinationen zur Definition des Kegels ausreichend sind:

   - Linker Durchmesser, rechter Durchmesser und Länge des Kegels. Der Winkel wird vom Programm berechnet und angezeigt.
   - Ein Durchmesser des Kegels und der halbe Kegelwinkel (Einstellwinkel). Positive Winkelwerte verjüngen den Kegel nach links bzw. unten, negative Winkel verjüngen nach rechts bzw. nach oben. Der zweite Durchmesser wird vom Programm berechnet und angezeigt.

2. Wird der Kegel an die rechte Seite der bestehenden Welle angefügt, ist die rechte Seite der Welle zu identifizieren. Der Durchmesser der bestehenden Welle wird vom Programm erkannt und als linker Kegeldurchmesser angeboten.
3. Soll der Kegel zwischen zwei Wellenelemente eingefügt werden, ist die Grenzfläche der beiden Elemente zu identifizieren. Die dort bestehenden Durchmesser werden als linke und rechte Durchmesser des Kegels angeboten.

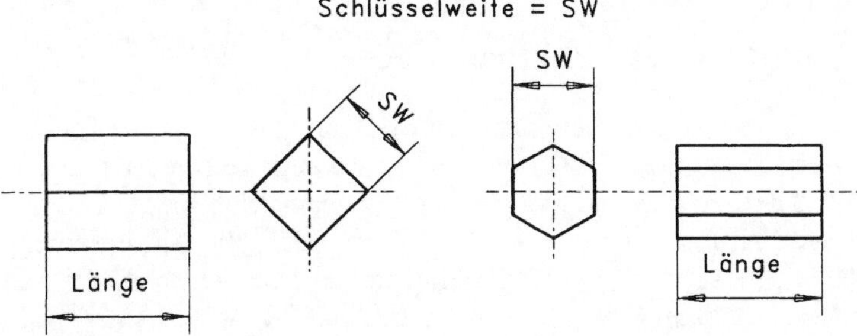

Bild 8-5 Vierkant – Sechskant

Die Erstellung einer Welle auf der Grundlage von Vierkant oder Sechskant als Grobgeometrie ist mit der Erzeugung eines Zylinders vergleichbar. Es stehen die gleichen Möglichkeiten zur Positionsfestlegung von Wellenelement und Gesamtwelle zur Verfügung, nur daß bei diesen Typen das Programm nicht die Eingabe der Durchmesser, sondern der Schlüsselweite dieser Geometrie erwartet.

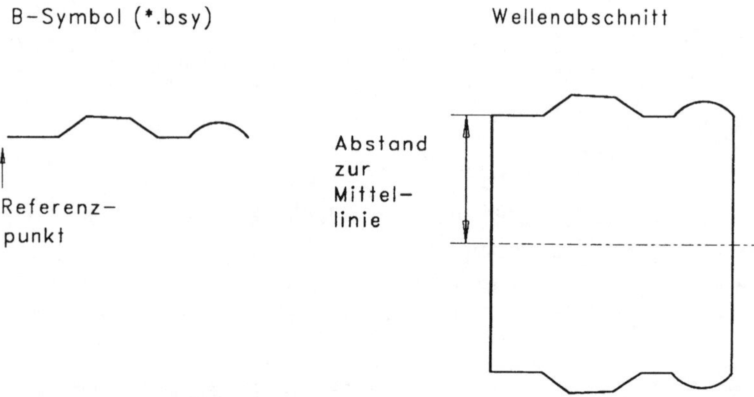

Bild 8-6 Frei definierbare Wellenform

Bei der letzten Variante, in CADdy eine Welle zu konstruieren, wird eine frei definierte Kontur als Grobelement eingesetzt. Diese Kontur muß als B-Symbol (Symbol, das nachträglich veränderbar ist; siehe Kapitel 6) gespeichert sein, damit nachträgliche Feingeometrien eingesetzt werden können. Die Kontur wird an der Mittellinie der Welle gespiegelt. In einer Maske sind die Lage zur Mittellinie der Welle [ABSTAND MITTELLINIE - REFERENZ] und ein Skalierungsfaktor in Y-Richtung anzugeben. Die Längen der Kontur werden nicht verändert. Hier ist z.B. der Einsatz komplexer Außen- oder Innenkonturen sowie exzentrischer Elemente möglich (Formelemente, Kugelenden, spezielle Splineformen).

8.3 Einbringen geometrischer Feinelemente

Geometrische Feinelemente sind Geometrien, die nicht die grobe Form einer Welle verändern, aber doch entscheidend auf die Gestalt und vor allen Dingen auf die Benutzbarkeit der Welle als Werkstück einwirken. Alle nutzbaren Feingeometrien sind ebenso wie die Grobgeometrieelemente als Einheit zu sehen. So werden auch alle Einzelelemente einer Feingeometrie als Folge festgelegt. Die Darstellung einiger Feinelemente hängt von den getroffenen Parametereinstellungen ab. Die Anwahl des Feingeometriemenüs erfolgt mit dem Menüschalter [FEINGEO] aus dem [WELLEN-EDITOR]-Menü.

Nach der Einbringung von Feingeometrieelementen werden teilweise Grobgeometrien verändert. Diese Änderung geschieht immer in Abhängigkeit von der Feingeometrie. Bei der Löschung der Feingeometrie wird die ursprüngliche Gestalt der Grobgeometrie wiederhergestellt.

Um Sie bei der Erzeugung von Feingeometrien zu unterstützen, fragt das Programm bei einigen Feingeometrien nach bestimmten Werten, wie z.B. nach Längen oder Durchmesser. Durch die Positionierung auf schon bestehenden Grobgeometrien ergeben sich berechenbare Kleinst- und Größtwerte für anzubringende Feingeometrien. Diese Werte werden teilweise innerhalb von Maskenausschriften oder in festen Werten angeboten. Bei Nichtbeachtung solcher Grenzwerte weisen Sie Bildschirmmeldungen darauf hin.

Bei einigen Feingeometrien gilt es bei gewissen Werten, z.B. für Durchmesser oder Breiten von Sicherungsringen, Normen zu beachten. CADdy unterstützt Sie dabei und bietet eine Auswahl solcher Werte an. Die verwendeten Werte können jedoch in verschiedenen Betrieben und Firmen unterschiedlich sein. Selten werden in einem Betrieb alle nach DIN verfügbaren Normteile eingesetzt. Eine Anpassung dieser Auswahl an betriebsspezifische Einsatzsortimente ist daher jederzeit möglich. Sie erfolgt durch Änderung von ASCII-Files, welche sich in einem speziellen CADdy-Pfad befinden (vgl. dazu auch Anhang D).

CADdy Version 10.0 bietet unter der Rubrik „Feingeometrien“ eine sehr große Auswahl von Möglichkeiten an, von denen hier nur die in der Praxis wichtigsten genannt werden.

Bei der Positionierung von Feingeometrien ist zu beachten, daß einige, z.B. Einstiche, Paßfedern und Muttern, mit Hilfe eines Referenzpunkts auf einer vorhandenen Grobgeometrie plaziert werden müssen. Die Wahl, welcher Punkt der Geometrie anzugeben ist, kann durch Anwahl eines der drei verfügbaren Menüschalter [RECHTS], [LINKS] oder [MITTE] unter der Überschrift Referenzpunkt im unteren Teil des Menüs [WELLEN-ED.] [FEIN-GEO] erfolgen.

Die wichtigste und meistgenutzte Feingeometrie ist die Fase. Sie erscheint immer an Kanten von Wellenabschnitten, die entweder zur Aufnahme von Lagern oder Laufrädern dienen oder Anfänge von Gewinden darstellen. Eine Fase kann mit wenigen Schritten angebracht werden: Klicken Sie den Menüpunkt [FASE] an. Tippen Sie mit dem Fangcursor an die Kante, die gefast werden soll, tragen Sie in der nachfolgend erscheinenden Maske die Werte für [FASEN-WINKEL] und [FASEN-BREITE] ein, und bestätigen Sie die Eingabe. Die Breite ist dabei immer achsial anzugeben.

Zwei weitere Feingeometrien im Bereich Erzeugung gehören eng zusammen: der Einstich und der Sicherungsring. Die Erzeugung eines Einstichs erfolgt durch Festlegung des Referenzpunkts dieser Geometrie auf der aktuellen Welle. Die Werte für Durchmesser, Einstichbreite und Einstichtiefe werden automatisch unter Berücksichtigung des Wellendurchmessers ermittelt. Um einen Sicherungsring auf einer Welle zu positionieren, müssen Sie einen vorher erzeugten Einstich mit dem Fangcursor auswählen. Durch diese Auswahl wird die maximal nutzbare Breite des Sicherungsringes ermittelt und als Text ausgegeben. Trotzdem besteht aber die Möglichkeit, bestimmte Werte des Sicherungsringes zu ändern. Dies sind die Abmessungen für Breite und Höhe.

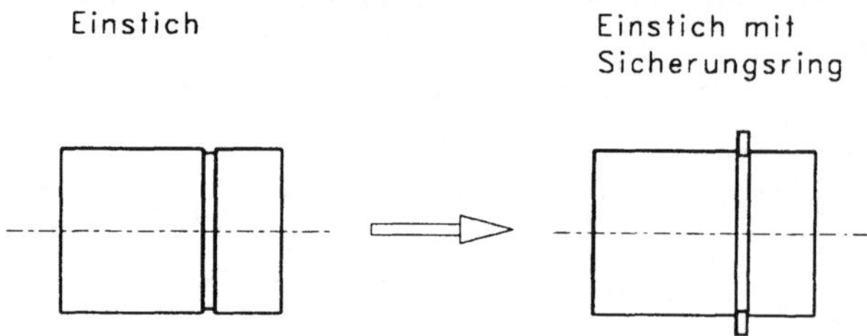

Bild 8-7 Einstich und Sicherungsring

Wellen sollen oftmals andere Bauteile aufnehmen. Um diese zu befestigen, muß die Welle Bohrungen besitzen, die entweder als Aufnahmen für Paßstifte fungieren oder Gewinde beinhalten. Diese Feingeometrie wird mit dem Menüschalter [BOHRUNG] aufgerufen. Der Welleneditor unterstützt drei verschiedene Bohrungsarten, welche in einem weiteren Menü wählbar sind:

1. Die Querbohrung als erste Auswahl wird bei CADdy stets senkrecht zur Mittelachse eingefügt. Eine Ausnahme bilden kegelförmige Wellenabschnitte, bei denen die Bohrung rechtwinklig zur Außenfläche der Welle erzeugt wird.

2. Bohrungen verlaufen, z.B. bei Flanschen, oft parallel zur Mittelachse. Diese Bohrungslage kann mit der zweiten Menüauswahl getroffen werden. Längsbohrungen werden immer vom Anfang oder Ende eines Wellenabschnitts erzeugt. Eine Besonderheit besteht bei der Eingabe der Länge einer Längsbohrung: ist sie länger als der Wellenabschnitt, wird die Bohrung in der gleichen Länge wie der Wellenabschnitt erzeugt.

3. Die dritte Variante, eine Bohrung in die Welle einzubringen, stellt die Zentrierbohrung dar. Sie ist nach DIN 332 eindeutig definiert. Es wird zwischen den Formen A, B, CADdy und R unterschieden (für Einzelheiten vgl. DIN 332, Teil1, Zentralbohrungen 60°). CADdy verlangt in einem Popup-Menü die Auswahl einer dieser Formen. Des weiteren ist die Eingabe des Bohrdurchmessers nötig. Der Durchmesser der Zentrierung wird berechnet und angezeigt, die Zentrierbohrung DIN-gerecht beschriftet. Bei ungünstiger Plazierung der Beschriftung der Welle kann mit dem Menüschalter [TEXT OB/UN] aus dem Menüpunkt [FEIN-GEO] eine Korrektur erfolgen.

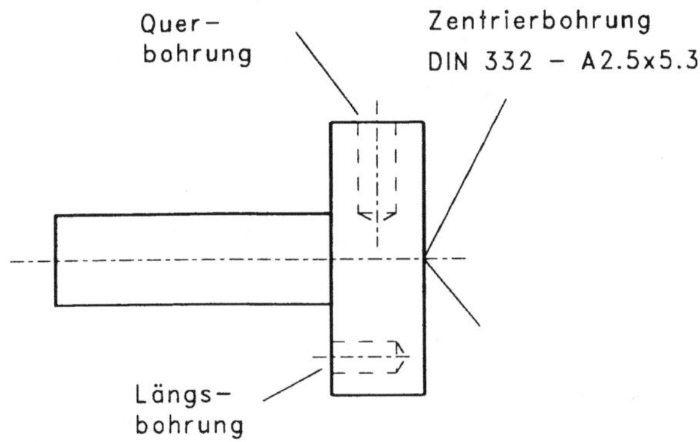

Bild 8-8 Bohrungen

8.4 Lagerkataloge

Der Welleneditor bietet mit Hilfe von Katalogen bekannter Lagerhersteller die Möglichkeit, DIN-gerechte Lager auf Wellenabschnitten zu positionieren, zu ändern oder zu löschen. Die Lager werden aus einem wählbaren Lagerkatalog, abhängig vom Wellendurchmesser, ermittelt und die nutzbaren Breiten der verfügbaren Lager angeboten.

8.5 Ändern vorhandener Wellen

Werden bestehende Wellenzeichnungen für Neukonstruktionen verwendet, ergibt sich oft die Notwendigkeit, die Wellenkonstruktion in Teilen zu verändern. Gerade die flexible und zeitsparende Mehrfachnutzung bestehender Konstruktionen wird als Vorteil von CAD-Konstruktionen gegenüber dem manuellen Zeichnen betrachtet. Die Änderung einer Welle kann – vergleichbar der Erstellung – im Bereich der Grobgeometrie und der Feingeometrie erfolgen.

Im Bereich der Grobgeometrie sind Änderungen eines kompletten Wellengrobelements, von Teilen eines Wellengrobelements sowie das Löschen eines Wellengrobelements möglich.

Den Funktionsbalken, mit dem die erste Veränderungsmethode aufgerufen wird, finden Sie im Menü [GROB]. Er ist mit [ÄNDERN KPL] bezeichnet und gestattet eine komplette Änderung der bestehenden Grobgeometrie. Nach Anwahl dieses Menüpunkts müssen Sie mit dem Fangcursor die abzuändernde Grobgeometrie auswählen. Dazu genügt es, die Geometrie an einer beliebigen Stelle anzutippen. Der Welleneditor speichert die zu jeder Geometrie gehörenden Werte und bietet sie nachfolgend zur Veränderung an, selbst dann, wenn sich auf dieser Grobgeometrie bereits Feingeometrien befinden. Diese werden den veränderten Werten angepaßt. Sollte eine Änderung nicht möglich sein, macht

CADdy Sie auf diesen Umstand aufmerksam und bietet erneut die Maske mit den Geometriedaten zur Bearbeitung an. Die in der Maske vorgenommenen Veränderungen werden in der Zeichnung umgesetzt, indem Sie die Maske mit dem Schalter [ENDE ÄNDERUNG] verlassen.

Der zweite Funktionsschalter, der eine Änderung an der Grobgeometrie unterstützt, ist mit [ÄNDERN TEIL] benannt; er wirkt nur auf Teile einer Grobgeometrie. Durch zwei festzulegende Punkte wird ein Bereich der Welle zu einer eigenen Grobgeometrie zusammengefaßt und kann danach einzeln verändert oder auch gelöscht werden.

Um die Feingeometrie einer Welle zu verändern, stehen im Welleneditor ebenfalls drei Funktionen zur Verfügung. Die Änderungen einer Feingeometrie betreffen ihre Position auf der Welle sowie ihre Geometriewerte. Letztere können mit dem Menüschalter [ÄNDERN WERT] und nachfolgendem Identifizieren der Feingeometrie am Bildschirm dargestellt und geändert werden. Falls Sie Werte eingeben, die keine sinnvolle Konstruktion zulassen, weist Sie das Programm auf diesen Umstand hin.

Die zweite Methode zur Veränderung ist nur bei einigen Feingeometrien anwendbar: Sie ändert den Ort einer Feingeometrie. Die Position einer Feingeometrie, die an die Geometrie eines Grobelements gebunden ist (z.B. Fasen, Ausrundungen, Zentrierbohrungen) kann nicht geändert werden. Die Positionsänderung ist bei Einstichen, Paßfedern, Bohrungen und Muttern möglich. Erfordert die neue Position eine Änderung der Größe der Feingeometrie (z.B. des Durchmessers), werden diese Anpassungen automatisch vorgenommen.

Mit dem Menüpunkt [LÖSCHE F] kann ein komplettes Feingeometrieelement gelöscht werden. Zuerst ist das Element mit dem Fangcursor zu identifizieren. Es erfolgt eine Sicherheitsabfrage; wird diese bestätigt, wird das Element gelöscht. Die Veränderungen, die an dem Grobelement vorgenommen worden waren, um die Feingeometrie zu positionieren, werden wieder rückgängig gemacht.

Das Löschen der Grobgeometrie ist mit dem Funktionsschalter [LÖSCHE G] im Grobgeometrie-Menü möglich. Nach dem Aufruf dieser Funktion fragt das Programm nach der zu löschenden Grobgeometrie. Ein Antippen bewirkt, daß dieses ausgewählte Teil der Welle entfernt und alle noch vorhandenen Teile der Welle angepaßt werden. Alle Feingeometrien, die sich auf dem gelöschten Teilstück befanden, werden mit entfernt.

Als zusätzliche Grobgeometrie von Wellen steht der Wellenabbruch zur Verfügung. Er symbolisiert, daß ein Teilstück der Welle nicht auf der Zeichnung erscheint (vgl. Bild 8-9), da die Welle selbst entweder sehr lang ist oder sich auf dem betreffenden Teilstück keine wichtigen Details befinden.

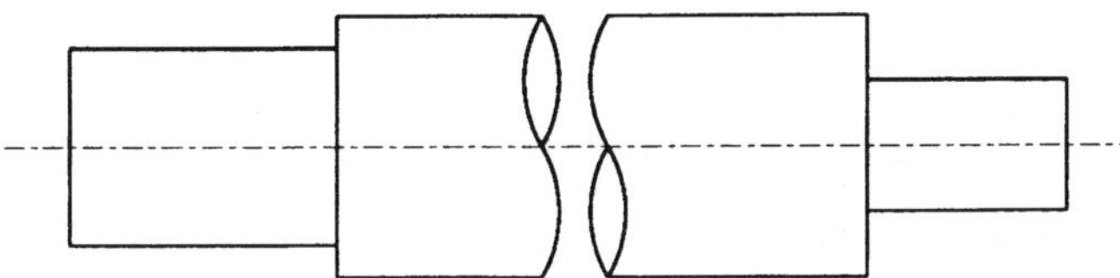

Bild 8-9 Wellenabbruch

Der Wellenabbruch kann mit dem Funktionsschalter [WELL.-ABBR.] [EINFÜGEN] im Menüpunkt [GROB-GEO] und nachfolgendem Positionieren mit dem Punktdefinitionsmenü auf der Welle gezeichnet werden. Da diese Geometrie zur Welle gehört, kann sie auch wieder gelöscht werden. Nutzen Sie dazu den Menüpunkt [WELL.-ABBR.] [LÖSCHEN].

Mit den Funktionen des Grobgeometriemenüs können Sie die allgemeinen Charakteristika einer Welle festlegen. Eine Welle dient aber meist zur Aufnahme von Lagern oder anderen Rotationselementen wie Zahnrädern oder Schneckenrädern. Damit diese Bauteile auf der Welle angebracht werden können, müssen zusätzliche Veränderungen vorgenommen werden. Zum Beispiel muß zum Aufstecken eines Zahnrades die Anlegekante an der Welle mit einem Freistich versehen werden. Diese Nachbehandlung oder Verfeinerung wird mit dem zweiten Erzeugungsschritt im Welleneditor durchgeführt, der Nutzung von Feingeometrien.

8.6 Datenübernahme in 3D- und NC-Modul

Aufgrund der komplexen Vorgehensweise bei der Erzeugung von Wellen über Grob- und Feinelemente stehen sehr viele Informationen über die Welle zur Verfügung. Diese Informationen können auch anderen CADdy-Modulen zur Verfügung gestellt werden.

So kann man alle Daten einer Welle in das 3D-Volumen-Modul von CADdy überspielen. Mit dem Menüschalter [WELLE->3D] im Welleneditormenü rufen Sie das Übersetzungsprogramm auf. Das Programm, das auf diese Weise entsteht, kann einen beliebigen Namen erhalten und steht im voreingestellten Verzeichnis für PLUS-Programme zur Verfügung. Es kann nachfolgend aus dem Modul 3D-Volumen gelesen werden. Diese Funktion steht jedoch nur dann zur Verfügung, wenn das Modul 3D-Volumen (K2) auf Ihrem System installiert ist.

Des weiteren läßt sich eine Welle in eine Form umwandeln, die von NC-Programmen gelesen und weiterverarbeitet werden kann. Diese Funktion erreichen Sie mit dem Menüschalter [WELLE->NC] im Welleneditormenü. Dabei wird die obere Hälfte der Welle in eine Kontur umgewandelt, die beispielsweise vom CADdy-NC Modul gelesen werden kann. Diese Funktion ist nur anwählbar, wenn die Welle ausschließlich aus den Grobgeometrien Zylinder und Kegel aufgebaut ist. Die Feingeometrien Fase, Ausrundung und Einstich werden bei der Konturerzeugung berücksichtigt.

8.7 Objektstrukturen in CADdy-Bildern

Objektstrukturen sind Informationen, die CADdy über bestimmte Anordnungen von Objekten speichert und für Änderungs- oder Übersetzungsfunktionen nutzt. Alle Wellen aus dem Welleneditor sind solche Objektstrukturen. Intern werden zu einer Welle nicht nur Größe und Lage der Objekte gespeichert, sondern teilweise auch 3D-Informationen mitgeführt.

Der modulare Aufbau von CADdy erlaubt Ihnen, Zeichnungen in mehreren Anwendungen weiterzubearbeiten, da in allen Modulen dieselbe Datenstruktur verwendet wird. Die Objektstrukturen dienen nun dazu, Informationen, die eine andere Anwendung benötigt, mitzuübertragen. Die Daten einer Zeichnung können z.B. zuerst im Grundpaket erzeugt werden. Nach ihrer Übergabe an das 3D-Volumenmodul entsteht ein dreidimensionaler Körper, der nun Informationen über seine Form, sein Volumen, seinen Massenschwerpunkt u.s.w. enthält. Alle diese Informationen können über entsprechende Schnittstellen an andere Module weitergegeben werden. Somit ist eine lückenlose Verknüpfung des Informationsflusses gewährleistet. Die Objektstruktur bietet aber auch beim Ändern, z.B. im Welleneditor, viele Vorteile. Würden Wellen nicht als Objekte behandelt, müßten beim Ändern eines Durchmesserwertes erst neue Strecken erzeugt, die alten gelöscht werden. Im Falle, daß auf diesem Durchmesser bereits Feingeometrien plaziert gewesen waren, müßten auch diese einzeln editiert werden. Aufgrund der Objektstruktur erkennt das Programm alles, was geändert werden muß, und führt diese Änderungen meist vollautomatisch aus.

8.8 Praxisfall

Zum Abschluß dieses Kapitels sollen nun zwei Teile der Zusammenstellzeichnung erzeugt werden. Zum ersten erstellen Sie mit dem Welleneditor die Zeichnung der Rändelschraube. Bevor Sie zu konstruieren beginnen, müssen Sie einen genaueren Blick auf die Zeichnung werfen. Sie kennen jetzt die Möglichkeiten, die der Welleneditor bietet. Die Rändelschraube weist mehrere Grobgeometrieelemente auf. Angefangen von der linken Seite des Teiles folgen nacheinander drei Zylinder, gefolgt von einer frei definierten Form, und abschließend wird alles von zwei Zylindern begrenzt. Die in der Mitte plazierte freie Konturform muß, damit sie in der Welle auftauchen kann, zuerst als B-Symbol erzeugt werden.

Bevor Sie mit der Erzeugung dieser Kontur beginnen, rufen Sie das Projekt über den Menüpunkt [PRJ WECHSEL] auf. Lesen Sie das aktuelle Bild jedoch nicht ein; es würde bei der Neuerzeugung nur hinderlich sein. Richten Sie Ihr CADdy-System, wie schon beschrieben, wieder ein.

Um die nachfolgend gezeigte Kontur zu erzeugen, nutzen Sie die Hilfskonstruktion und Änderungsfunktionen. Bei dieser Kontur müssen Sie von einem Halbschnitt der Welle ausgehen. Von Bedeutung ist nur die obere Hälfte (ohne Mittellinie).

Nach dem Erzeugen der Geometrie speichern Sie diese als B-Symbol ab. Der Referenzpunkt soll an der linken Seite der Geometrie, und zwar direkt auf der späteren Mittellinie, sitzen.

Speichern Sie das Symbol im Pfad C:\CADDY\OPTIKA\ unter dem Namen RSCHRAU.BSY ab. Danach können Sie alle Elemente auf dem Bildschirm löschen.

Zur Erzeugung der Wellenform benötigen Sie nun den Welleneditor im Branchenmodul [KONSTRUKT.] [WELLEN-ED.]. Rufen Sie diese Anwendungen auf. Die ersten Grobgeometrien lassen sich mit der Menüfolge [GROB-GEO] [ZYLINDER] erzeugen. Zur Positionierung des ersten Zylinders wählen Sie mit dem Cursor einen Punkt in der linken oberen Hälfte Ihres Arbeitsblatts. Da die Abmaße der ersten Zylinder, wie in untenstehender Abbildung ersichtlich, verhältnismäßig klein sind, nutzen Sie Zoom-Funktionen, um sich die Arbeit zu erleichtern.

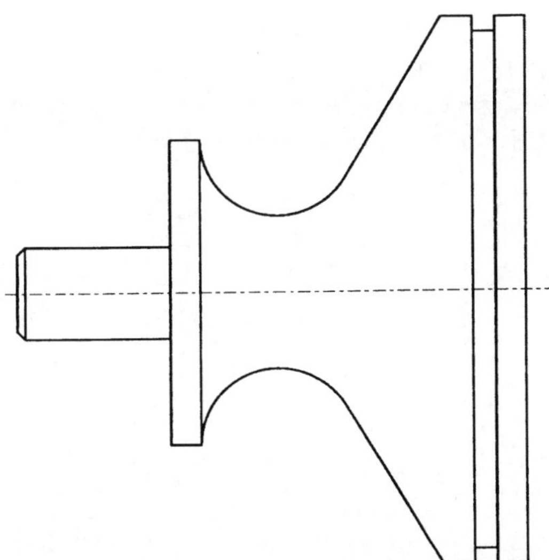

Bild 8-10 Geometrie der Rändelschraube

Die nächste Grobgeometrie ist die frei definierbare Kontur. Verlassen Sie also die Funktion zur Zylindererzeugung, und rufen Sie statt dessen die Funktion [FREIE KONT.] auf. Sie werden zuerst wieder nach der Stelle gefragt, an der das neue Wellenstück angefügt werden soll. Tippen Sie mit dem Cursor die rechte Seite der bisherigen Welle an.

Nun wird die Kontur als B-Symbol festgelegt. Geben Sie in die Eingabezeile Verzeichnis und Namen des B-Symbols (C:\CADDY\OPTIKA\ RSCHRAU.BSY) ein.

Sie werden nach weiteren Werten gefragt. Da Sie den Referenzpunkt des Symbols schon auf die eigentliche Mittellinie gesetzt hatten, können Sie den Verschiebewert gegenüber der Mittellinie auf dem Wert 0 belassen. Die Kontur wurde ebenfalls im Maßstab 1:1 erzeugt, deshalb entfällt hier die Angabe eines Skalierungsfaktors. Bestätigen Sie die Angaben durch Klick auf den Schalter [ENDE EINGABE]. Die Kontur wurde eingelesen, an der rechten Seite der Welle angefügt und an der Mittelachse der Welle gespiegelt.

An der Welle fehlen nun noch zwei Grobgeometrien, die Sie mit den schon beschriebenen Methoden anfügen können.

Die Grobgeometrie der Welle ist somit fertiggestellt. Nun erfolgt die Anbringung der Feingeometrie. An der rechten Seite der Welle befindet sich eine Fase mit den Werten 45° X 0,5 mm. Benutzen Sie die Menüfolge [FEIN GEO] [FASE], um die Werte in der Maske einzugeben. Tippen Sie bei der Frage nach der Lage der Fase die rechte obere Kante der Welle an. Die Fase wird angefügt und dabei bereits eine Veränderung an der Grobgeometrie angezeigt.

Die am Beispiel angezeigte Gewindeführung wird eigentlich vom Welleneditor nicht unterstützt, da kein Gewindeauslauf sichtbar ist. Sie können aber in diesem Fall die Auswahl [FEINGEW.] im Menüpunkt [FEIN-GEO] [GEWINDE] nutzen.

Bestimmen Sie mit der Punktdefinition [SCHNITTPKT] den Anfangspunkt des Gewindes an der rechten Seite der Welle. Den Endpunkt des Gewindes legen Sie mit derselben Punktdefinition im Schnittpunkt der Mittellinie mit der senkrechten Wellenlinie fest.

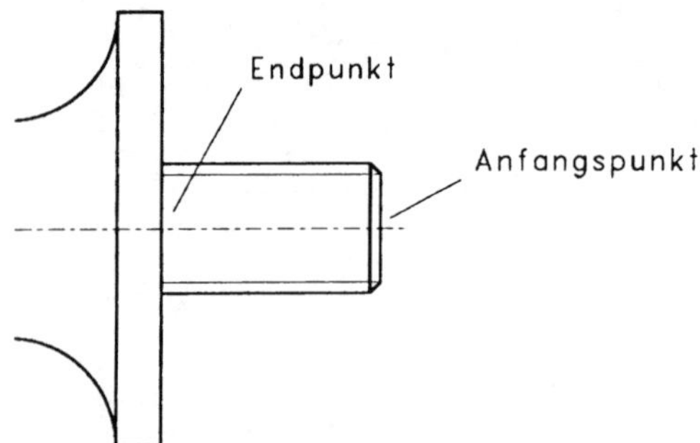

Bild 8-11 Gewindeerzeugung

Die Fehlermeldungen, die nachfolgend auftauchen, dienen nun dazu festzustellen, daß ein Gewinde mit Gewindeauslauf erzeugt werden soll, das nicht den Standardmaßen entspricht. Trotzdem werden aber Eingabewerte angeboten. Den Wert des Wellendurchmessers hat der Welleneditor schon ermittelt. Die Breite wurde aus der Lage von Anfangs- und Endpunkt des Gewindes errechnet. Sie müssen nur noch die Größe des Kerndurchmessers festlegen. Die Fase am Gewindebolzen ist auf beiden Durchmesserseiten mit einer Größe von 0,5 mm angegeben. Es ergibt sich somit bei einem Zylinderdurchmesser von 6 mm ein Kerndurchmesser von 5 mm.

Tragen Sie diesen Wert in das dafür vorgesehene Feld ein. Da am Beispiel kein Gewindeauslauf erzeugt werden soll, bleibt der angebotene Wert für [AUSLAUF x1:] 0. Beenden Sie die Eingabe der Werte.

Es wird ein Gewinde sichtbar, welches aber an der rechten Seite nicht korrekt mit der unteren Fase übereinstimmt. Diese Veränderungen müssen nun durch eine Nachbearbeitung vorgenommen werden.

Mit dem Einbringen des Gewindes ist die Erzeugung der Welle abgeschlossen. Sie muß nun mit den Funktionen des Konstruktionsmoduls nachbearbeitet werden. Da nun ein sehr fortgeschrittener Stand dieser Konstruktion erreicht wurde, empfiehlt es sich, die Funktion [SICHERN] des öfteren zu nutzen.

Sie können mit der Nachbearbeitung an der rechten Seite der Welle beginnen. Nutzen Sie die Funktionen [TRIMMEN] und [LÖSCHEN], um unnötige Elemente der Welle zu entfernen. Die linke Seite der Welle ist etwas aufwendiger. Sie benötigen zuerst einen Kreisbogen mit Radius 25, um die Kugeleinbuchtung zu konstruieren. Man erzeugt diese Geometrie sehr einfach, indem man zuerst einen Vollkreis erzeugt und nachfolgend mit der Funktion [TRIMMEN] den Rest des Kreises entfernt.

Erzeugen Sie eine Freihandlinie, um die Teilschnittdarstellung in Ihre Welle zu integrieren. Achten Sie auf die Nachbearbeitung der Anfangs- und Endteile der Freihandlinie mit Hilfe der Trimmfunktion. Die Schraffur ist die nächste Geometrie. Nutzen Sie die Auswahl [FLÄCHE] mit den Einstellungen

Winkel > 45

Abstand > 1

Die Darstellung der Rändelrillen ist durch die Funktion [PARALLELE ZUM OBJEKT] schnell erzeugbar; zur Nachbearbeitung nutzen Sie wieder die Trimmfunktion. Die Geometrieerzeugung ist mit diesem Schritt abgeschlossen.

Es folgt die Änderung der Darstellung und das Bemaßen. Das Bauteil soll auf einem Zeichenblatt im Format A4-hoch erscheinen. Bedingt durch die kleinen Proportionen ist ein Vergrößern des Bauteiles unumgänglich. Nutzen Sie dazu die Funktion [SKALIEREN] mit einem Faktor von 2. Sichern Sie vorher Ihren bisher erreichten Arbeitsstand ab.

Sollte Ihre Welle sich nun langsam aus den Bildschirmabmessungen bewegen, nutzen Sie die Funktion [VERSCHIEBEN], um die Welle wieder in die Mitte Ihres Blattes zu positionieren.

Als vorletzter Schritt folgt die Bemaßung. Ihre Werte werden immer von der Zeichenfläche abgetragen. Da die Welle schon vergrößert wurde, müssen Sie die Bemaßungsparameter verändern. Rufen Sie dafür die Maske [PARAMETER] [BEMAßUNGSPARAMETER...] auf. In der Einstellmaske [MAßTEXT] können Sie den Wert für den [FAKTOR VERGRÖßERUNG] in der Anordnung [MAßZAHLERMITTLUNG] auf 0,5 setzen. Da die Geometrie doppelt so groß ist wie im Original, muß die Maßzahl halbiert werden. Bemaßen Sie nun diese Zeichnung mit den Ihnen bekannten Vorgehensweisen.

Zum Abschluß der Zeichnungserstellung rufen Sie Ihr Normblatt mit dem Schriftfeld auf und legen dies über Ihre Zeichnung. Tragen Sie noch die Angabe im Schriftfeld nach, bzw. editieren Sie die Standardvorgaben. Sobald dies geschehen ist, rufen Sie die Menüfolge [EIN/AUSGABE] [BILD SPEICHERN] auf und speichern das Bild unter dem Namen RAENDELS.PIC. Hiermit wurde auch das vorletzte Einzelstück erfolgreich erzeugt und gespeichert

8.9 Aufgaben

1. Was ist bei der Erzeugung einer „Freien Kontur“ mit dem Welleneditor zu beachten?
2. Welche Grobelemente stehen bei der Erzeugung einer Welle im Welleneditor zu Verfügung?
3. Unter welchen Bedingungen kann eine mit dem Welleneditor erzeugte Welle mit diesem weiterverarbeitet werden?
4. Welcher Unterschied besteht zwischen den Funktionen [NEU] und [FREI PLAZIERT] bei der Positionierung eines Lagers?

8.9.1 Lösungen

1. Die Erzeugungskontur für die Welle muß als B-Symbol abgelegt worden sein.
2. Folgende Grobelemente stehen bei der Erzeugung einer Welle im Welleneditor zu Verfügung:
   - Zylinder
   - Kegel
   - Vierkant
   - Sechskant
   - Freie Kontur
3. Die Welle darf nicht mit der Funktion außerhalb des Welleneditors bearbeitet worden sein, da dadurch Objektstrukturen zerstört werden.
4. Die Funktion [NEU] plaziert ein gewähltes Lager nur auf einer Welle und es wird zwischen Lager und Welle eine logische Verbindung hergestellt. Die Funktion [FREI PLAZIERT] ermöglicht die Plazierung eines Lagers an jeder beliebigen Stelle der Zeichnung ohne logische Verbindung zu einer Welle. Das Lager wird als Folge erzeugt.

9 Bauteile und Stücklisten

Die Bestandteile einer Zeichnung, die in den vorangegangenen Kapiteln betrachtet wurden, stellen nur einen Teil der Informationen dar, die ein Zeichnungssatz enthalten muß. Für die Fertigung ist eine bemaßte Darstellung eines Einzelteils unerläßlich; ein Monteur hingegen benötigt die gesamte Einzelbemaßung nicht; viel eher benötigt er Informationen über den Zusammenbau bestimmter Teile und darüber, wie viele dieser Einzelteile zu der zu montierenden Baugruppe gehören. Die Funktionalität für diese Anwendungsfälle ist im CADdy-Modul Konstruktion integriert.

Die Herstellung und Verwaltung von Bauteilen ist dabei wiederum nur eine der Möglichkeiten, die dieses Modul zur Verfügung stellt. Aus der Verwaltung von Bauteilen lassen sich im Laufe der Arbeit weitere Informationen automatisch ermitteln. Dazu gehört unter anderem der Stücklistenanschluß mit automatischer Generierung einer Stücklistentabelle auf der Zusammenstellzeichnung.

9.1 Teilestamm als Datenbank

Um Einzelelemente als Bauteile in eine Zeichnung einzubringen, sind Zusatzinformationen nötig. Das Programm muß wissen, welche Bauteile sich in welcher Anzahl und an welcher Stelle auf der Zeichnung befinden. Diese Informationen werden in Form einer Datenbank gespeichert. Die für eine Zeichnung eingegebenen Bauteile-Informationen können auch in anderen Zeichnungen genutzt werden. Eine Bauteile-Datenbank wird in CADdy als Teilestamm bezeichnet. Es können bis zu zehn solcher Teilstämme angelegt werden. In einer eigenen Teilestamm-Verwaltung [BAUTEILE] [TEILEST-VER] können diese Datenbanken für alle Zeichnungen genutzt werden. Müssen Bauteile-Informationen in die Stückliste einer Zeichnung eingetragen werden, können sie direkt aus der Datenbank übernommen werden.

Grundsätzlich besteht ein Bauteil aus Texten und Zahlenwerten. Ein Bauteil kann aber auch mit einem Geometrieelement verknüpft werden. Daraus ergeben sich neue Anwendungsmöglichkeiten. Werden Bauteile, die in einer Zeichnung bereits eingesetzt sind, auch in anderen Zeichnungen benötigt, können sie mit einem Bauteile-Aufruf in die neue Zeichnung eingefügt werden. Dazu müssen die Bauteile aber bestimmte Kriterien erfüllen. Sind Bauteile bereits als Datei (A-, B-Symbol, Variantenprogramm) vorhanden, so ist der Bauteile-Aufruf möglich. Es ist ein eindeutiger Zusammenhang zwischen den Bauteile-Informationen und dem Bauteil gegeben. Sind aber Bauteile nur als beliebige Geometrie in einer Zeichnung vorhanden, fehlt diese Zuordnung. Diese Geometrie muß daher beim Anlegen als Bauteil als B-Symbol gespeichert werden und kann dann auch in anderen Zeichnungen genutzt werden.

Die Informationen, die aus einer Teilestamm-Datenbank bezogen werden können, sind davon abhängig, welche einzelnen Bauteile-Informationen zuvor eingegeben wurden. In der Stücklisten-Parametermaske des Menüs [BAUTEILE] [STL.PARAM.] im Konstruktionsmodul kann definiert werden, welche technischen Informationen zu einem Bauteil in der Datenbank hinterlegt werden.

Im folgenden sind die einzelnen Schritte zum Anlegen und Bearbeiten von Bauteilen sowie die Nutzung der Stücklisten beschrieben. Begonnen werden soll aber zuerst mit den notwendigen Parameterangaben.

Eine weitere wichtige Angabe, die Sie mit der Funktion [MAX. ZEILENZAHL STÜCKLISTE] eintragen können, ist die Anzahl der Zeilen, die die Stückliste maximal in der Zeichnung belegen darf. Bei der Eingabe dieses Werts müssen Sie sich an der Anzahl der in der Zusammenstellzeichnung integrierten Einzelteile orientieren.

9.2 Bauteilparameter

Die Einstellungen für Bauteile werden in zwei verschiedenen Parametermasken vorgenommen. Die erste erreichen Sie über den Menüpunkt [STL PARAM.]; mit ihrer Hilfe passen Sie die Stücklisten an betriebliche Vereinbarungen an. Die einzelnen Stücklistenfelder, in denen Bauteile-Informationen eingetragen werden sollen, können frei definiert werden. Zusätzlich zu den drei vorbelegten Feldern für die Position, die Menge sowie die Hierarchie-Ebene innerhalb von Baugruppen stehen bis zu zehn freie Stücklisteneinträge zur Verfügung. Das Aussehen und die Inhalte von Stücklisten sind nach DIN 6771, Teil 1 und 2 definiert und sind bei der Generierung zu beachten.

In der Parametermaske für die Stücklistendefinition ist für jedes Feld die Feldbezeichnung [BEZEICHNUNG], die Feldlänge (Anzahl der Zeichen) [LÄNGE] und der Feldtyp (Text, Zahlen) [FELD-BEZEICHNUNG] zu spezifizieren. Für jedes Bauteil werden somit bis zu 13 verschiedene Informationen erfaßt.

In der Parametermaske ist im oberen Bereich ein so bezeichneter "aktueller Stücklisten-Kopf" dargestellt. Er zeigt die aktuell definierten Felder der Stückliste, ihre Position in der Liste und die Feldlänge. Der Stücklistenkopf wird mit jeder Änderung der Feldbezeichnungen aktualisiert.

Im unteren Bereich der Parametermaske sind Angaben zur aktuell ausgewählten Teilestamm-Datenbank [DATENBANK] angegeben.

In dem nächsten Eingabefeld kann ein [STÜCKLISTENTYP] ausgewählt werden. CADdy unterscheidet vier Typen von Stücklisten (siehe hierzu 9.5).

Sind alle notwendigen Einträge erfolgt, kann die Parametermaske mit [SPEICHERN] verlassen werden.

In einer weiteren Parametermaske [BAUTEILE] [PARAMETER] werden Angaben zum Zeichnen von Positionskennzeichnung von Bauteilen, von Stücklisten sowie die Stücklistenausgabe vorgenommen. Die vordefinierten Einträge können im Rahmen des Buches beibehalten werden.

Zu achten ist lediglich auf den Eintrag im Eingabefeld [SKALIERUNG]. Mit der Zahl wird die Größe der Stückliste auf der Zeichnung festgelegt. Bei dem Bildformat A4 ist ein Wert von 1 bis 2 sinnvoll.

9.3 Neuanlegen von Bauteilen

Bauteile können auf zwei unterschiedliche Arten festgelegt werden. Die erste Art ist die Nutzung von Geometrien, die als A- oder B-Symbol, Variable oder beliebiges Element vorhanden sind. Diese können mit Informationen erweitert und als Bauteil festgeschrieben werden.

Die Definition solcher Bauteilgeometrien ist recht einfach: Rufen Sie dazu die Menüfolge [BAUTEILE] [ANLEGEN] [MIT GEOMETR] auf, mit der Sie in das Menü [DEF. GEO] gelangen, in dem Sie wählen können, was als Bauteil definiert werden soll. Ist der Schalter [SPEICHERN n/j] aktiviert worden, wird aus den ausgewählten Elementen ein B-Symbol erzeugt. Für dieses Symbol müssen Sie einen Bezugspunkt und einen Namen vergeben. Sollten diese Zeichnungsbestandteile noch nicht als Bauteil im Teilestamm enthalten sein, können Sie nachfolgend alle noch fehlenden Angaben vornehmen. Dieses so definierte Teil kann dann jederzeit aus dem Teilestamm eingelesen werden.

Die zweite, weniger gebräuchliche Methode ist, Bauteile als bloßen Text, ohne Geometrien einzutragen. Wenn Sie eine sehr große Baugruppe angelegt haben, in der auch kleine Schrauben und Scheiben integriert sind, welche in der dargestellten Ansicht nicht sichtbar bzw. sehr klein dargestellt sind, ist die Nutzung solcher Datenbankeinträge, die nur aus Text bestehen, zu empfehlen.

9.4 Bearbeiten von Bauteilen

Zur Bearbeitung von Bauteilen verfügt CADdy über einen eigenen Menüpunkt im [BAUTEIL]-Menü, der mit [MANIPULIERE] aufgerufen wird. Nach dem Aufruf müssen Sie zunächst festlegen, ob Sie das zu manipulierende Bauteil mit dem Cursor auf der Zeichenfläche über [BILD] anwählen wollen, oder ob Sie direkt in der Stückliste nach Ihrem Objekt fahnden möchten [STÜCKLISTE]. Wählen Sie das Bauteil aus, das geändert werden soll. Die Funktionen, die in dem danach eingeblendeten Menü zum Manipulieren des Bauteils zur Verfügung stehen, entsprechen größtenteils den Funktionen des Grundpakets.

Mit Hilfe der zweiten Funktion, [TEXTE], können Sie Datenbankeinträge des ausgewählten Bauteils ändern. Müssen während der Arbeit Angaben zu einem Bauteil korrigiert werden, müssen Sie diese Veränderungen lediglich in den einzelnen Datenbankfeldern vornehmen, was eine Neueingabe des Bauteiles erspart.

Mit dem Schalter [MENGE] können Sie die Anzahl der Bauteile verändern. Bei einigen Zusammenbauzeichnungen werden mehrere Bauteile in derselben Baugruppe benötigt. In der Zeichnung selbst wird aber nur ein Bauteil dargestellt, weil beispielsweise die abgebildeten Schrauben hintereinander angeordnet sind. In diesem Fall ist das Verändern der Menge eines Bauteiles angebracht.

9.5 Stücklisten

Unter dem Menüpunkt [STÜCKLISTE] stellt CADdy eine Reihe von Funktionen zur Erzeugung und Bearbeitung von Stücklisten zur Verfügung. Stücklisten stellen eine aussagekräftige Zusammenfassung existierender Bauteile und Baugruppen dar.
Die Art der gezeichneten Stückliste hängt von der Voreinstellung des Stücklistentyps unter [STÜCKLISTE] [TYP-WAHL] ab. Es gibt vier verschiedene Typen von Stücklisten:

- Mengenstückliste [MENGE]

In ihr werden alle Bauteile so aufgelistet, daß gleichartige Bauteile addiert werden. Baugruppen werden nicht aufgelöst, d.h., Baugruppen werden als ein Bauteil geführt.

- Aufzählungsstückliste [AUFZÄHL]

In einer Aufzählungsstückliste werden alle gleichen Bauteile addiert aufgelistet. Baugruppen werden über alle Folien aufgelöst; die Struktur ist in der Stückliste aber nicht erkennbar.

- Strukturstückliste [STRUKTUR]

In dieser Art werden alle Bauteile unter Auflösung von Baugruppen über alle Folien aufgelistet. Die Addition der Bauteile erfolgt jeweils auf einer Ebene, und die Menge wird ebenenweise aufgelistet.

- Baukastenstückliste [BAUKASTEN]

Diese Stückliste wird im Gegensatz zu den anderen für ein einzelnes Bauteil erstellt; sie wird über eine Folie aufgelöst, wobei gleichartige Bauteile addiert werden.

9.6 Praxisfall

Sie haben sich bisher mit der Wirkungsweise der Funktionen zum Erzeugen und Ändern von Bauteilen und den Einträgen in Stücklisten vertraut gemacht. Dieses Wissen soll nun anhand des Projekts OPTIKA vertieft werden. Aktivieren Sie dazu das Projekt in der Projektverwaltung.

Sie verfügen bisher über fünf einzelne Zeichnungen mit jeweils einem Einzelteil in meist verschiedenen Ansichten. Diese müssen zunächst Schritt für Schritt zu einer Zusammenbauzeichnung komplettiert werden. Achten Sie auch bei diesen Schritten darauf, Ihre Zeichnung in regelmäßigen Abständen zu sichern.

Die Zusammenbauzeichnung soll mit dem Werkstück Schraubfassung, also der Teilzeichnung (TEIL01), begonnen werden. Zuerst sollten Sie sich einen Überblick über die vorzunehmenden Änderungen verschaffen. Bei der Betrachtung der Einzelteilzeichnung TEIL01 und der zu fertigenden Zusammenstellzeichnung werden Sie erkennen, daß die komplette Bemaßung des Teils entfernt werden muß. Zudem ist die Ansicht von oben zur Ansicht von links zu wandeln, und die Schnittdarstellung muß in eine Teilschnittdarstellung geändert werden. Lesen Sie die Zeichnung „TEIL01“ ein. Die Darstellung des Teils auf der Einzelteilzeichnung wurde im Maßstab 1:1 erstellt und kann somit übernommen werden.

Bei der Erzeugung der Zusammenstellzeichnung haben Sie die Wahl zwischen zwei Vorgehensweisen: Entweder lesen Sie jede einzelne Teilzeichnung ein und ändern diese sofort in der Darstellung ab, oder Sie erzeugen als erstes eine Aufstellung aller Einzelteile und ändern diese dann in der Großdarstellung ab. Für dieses Projekt soll die zweite Variante genutzt werden, die eine bessere Übersicht über alle Zeichnungsunterlagen sicherstellt. Zu dem Zweck sollte die Möglichkeit von CAD-Programmen genutzt werden, ganze Ausschnitte zum Bearbeiten in nicht genutzte Bereiche zu verschieben und erst nach erfolgter Änderung wieder zurück- und zusammenzuschieben.

Um mehr Platz auf Ihrer Zeichenfläche für alle Einzelteilzeichnungen zu schaffen, müssen die Bildmaße geändert werden. Die neuen Einstellungen sollten nicht zu groß gewählt sein, aber dennoch einen gewissen Spielraum, beispielsweise für das Verschieben von Zeichnungen, lassen. Geben Sie die Direktwerte der Bildmaße in X-Richtung mit „700“ und in Y-Richtung mit „650“ ein.

Sie haben nun ein Blatt, das allen Einzelteilzeichnungen Platz bietet. Damit beim Einlesen der nächsten Zeichnung der linke untere Bereich frei bleibt, muß die erste Teilzeichnung verschoben werden. Das Positionieren dieser Zeichnung kann, da man nur Platz schaffen möchte, mit dem Cursor erfolgen. Verschieben Sie die komplette Zeichnung (TEIL01) in die linke obere Ecke des neuen großen Arbeitsblatts. Lesen Sie die zweite Zeichnung mit dem Dateinamen „TEIL02“ ein. Diese Zeichnung stellt den Aufnahmebock dar. Die Frage, ob die alte Zeichnung gelöscht werden soll, beantworten Sie mit „n“, da es eine Zusammenstellzeichnung werden soll. Da Sie die Bildmaße geändert haben, werden Sie nun gefragt, ob diese an die neue Zeichnung angepaßt werden sollen. Die Frage „Gelten die alten Abmessungen ?“ bestätigen Sie mit „j“.

Diese zweite Teilzeichnung soll auch im oberen Teil des großen Blattes, und zwar rechts neben dem TEIL01, positioniert werden. Verschieben Sie diesen Ausschnitt nun an den bezeichneten Ort.

Die dritte einzulesende Zeichnung mit Namen TEIL03 mit der Darstellung der Scheibe wird wie die zweite Zeichnung in die Komplexzeichnung integriert. Der Lagerort ist die obere rechte Ecke.

Da nun schon drei Zeichnungen aufgenommen wurden, ist die Abspeicherung des neuen Bildes sinnvoll. Rufen Sie die Funktion [BILD SPEICH] auf. Die neue Zeichnung soll den Namen „AUFNAHME“ tragen.

Die vierte Zeichnung, die mit dem Welleneditor erzeugt und mittels der Funktionen [ÄNDERN] und [ERZEUGEN] editiert wurde, ist nun an der Reihe. Lesen Sie diese Zeichnung ein, und verschieben Sie den Ausschnitt, in dem sich die Darstellung dieses Teils befindet, an die rechte untere Ecke des Gesamtbildes.

Zum Abschluß der Vorbereitung lesen Sie noch die Zeichnung „TEIL05“ ein. Die Darstellung des Stiftes wurde im Maßstab 10:1 erzeugt. Da keine weitere Zeichnungen eingelesen werden müssen, kann diese Zeichnung links unten in der Ecke verbleiben.

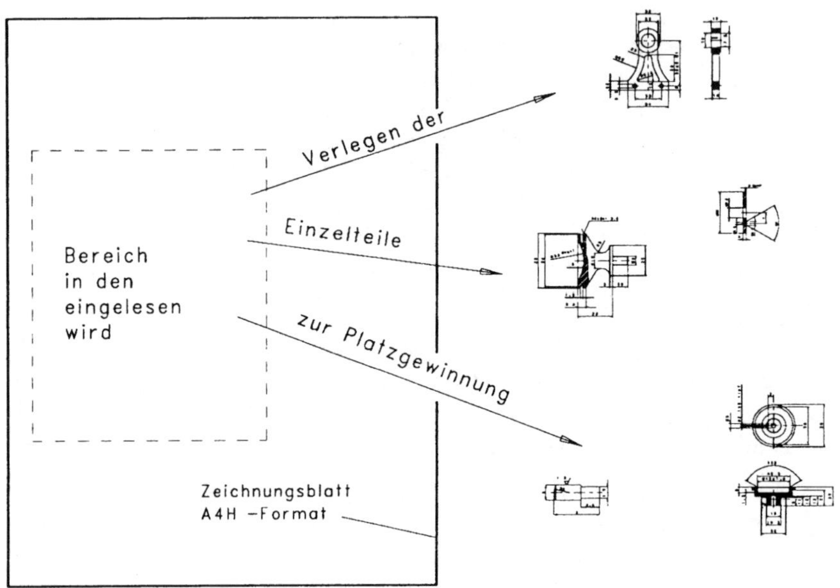

Bild 9-1 Übernahme von Einzelteilen in Zusammenbauzeichnungen

Speichern Sie diesen Zwischenstand wieder ab, oder nutzen Sie die Funktion [SICHERN].

Der zweite Schritt beim Erzeugen von Zusammenstellzeichnungen besteht im Löschen nicht mehr benötigter Informationen. Solche Elemente, die in einer Komplexzeichnung überflüssig sind, sind z.B. die Bemaßung der Einzelteile, die Rauhheitszeichen und zur Zeit alle Schriftfelder. Diese Elemente werden auf eigenen Folien abgelegt. Da man diese Informationen nicht ständig im Gedächtnis behalten kann, gibt es eine Funktion, die die Kontrolle solcher Folienaufteilung vereinfacht. Rufen Sie das [FOLIEN]-Menü vom Hauptmenü aus auf. Sie haben die Möglichkeit, in diesen Folien zu blättern. Wählen Sie den dafür vorgesehenen Menüpunkt. Durch die Angabe, bei welcher Foliennummer das Blättern beginnen soll (Eingabezeile: „Start mit Folie ...“), können Sie die ersten Folien gewissermaßen überspringen. Belassen Sie die Auswahl auf der ersten Folie und bestätigen Sie die Angaben in der Eingabezeile. Mit dem Schalter [WEITER] in dem darauf folgenden Menü können Sie sich nun Folie für Folie alle Lagerorte anzeigen lassen, auf denen sich mindestens ein Element befindet. Notieren Sie sich alle Foliennummern, die entweder nur Bemaßungslinien oder -texte beinhalten bzw. mit Rauhheitszeichen belegt sind. Alle Schriftfelder wurden auf den Folien 497, 498, 499 und 500 abgelegt, da für sie keine gesonderte Voreinstellung getroffen wurde. Nach dem Durchblättern der Folien können Sie das Menü verlassen und statt dessen das [LÖSCHEN]-Menü aktivieren. Im [WAS?]-Menü haben Sie die Auswahlmöglichkeit [FOLIEN]. Diese wählen Sie nun und gelangen zum Foliendefinitionsmenü. Bis jetzt haben Sie immer vordefinierte Folien benutzt oder mit dem Schalter [ALLE] den Bildschirm insgesamt abgespeichert oder gelöscht. Da jetzt nur einzelne Folien entfernt werden sollen, aktivieren Sie den Funktionsschalter [MASKE]. Alle 512 Folien können darin bildschirmweise angezeigt werden; belegte Folien sind durch einen Stern gekennzeichnet. Wählen Sie hier alle zu löschenden Folien aus. Diese Auswahl wird durch eine veränderte Hintergrundfarbe markiert. Verlassen Sie diese Maske. Bestätigen Sie die Funktion [LÖSCHEN] im Löschen-Menü und schließen Sie das Foliendefinitionsmenü: Es werden alle ausgewählten Folien entfernt. Sollten Sie versehentlich zuviel gelöscht haben, lesen Sie die letzte Sicherungsdatei „SCR1“ ein und wiederholen diesen Schritt.

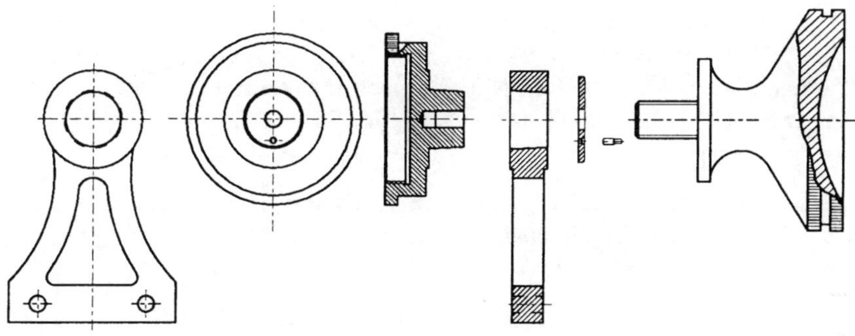

Bild 9-2 Angepaßte Darstellung der Einzelteilzeichnungen

Wenn die jetzige Darstellung alle die Elemente noch anzeigt, die nicht gelöscht werden sollten, und alle Bemaßungen, Oberflächenzeichen und Schriftfelder entfernt sind, sichern Sie die Zeichnung.

Der dritte Erzeugungsschritt besteht im Anpassen aller einzelnen Ansichten für die Komplexzeichnung. Zuerst sollten alle nicht benötigten Strecken, Kreise und Schraffuren entfernt werden. Beginnen Sie damit beim TEIL01.

Die Schraffur in der Ansicht von oben ist in geänderter Form auch in der Zusammenstellzeichnung vorhanden. Da aber das Neuerstellen der Schraffur wesentlich unkomplizierter ist als das Anpassen einzelner Schraffurlinien, entfernen Sie diese als Folge.

Die Innenkontur wird in der zu erzeugenden Darstellung ebenfalls nicht mehr benötigt. In der Ansicht von oben müssen Sie am Durchmesser 56 die Darstellung der Rändelung herstellen. Nutzen Sie dazu die Funktion [PARALLELEN], [MULTIPLIZIEREN] oder [SCHRAFFUR] im 0°-Winkel. Die Ansicht von vorn muß auch noch weiter aufbereitet werden; Sie benötigen von dieser nur noch die äußersten zwei Kreise. Alle anderen Geometrien können entfernt werden.

Am einfachsten gestaltet sich die Anpassung des Teils „Aufnahmebock“. Die Ansicht von links erfordert keinerlei Änderungen. Alle Darstellungen können sofort übernommen werden. Auch die Ansicht von vorn bleibt vorerst unverändert. Die Kreise mit den Durchmessern 32 mm und 19 mm werden zwar in der Komplexdarstellung nicht benötigt, dienen aber beim Zusammenstellen der einzelnen Teile zum genauen Positionieren.

Auch die Zeichnung des Teils „Scheibe“ bedarf derzeit keiner Anpassung.

Teil Nummer 04 wird durch Löschung der Schraffur und der Freihandlinie sowie des Kugelabschnittes vorbereitet. Zum Verlängern der zu kurzen senkrechten Strecken nutzen Sie die Funktion [TRIMMEN]. Die Darstellung der Rändelung wird mit Hilfe der bekannten Funktionen erzeugt.

Auch für TEIL05 ist vorerst keine Änderung erforderlich.

Die Geometrieanpassung ist nun abgeschlossen. Alle Einzelteile haben schon das Aussehen, das sie in der Zusammenstellungszeichnung aufweisen müssen. Der nächste Schritt ist das Anpassen der Geometrielage und des Maßstabs. Diese Veränderung muß an Teil Nummer 01 durchgeführt werden. Die Ansicht von oben muß gedreht werden, so daß sich danach die Ansicht von links darstellt. Nutzen Sie die Funktion [DREHEN] mit einem Winkel von –90° oder 270°.

Am TEIL04 muß ebenfalls eine Drehung vorgenommen werden. Die Rändelschraube wird um genau 180° gedreht. Sie können für diese Änderung auch die Funktion [SPIEGELN] um eine [Y-ACHSE] nutzen.

Die Funktion [SKALIEREN] wird für die beiden Teilzeichnungen 03 und 05 benötigt. Die Scheibe ist doppelt so groß wie im Original. Damit das Teil an die Baugruppe paßt, muß die Scheibe mit einem Faktor von 0.5 in beiden Achsrichtungen skaliert werden.

Die Darstellung des Teils 05 mit der Ansicht des Stiftes wurde in Kapitel 8 komplettiert. Dort haben Sie den Stift um den Faktor 10 skaliert. Diese Vergrößerung muß nun rückgängig gemacht werden. Nutzen Sie dazu den entsprechenden Vergrößerungsfaktor, um den Stift auf seine Originalgröße zu verkleinern.

Alle Teilzeichnungen haben nun die richtige Ansicht in der richtigen Größe und Ausrichtung. Nun können Sie damit beginnen, alle Einzelansichten zueinander zu verschieben, so daß die Komplexdarstellung entsteht. Dabei sollten Sie eine Teilzeichnung wählen, zu der hin alle anderen Bauteile verschoben werden und damit quasi „angebaut“ werden.

Ihre Zielzeichnung ist der Aufnahmebock. Diese Teilzeichnung hat schon den richtigen Abstand der beiden Ansichten zueinander, so daß zum Abschluß kein erneutes Verschieben notwendig ist.

Als erstes soll die Ansicht von vorn komplettiert werden. Sie erkennen zwei große Kreise, die vom Teil Schraubfassung sichtbar sind. Da in beiden Teilzeichnungen Kreise den Punkt bestimmen, der in der Gesamtzeichnung übereinander liegt, und zwar der Mittelpunkt, können Sie die normale Verschiebung anwenden (von Mittelpunkt zu Mittelpunkt). Der Zielpunkt befindet sich dabei immer in der Teilzeichnung des Aufnahmebocks. Die zwei vorderen Kreise stammen vom Bauteil Rändelschraube. Da von diesem keine derartige Ansicht existiert, müssen beide Kreise direkt erzeugt werden. Nutzen Sie dazu eine Kreiserzeugungsfunktion und die Radienwerte 36/2 und 24/2.

Nun zur Ansicht von links. In ihr sind alle Einzelteile vereinigt. Man sollte bei der Erzeugung der Gesamtdarstellung genauso vorgehen wie in der Praxis. Um diese Teile zusammenzufügen, müssen Sie zuerst die Schraubfassung von links in die kegelige Bohrung einführen. Verschieben Sie also dieses Teil auf eine Position, die in der Zusammenstellzeichnung angegeben ist. Danach würde die Scheibe mit schon eingefügtem Stift aufgesteckt werden. Da der Stift ein Einzelteil ist und sich nicht ohne weiteres mit der Scheibe verbinden läßt, positionieren Sie zuerst die Scheibe und danach den Stift. Zum Schluß muß noch die Rändelschraube von rechts aufgeschraubt werden. Verschieben Sie auch dieses Teil an die richtige Position.

Alle Einzelteile befinden sich nun an der richtigen Position. Damit ist aber die Erzeugung der Zusammenstellungszeichnung noch nicht beendet. Es fehlt die Kontrolle auf Fehler, auf übereinanderliegende oder doppelte Elemente und das Nachbearbeiten mittels der Funktionen [TRIMMEN] und [UNTERBRECHEN]. Stellen Sie mit diesen Funktionen die Zusammenstellungszeichnung so her, daß bei der Darstellung des Bildes mit der Funktion [KOMPL. ALLES] keine doppelten Elemente mehr angezeigt werden. Zum Abschluß erzeugen Sie noch eine Freihandlinie im Einzelteil Schraubfassung in der Ansicht von links. Schraffurlinien werden immer bis zum Kerndurchmesser von Gewinden durchgezogen. Bei der Erzeugung hindern aber die Gewindelinien die Schraffur, bis zur Kernlochlinie durchzudringen.

Damit das Gewinde ohne Gewindelinien dargestellt wird, kann die Funktion zum Ein- und Ausblenden von Folien verwendet werden. Nutzen Sie die Funktion [BLÄTTERN] im Folienmenü, um zu derjenigen Folie zu gelangen, auf der die Gewindelinien des Teils Rändelschraube abgelegt sind. Mit den zwei Schaltern [DARST] und [N.DARST] im [BLÄTTERN]-Menü können Sie die gerade angezeigten Folien ein- und ausblenden. Wählen Sie das Ausblenden der Folie, die die Gewindelinien enthält. Sobald Sie das Menü verlassen und den Bildschirm durch Drücken der Funktionstaste [F1] neu aufbauen, verschwinden die Gewindelinien. Erzeugen Sie nun die noch fehlende Schraffur, und stellen Sie nachfolgend die ausgeblendete Folie wieder dar.

Die Zusammenbauzeichnung ist nun fast vollständig. Verschieben Sie die zwei Ansichten dieser neuen Zeichnung in die linke untere Ecke Ihres Bildschirms, und stellen Sie die Bildmaße auf A4 Hochformat ein. Stellen Sie sicher, daß sich außerhalb des sichtbaren Bildmaßes keine anderen Elemente befinden.

Bevor nun die Bauteile definiert und die Stückliste in die Zeichnung eingefügt werden, müssen Sie noch das Schriftfeld generieren.

Nutzen Sie dazu die Funktion [PARAMETER] [BILDMAßE] und das Normblatt A4H.PIC im Pfad \CADDY\ARB\.

Erstellen Sie weiterhin die noch fehlende Bemaßung. In der Ansicht von links müssen Sie den Platz für die Positionsnummern freilassen. Editieren Sie noch die Texteinträge im Schriftfeld, und speichern Sie diese Zeichnung wieder ab.

Alle folgenden Arbeiten führen Sie nun im Menü [BAUTEILE] durch. Als erstes werden die einzelnen Stücklisteneinträge festgelegt und im Menü [STL. PARAM.] eingetragen. Nutzen Sie die Einstellung der nachstehenden Abbildung. Zum Verlassen und Sichern der Einstellungen klicken Sie auf den Schalter [SPEICHERN].

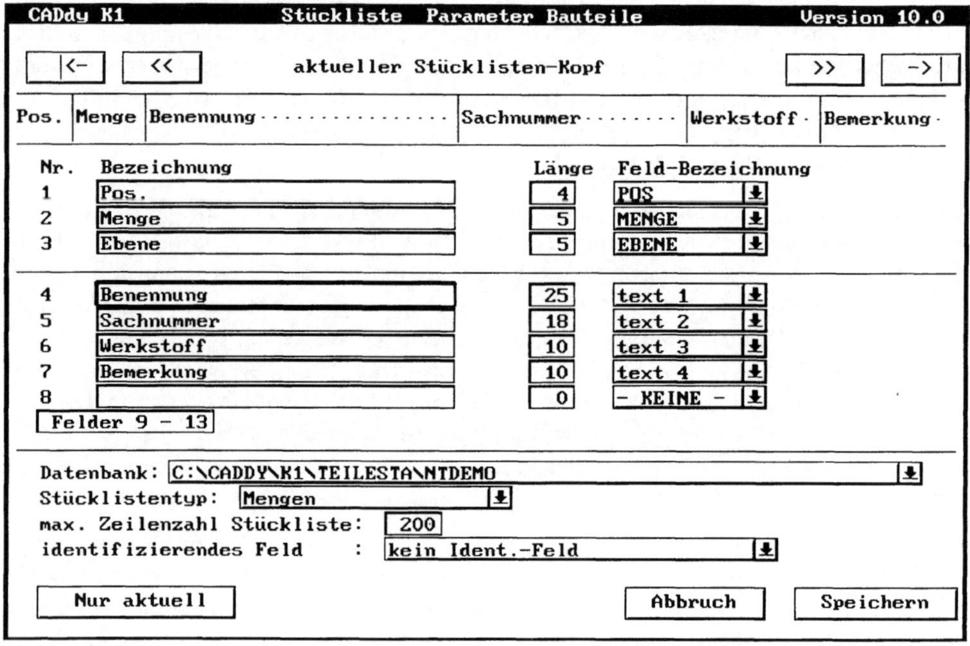

Bild 9-3 Die Stücklisten-Parametermaske

Die nachfolgende Festlegung der Bauteile kann, wie schon beschrieben, auf zwei verschiedene Weisen erfolgen. Die Geometrie der Bauteile ist in der Zusammenstellzeichnung zwar vorhanden, diese werden aber nur einmal in der Zeichnung gebraucht. Wählen Sie also die Menüfolge [ANLEGEN] [NUR TEXT]. In der angezeigten Maske definieren Sie Ihr erstes Bauteil. Sie erkennen, daß die Bezeichnungen der Felder aus dem Parametermenü übernommen wurden. In der untenstehenden Abbildung wurden die Maskenfelder bereits mit den Angaben des ersten Bauteils gefüllt. Übernehmen Sie die Einträge in die jeweiligen Eingabefelder, und verlassen Sie diese mit dem Schalter [ENDE]. CADdy fragt, ob die Texteinträge in den Teilestamm übernommen werden sollen. Da die Bauteile nur für diese Zeichnung relevant sind, verneinen Sie dies.

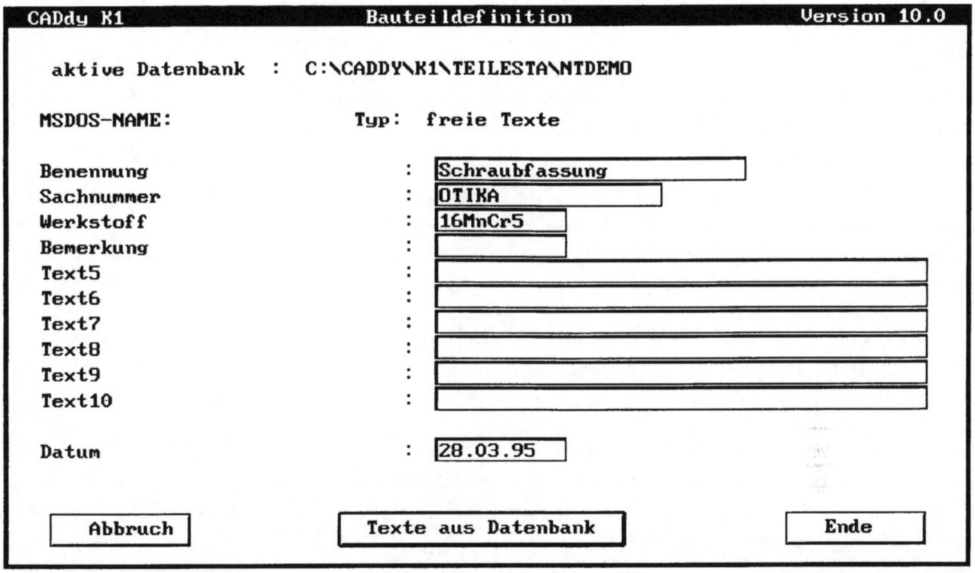

CADdy K1 Bauteildefinition Version 10.0

aktive Datenbank : C:\CADDY\K1\TEILESTA\NTDEMO

MSDOS-NAME: Typ: freie Texte

Benennung	:	Schraubfassung
Sachnummer	:	OTIKA
Werkstoff	:	16MnCr5
Bemerkung	:	
Text5	:	
Text6	:	
Text7	:	
Text8	:	
Text9	:	
Text10	:	
Datum	:	28.03.95

Abbruch | Texte aus Datenbank | Ende

Bild 9-4 Neuanlegen von Bauteilen

Für das zweite Bauteil rufen Sie wieder den oben genannten Menüpunkt auf. Diesmal nutzen Sie aber die Informationen aus der mitgelieferten Zusammenstellzeichnung für das Teil Aufnahmebock. Alle so definierten Bauteile werden automatisch numeriert. Wiederholen Sie diese Eingabevariante für die Scheibe, die Rändelschraube und den Stift. Beantworten Sie die Frage nach der Übernahme der Texte in der Teilestamm immer mit „n", da keines der Bauteile für eine spätere Nutzung vorgesehen ist.

Sie haben nun alle Bauteile festgelegt. Um noch einmal zu kontrollieren, ob wirklich alle Eingaben korrekt waren, rufen Sie die Menüfolge [STÜCKLISTE] [ANZEIGEN] auf. Daraufhin werden alle bereits definierten Bauteile der aktiven Zeichnung angezeigt. Mit den Pfeiltasten können Sie die Anzeige nach rechts oder links verschieben, um auch alle über den Bildschirm hinausreichenden Informationen einzusehen. Diese Stückliste kann nun sofort in die Zeichnung eingebracht werden. Verlassen Sie die Ansicht der Stückliste.

Für das korrekte Zeichnen der Stückliste muß eine Parametereinstellung kontrolliert werden. Rufen Sie aus dem Hauptmenü den Menüpunkt [PARAMETER BESCHRIFTUNGSPARAMETER] auf. CADdy kennt verschiedene Darstellungsformen von Schriften, unter anderem auch die Möglichkeit, die Proportionalschrift ein- und auszuschalten.

Proportional bedeutet, daß jeder Buchstabe in seiner tatsächlichen Breite dargestellt wird (dies führt insbesondere bei Tabellen – wie sie Stücklisten auch darstellen – zu Problemen bei der Spaltendarstellung). Deaktivieren Sie diese Option, um die Texte im Schriftfeld der Stückliste korrekt zu erzeugen. Wählen Sie nun den Schalter [ZEICHNEN] im Stücklisten-Menü.

Da noch keine Stückliste auf der aktiven Zeichnung vorhanden ist, wird das Punktdefinitionsmenü angeboten, um die linke untere Ecke des Stücklistenfeldes festzulegen. Nutzen Sie den linken Eckpunkt der oberen Begrenzung des Schriftfeldes. Sie werden noch nach der Breite gefragt, in der die Stückliste gezeichnet werden soll. Von ihr hängt auch die Buchstabenbreite und der Buchstabenabstand ab. Geben Sie den Wert 187.20 ein oder übernehmen Sie ihn mit dem [TIPP]-Menü. Dieser Wert entspricht der Länge des Schriftfeldes.

Die Stückliste wird erzeugt. Sobald eine Änderung des Textes oder der Anzahl von Bauteilen erforderlich wird, müssen Sie nur einmal den Schalter [ZEICHNEN] antippen, und die in der Zeichnung befindliche Stückliste wird automatisch aktualisiert.

Nun fehlen nur noch die Positionsnummern an den einzelnen Bauteilen zur Fertigstellung der Zusammenbauzeichnung. Die Darstellung der Positionsnummern in der gewünschten Größe wird in der [PARAMETER]-Maske im [BAUTEIL]-Menü geregelt. Die nachstehende Abbildung zeigt diese Maske.

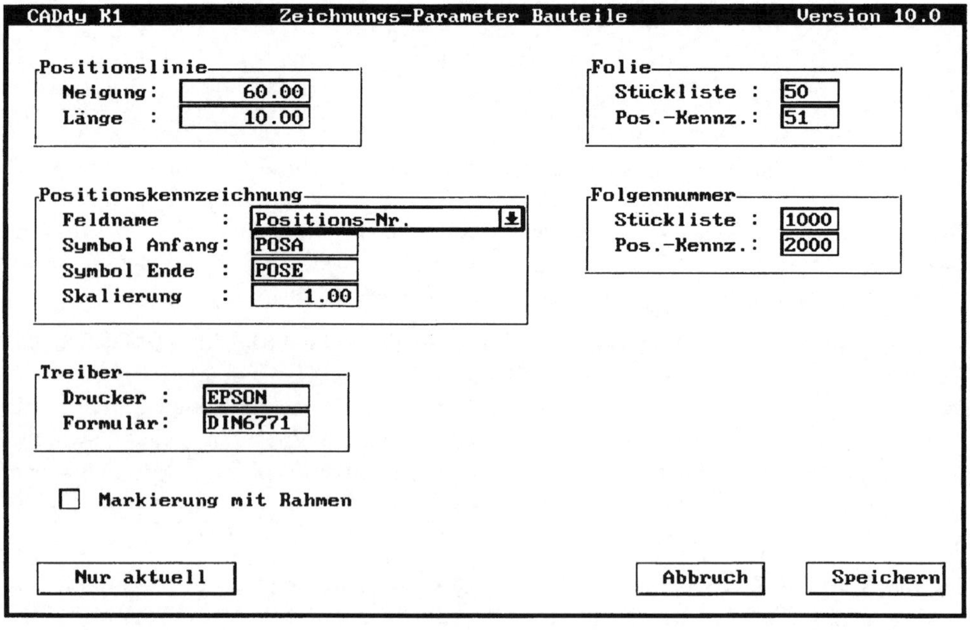

CADdy K1 Zeichnungs-Parameter Bauteile Version 10.0

Positionslinie
Neigung: 60.00
Länge : 10.00

Folie
Stückliste : 50
Pos.-Kennz.: 51

Positionskennzeichnung
Feldname : Positions-Nr.
Symbol Anfang: POSA
Symbol Ende : POSE
Skalierung : 1.00

Folgennummer
Stückliste : 1000
Pos.-Kennz.: 2000

Treiber
Drucker : EPSON
Formular: DIN6771

☐ Markierung mit Rahmen

Nur aktuell | Abbruch | Speichern

Bild 9-5 Bauteil-Parametermaske

Zur Größenbestimmung der Positionsnummern dient die Rubrik [POSITIONSKENNZEICHNUNG] in dieser Maske. Mit dem Wert für Skalierung wird die Größe verändert; wählen Sie den Wert „1“.

Verlassen Sie die Parametermaske mit dem Schalter [SPEICHERN], um die Einstellungen zu sichern.

Mit dem Menübalken [POSITION] können Sie in das Positions-Menü wechseln. Wie schon beschrieben, gibt es verschiedene Varianten, um die Positionsnummern zu zeichnen. Da Sie keine Geometrie als Bauteil besitzen, können Sie die Auswahl [VOLLAUTOMATISCH] nicht wählen. Nutzen Sie die Auswahl [HALBAUTOMATISCH]. Zuerst wird ein Positionsrahmen angeboten. Dieser ist für die Funktionen zur automatischen Anordnung wichtig. Da Sie die einzelnen Nummern aus Platzgründen frei vergeben müssen, erzeugen Sie diesen Rahmen auf einem beliebigen Ort der Zeichenfläche. Nun wird von allen Bauteilen nacheinander abgefragt, wo sie sich befinden und an welcher Stelle die Positionsnummer plaziert werden soll. Die Nummer des gerade in Bearbeitung befindlichen Bauteils wird in der obersten Bildschirmzeile angezeigt. Orientieren Sie sich bei der Festlegung der Punkte an der Zusammenstellzeichnung im Anhang.

Sie haben damit das Projekt OPTIKA fertiggestellt. Verlassen Sie dieses, nicht ohne zuvor Ihre Ergebnisse zu speichern.

9.7 Aufgaben

1. Welche Typen von Stücklisten können mit CADdy erzeugt werden?
2. Welche Möglichkeiten der Vergabe von Positionsnummern für Bauteile gibt es?
3. Auf welche Art und Weise können Bauteile generiert werden?
4. Welche Möglichkeiten der Speicherung von Bauteilen gibt es?
5. Welche Auswahlmöglichkeiten können für die Bauteilmanipulation benutzt werden?

9.7.1 Lösungen

1. Erzeugt werden können

   - Mengen-Stücklisten
   - Aufzähl-Stücklisten
   - Struktur-Stücklisten und
   - Baukasten-Stücklisten

2. Die Positionsnummern können manuell, halbautomatisch, automatisch oder vollautomatisch vergeben werden.

3. Für die Generierung von Bauteilen gibt es folgende Möglichkeiten:

   - Definierte Elemente (Strecke, Kreis, Ellipse, Text, Punkt, Symbol), die nacheinander identifiziert werden
   - Festlegung eines Ausschnittes
   - Folgen
   - Foliendefinition

4. Bauteile können im Teilestamm zur Wiederverwendung auch für andere Zusammenbauzeichnungen oder nur für die Stücklistenerzeugung gespeichert werden.

5. Die Bauteile können auf dem Bild identifiziert werden oder aus einer vorhandenen Stückliste ausgewählt werden.

Anhang

Funktionsnummern

Die folgende Aufstellung enthält die wichtigsten CADdy-Funktionen und deren Funktionsnummern.

ERZEUGEN Menü		239
STRECKE (Menü)		45
	CURSOR	90
	2 PUNKTE	91
	PKT+REL. KOO	138
	PKT+WI.LÄN.	92
	PKT+LOT	139
	PKT+KR/ELL	93
	2 KR/ELL	94
	KR.WI.LÄN.	137
	DYN. VERLÄN.	215
	VERLÄNGERN	140
	VERSCHIEBEN	173
	KOPIEREN	174
	MULTIPLIZ.	95
	ZURÜCK	236
POLYGON (Menü)		32
	CURSOR	189
	WINK.LÄNGE	190
	PUNKT-DEF.	191
	ZIEHEN	192

PUNKTE-MIT.+2 PKT	127
PUNKTE-MIT.+ACHS.	128
PARALLELO	131
TANG. 2 STR.	132
ZIEH KREIS	133
ZOOM KREIS	134
DREH KREIS	135
VERSCHIEBEN	173
KOPIEREN	174
ZURÜCK	236
PUNKT	218
PARALLELE OBJEKT	18
PARALLELE KONTUR	124
SCHRAFFUR (Menü)	219
FLÄCHE	71
KONTUR	220
POLYGON	221
FÜLLUNG (Menü)	67
HILFSKONSTR. (Menü)	33
BESCHRIFTEN (Menü)	63
ÄNDERN (Menü)	39
VERSCHIEBEN	173
DYN. VERSCH.	234
KOPIEREN	174
DYN. KOPIER.	235

TEXT-WERTE	119
PARAMETER	120

BEMASSEN (Menü)	35
LÖSCHEN	24
PARAMETER	224

LÖSCHEN (Menü)	23
BEL. ELEMENT	57
DEF. ELEMENT	161
AUSSCHNITT	162
ALLES-AUSS	163
FOLGE GANZ	65
MASS	24
EBENEN	164
ALLES	165
ZURÜCK	236

SYMBOLE (Menü)	34
AUFRUF NAME	54
AUFRUF NAME (dynamisch)	237
SPEICHERN	172
VERSCHIEBEN	173
KOPIEREN	174
TAUSCHEN	53
ZERLEGEN	27

FOLGEN (Menü)	68
ERZEUGEN	195

HILFSKONSTR (Menü)	33
PARALLELE KONST. ABST	12
PARALLELE VAR. ABST	13
PARALLELE DURCH PKT.	11
HORIZONTALE	16
VERTIKALE	17
SENKRECHT ZU STRECKE	14
SENKRECHT ZU MITTE	9
WINKEL-HALB.	10
WINK.-PUNKT	15
PROJEKTION (Menü)	19

RASTER (Maske)	59
ZEICHNEN j	85
ZEICHNEN n	86
RASTER AUS	87
EINGEBEN	88
RASTER NR	89

FOLIEN (Menü)	8
BLÄTTERN	51
KOPIERE NACH FOLIE	141
SCHIEBE NACH FOLIE	142
ARB.-FOLIE	166
DARST.-FOLIE	167

AUSSCHNITT (Menü)	26
ORIGINAL	80
FENSTER	81

FENSTER AUFRUFEN	83
FAKTOR	82
DEFINIEREN	160

EIN/AUSGABE (Menü)	36
BILD LESEN	5
BILD SPEICH	6
INFO LESEN	3
INFO SPEICH	4
PLOTTEN	185
EDITOR	84
DOS - BEFEHLE	37

INFORMATION (Menü)	40
BEL. ELEMENT	78
DEF. ELEMENT	169
ZEIGE ALLES	170
SPEICHERBEL	171
KOMPL. BILD	49
KOMPL. ALLE	50
RUNDEN	74

Sonstige Funktionen	
BILD NEU (F1)	48
SICHERN	7

Branchenmodul Konstruktion 1	
BOHRUNGEN (Menü)	11007
EINZELN	11004

GERADE	11005
KREIS	11006
MIT.LINIEN (Menü)	11009
KREIS MARK.	11010
RECHT.MARK.	11011
ACHSENKREUZ	
DYNAMISCH	11012
LÄNGE	11013
STRECKE	11014
KREIS	11015

Zeichnungen

(Zusammenbauzeichnung)

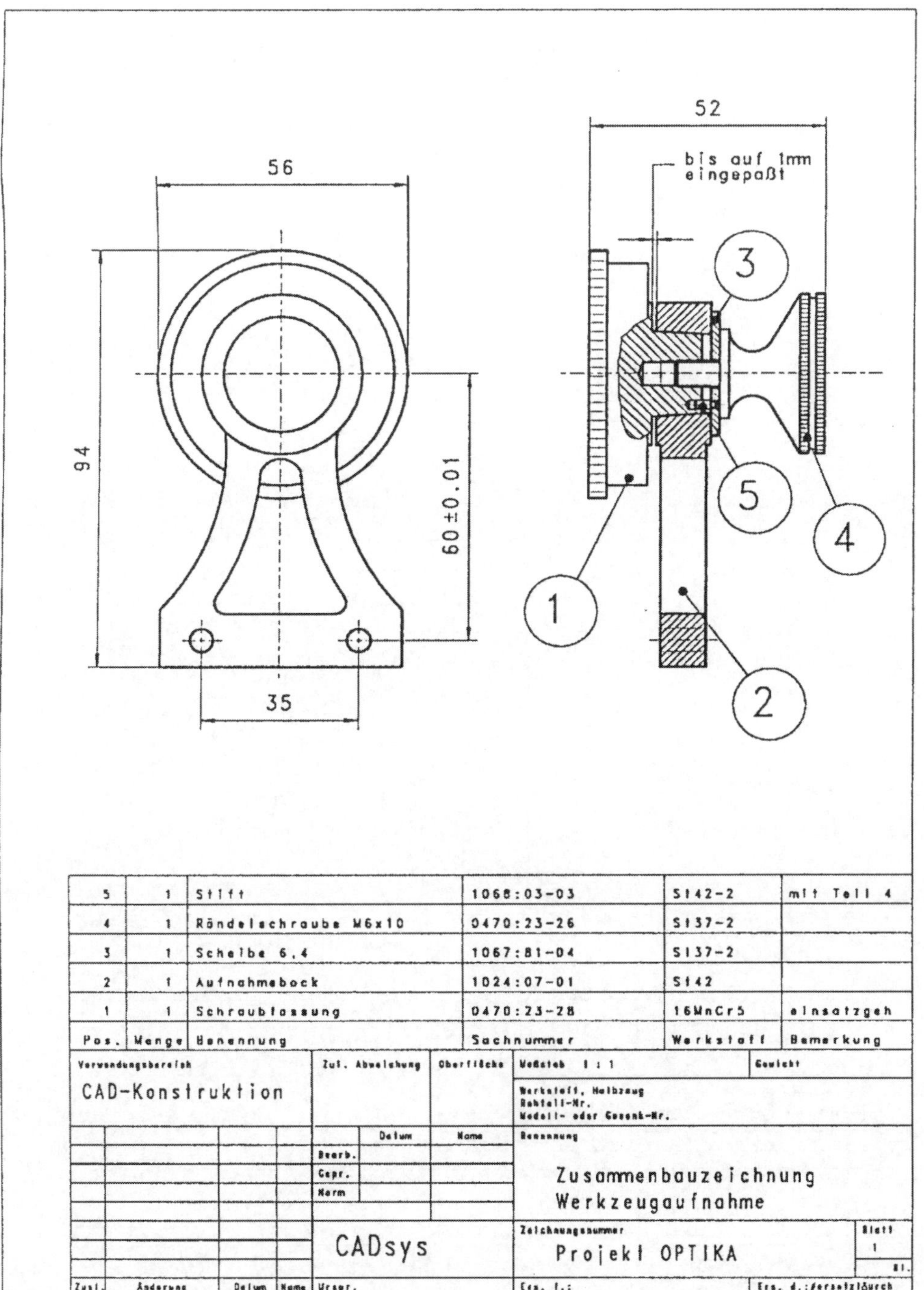

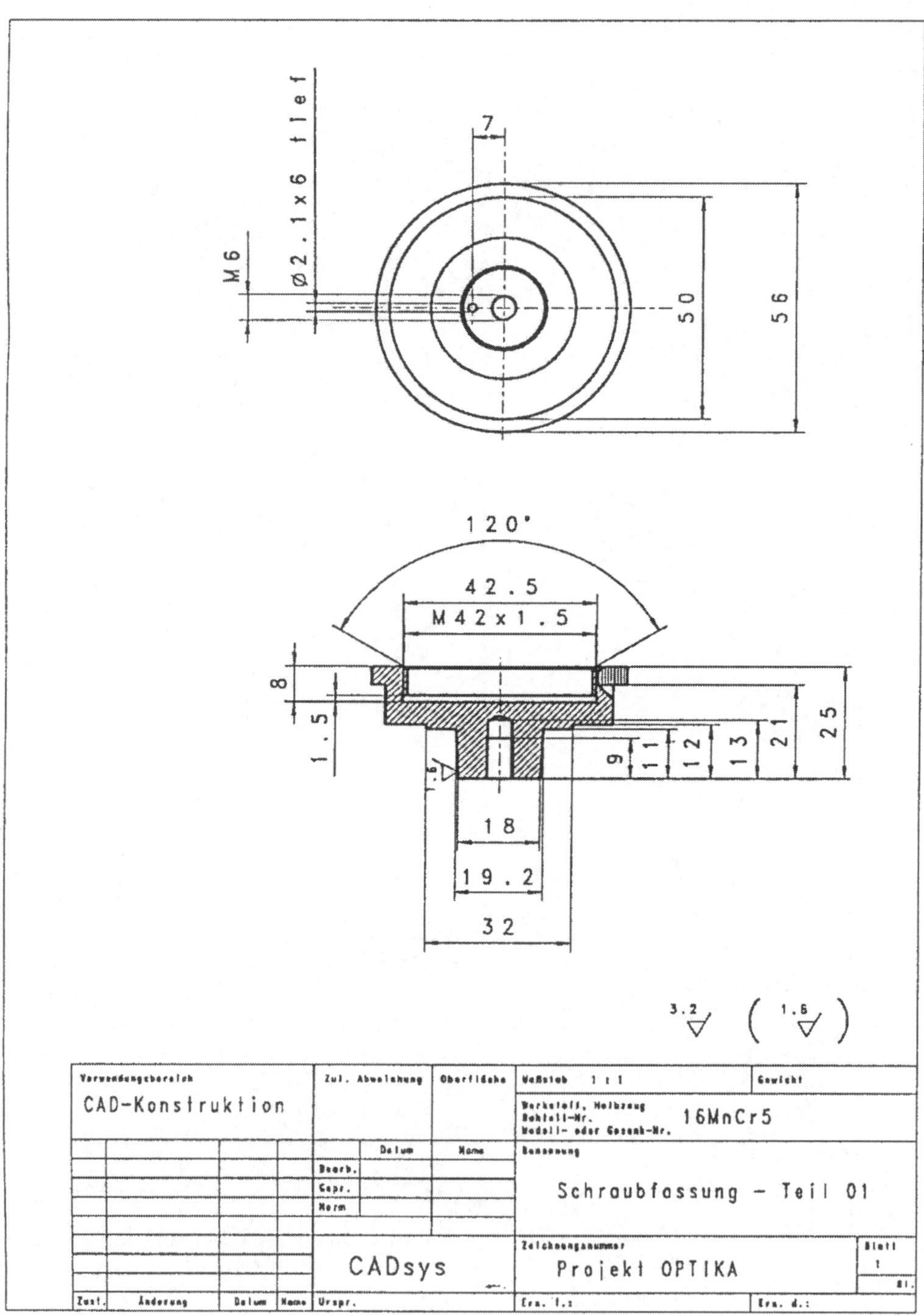

(Teil01 Schraubfassung)

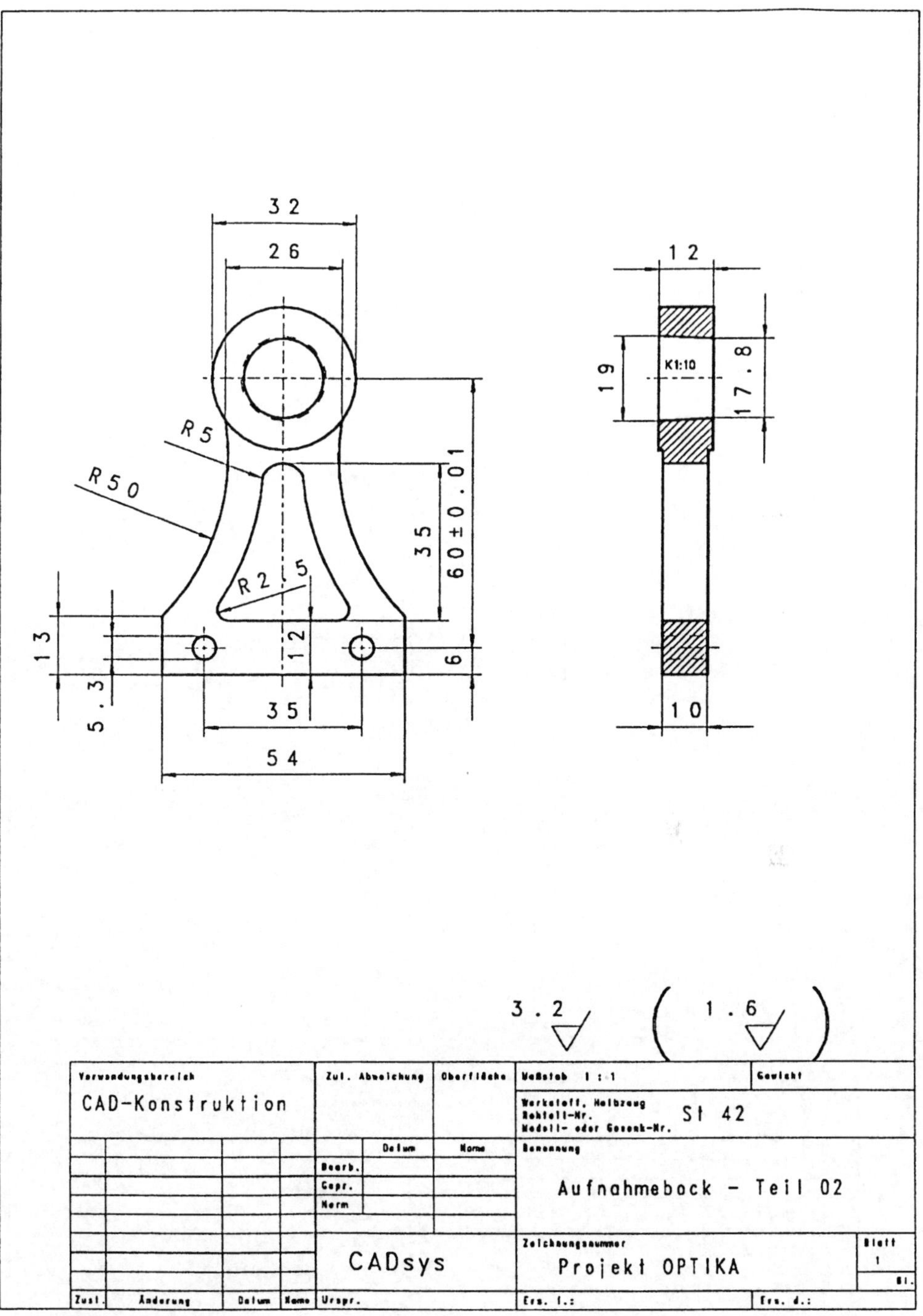

(Teil02 Aufnahmebock)

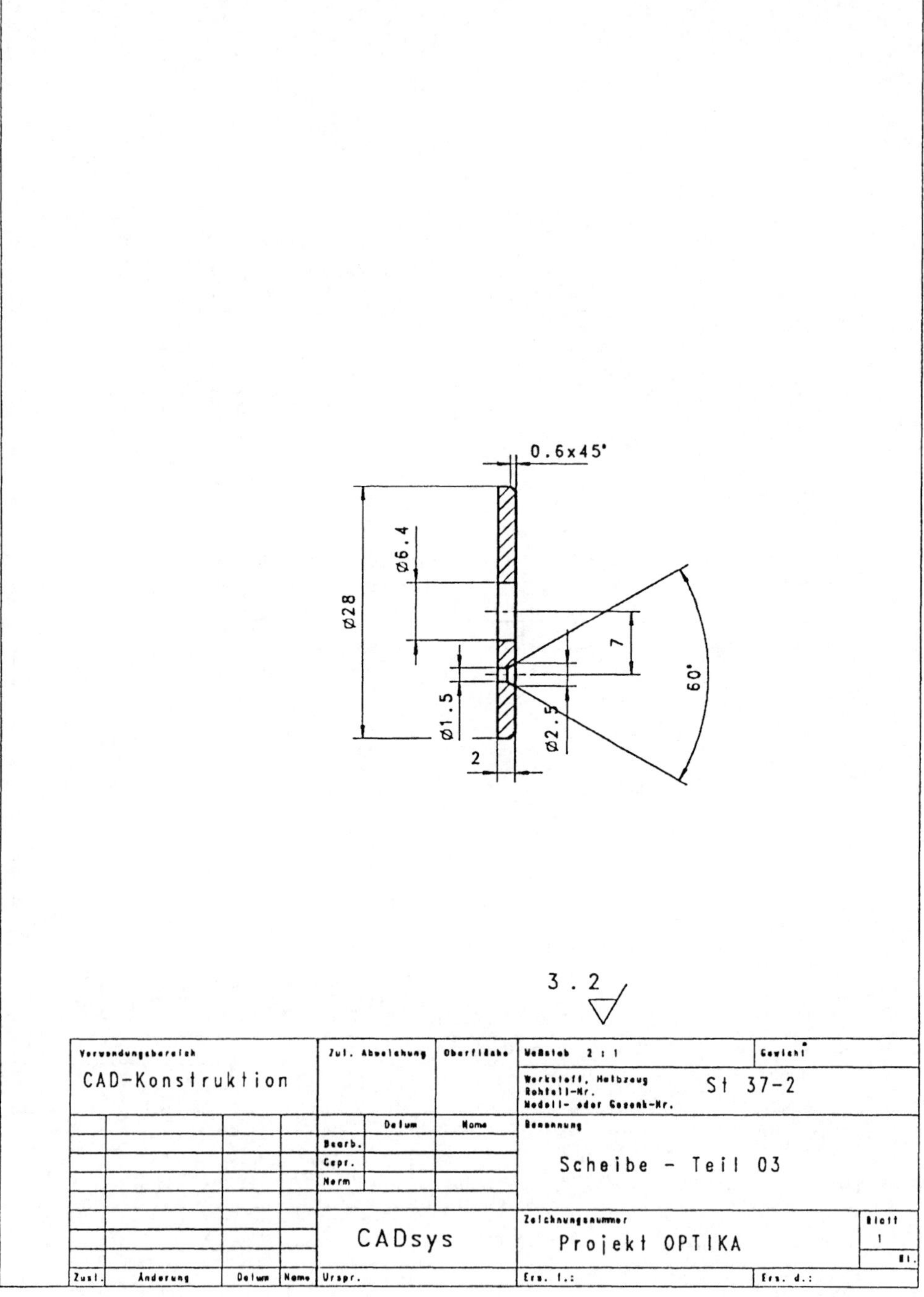

(Teil03 Scheibe)

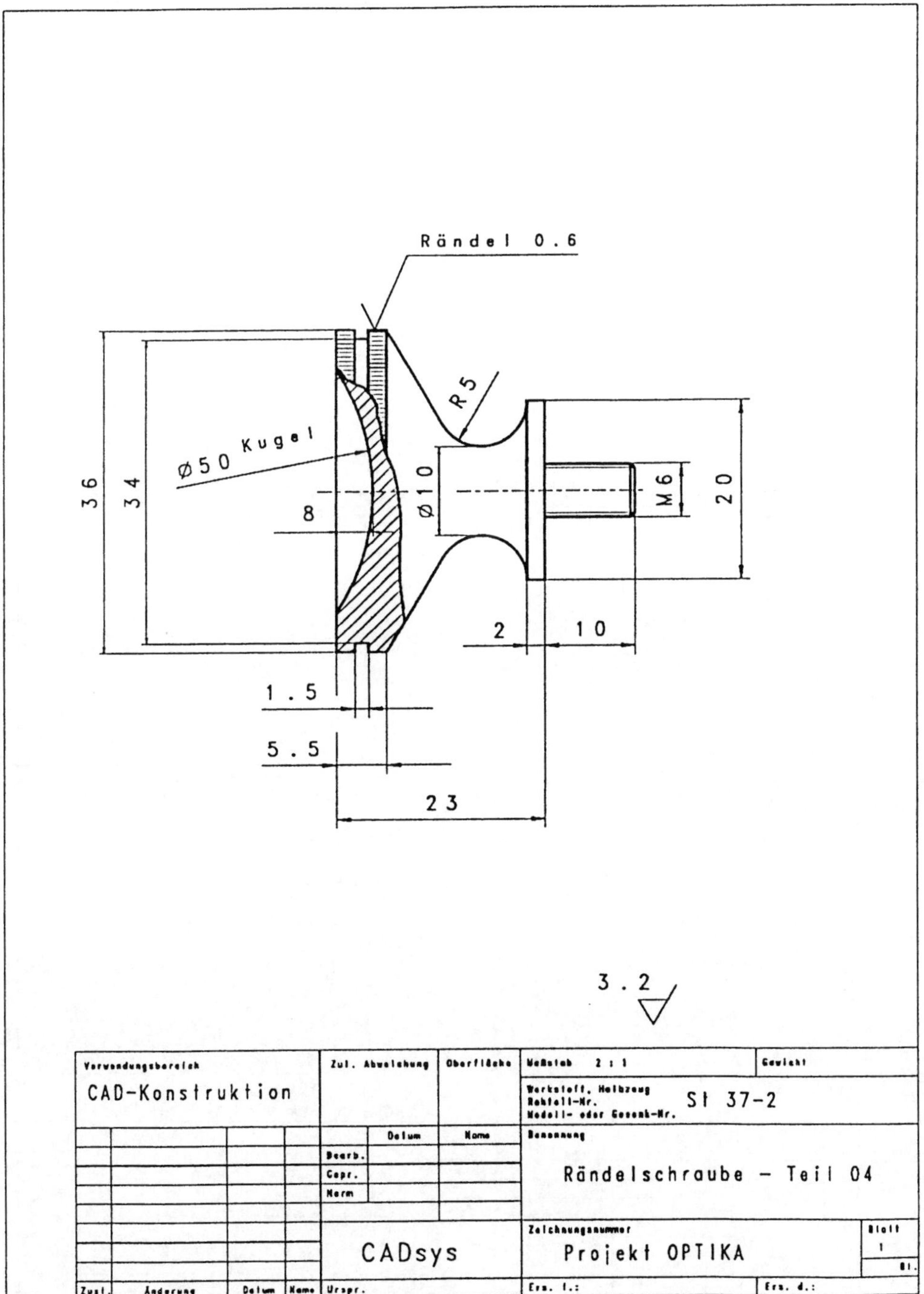

(Teil04 Rändelschraube)

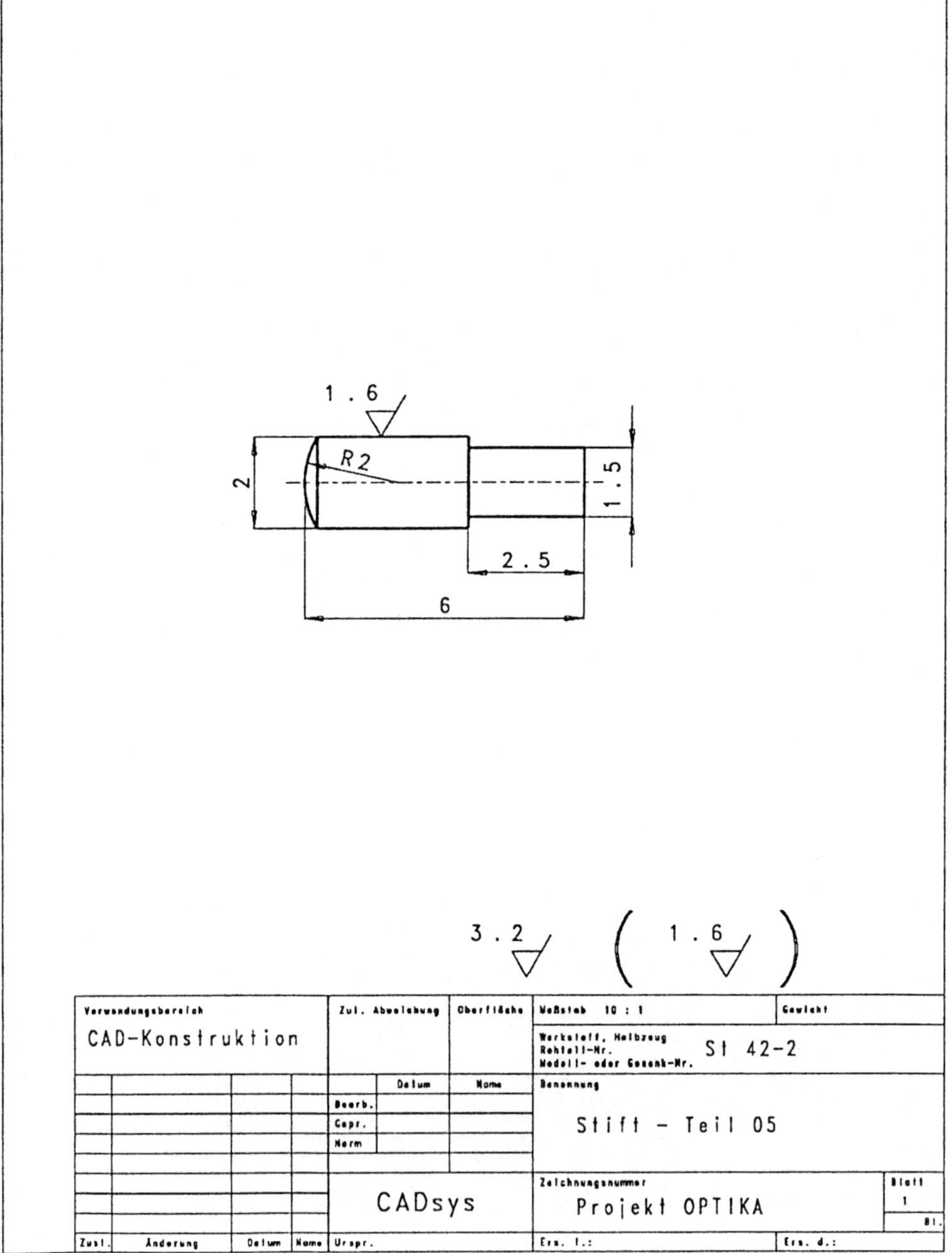

(Teil05 Stift)

Menüübersicht

(Menüübersicht Grundpaket)

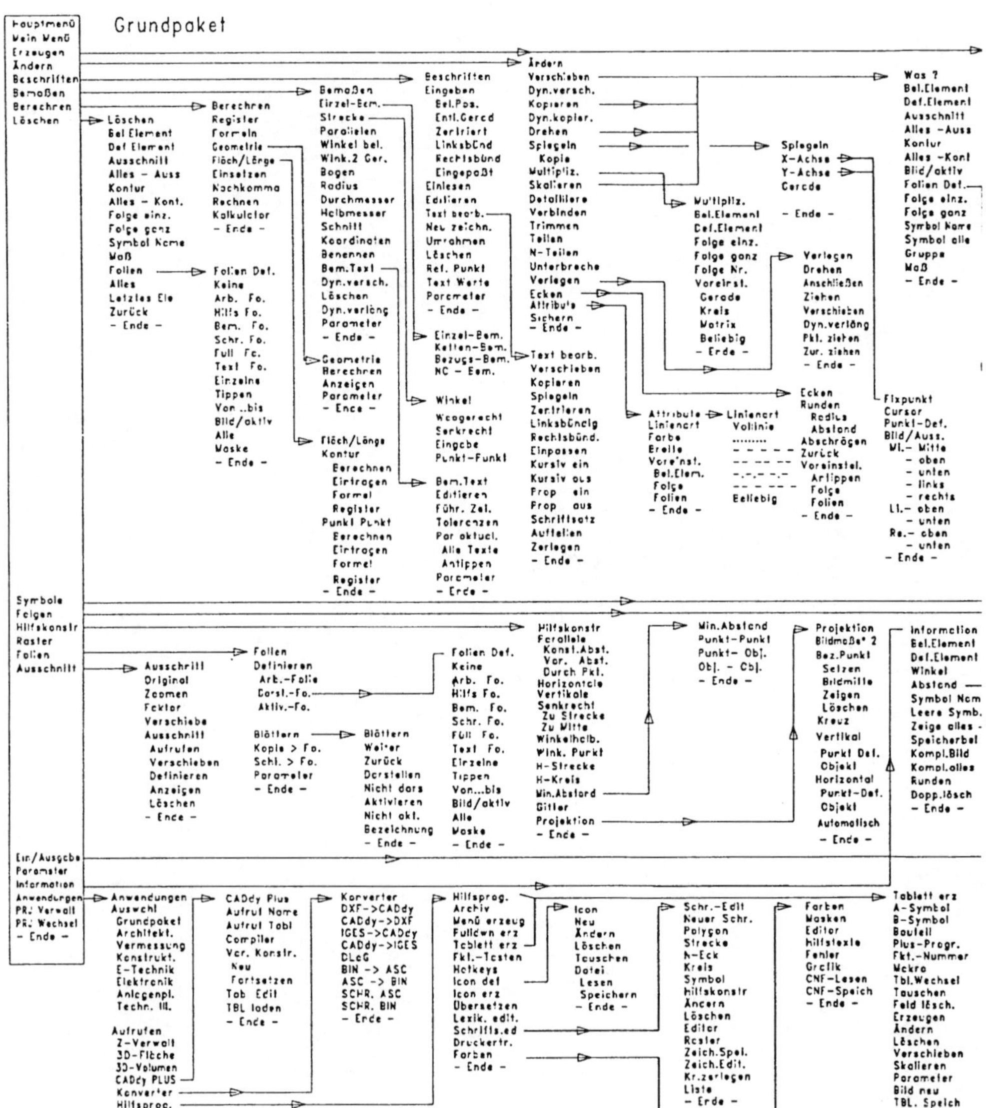

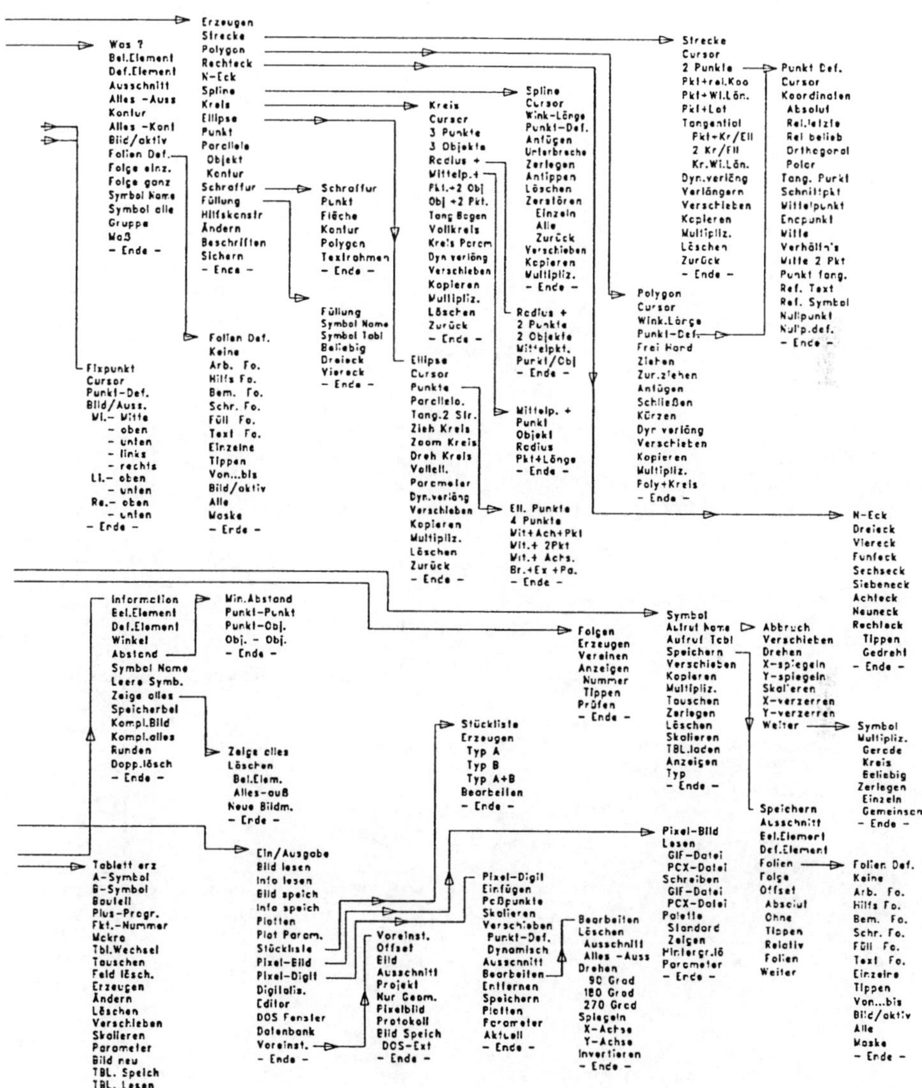

(Menüübersicht Grundpaket)

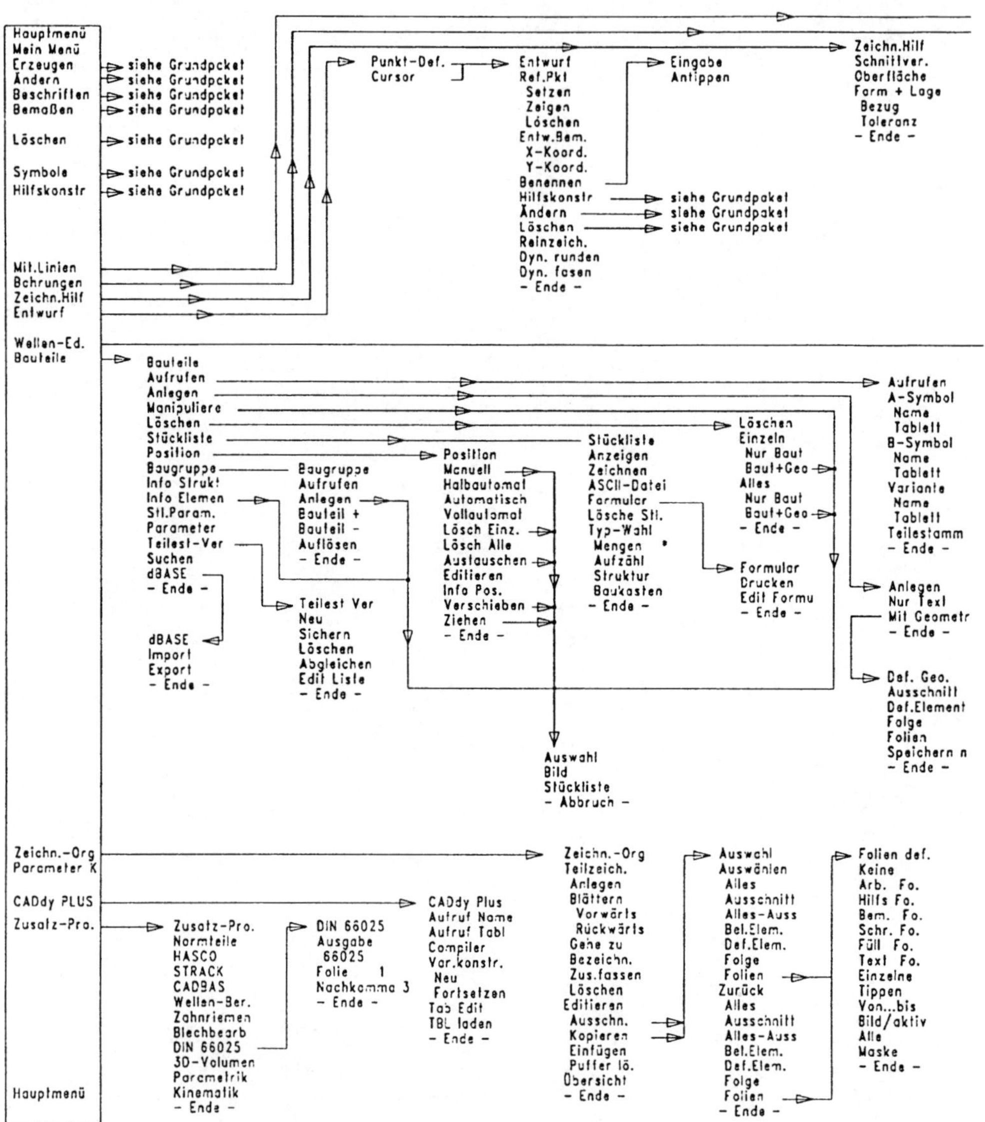

(Menüübersicht Konstruktion)

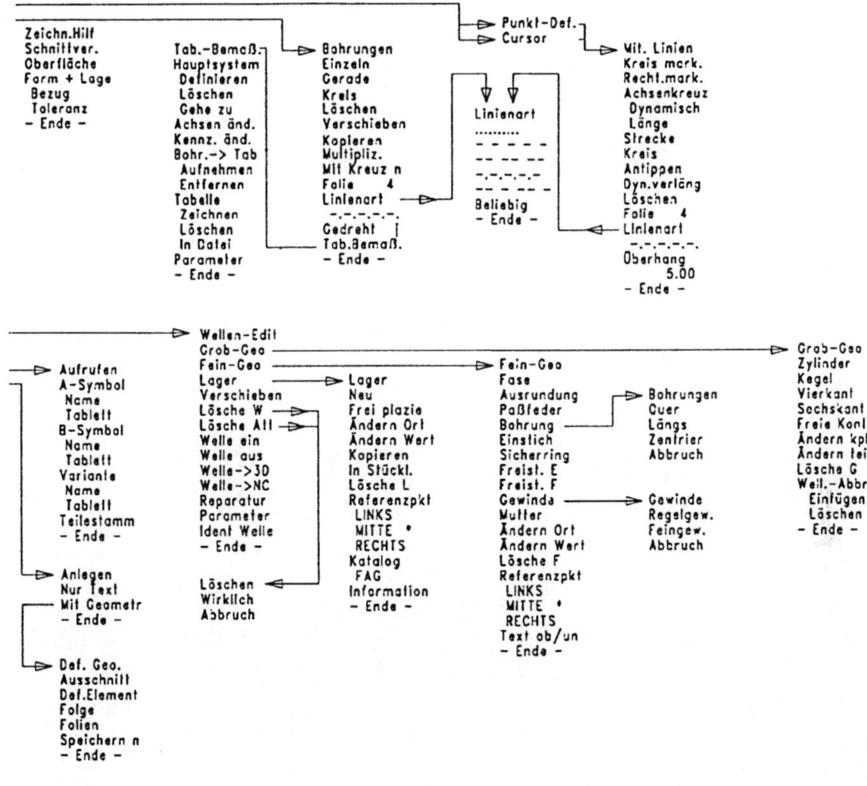

Folien def.
Keine
Arb. Fo.
Hilfs Fo.
Bem. Fo.
Schr. Fo.
Füll Fo.
Text Fo.
Einzelne
Tippen
Von...bis
Bild/aktiv
Alle
Maske
- Ende -

Konstruktion

(Menüübersicht Konstruktion)

Sachwortverzeichnis

vieweg

CAD/CAM

Einführung, Praxis, Auswahl

von Christoph Reisbeck

1990. 274 Seiten, 165 Abbildungen und Tabellen.
ISBN 3-528-04977-4

Aus dem Inhalt: CAD-Einführung – Ein- und Ausgabegeräte – Zweidimensionales und dreidimensionales Konstruieren – CAD und Normung – CAD Software-Programmierung – Netzwerke, Schnittstellen – CAM und NC-Programmierung – Auswahlkriterien für CAD/CAM-Systeme

Das Buch gibt einen aktuellen Überblick über die heutigen Möglichkeiten der CAD/CAM-Technologie und ihre Einbettung und Bedeutung für die gesamte EDV des Unternehmens. Es soll nicht nur einen Einstieg in diesen Bereich der Computer-Applikation zeigen, sondern auch die begleitenden technischen Hintergründe der Informationsverarbeitung – auch im Hinblick auf die aktuelle CIM-Diskussion – beleuchten.

Verlag Vieweg · Postfach 15 46 · 65005 Wiesbaden

vieweg

Druck: Canon Deutschland Business Services GmbH
Ferdinand - Jühlke - Str. 7· 99095 Erfurt